国家自然科学基金面上项目（51775038）

26 项高校-企业合作攻关项目

热连轧机多态耦合振动控制

闫晓强　著

扫一扫查看全书数字资源

U0318960

北　京

冶 金 工 业 出 版 社

2021

内 容 简 介

本书是一部关于冶金行业生产中普遍存在热连轧机振动问题的专著，是重大工程科研成果的总结。全书共分为 10 章，主要内容为绪论、热连轧工艺流程简介、铸轧全流程在线监测系统、热连轧机振动试验研究、热连轧机振动幅频特性研究、连铸坯诱发轧机振动试验研究、热连轧机机电液界耦合振动研究、轧机振动能量研究、热连轧机耦合振动抑振措施、热连轧机振动研究结论及展望。

本书可供冶金行业有关学者和工程技术人员阅读，也可供高等院校机械、液压和电气等相关专业的师生参考。

图书在版编目 (CIP) 数据

热连轧机多态耦合振动控制/闫晓强著. —北京：冶金工业出版社，2021. 11

ISBN 978-7-5024-8924-3

Ⅰ. ①热… Ⅱ. ①闫… Ⅲ. ①热轧机—连续轧制—振动控制
Ⅳ. ①TG333

中国版本图书馆 CIP 数据核字（2021）第 187588 号

热连轧机多态耦合振动控制

出版发行	冶金工业出版社	**电　话**	(010)64027926
地　址	北京市东城区嵩祝院北巷 39 号	**邮　编**	100009
网　址	www.mip1953.com	**电子信箱**	service@ mip1953.com

责任编辑　王　颖　美术编辑　彭子赫　版式设计　郑小利
责任校对　石　静　责任印制　李玉山
北京建宏印刷有限公司印刷
2021 年 11 月第 1 版，2021 年 11 月第 1 次印刷
710mm×1000mm　1/16；20.75 印张；404 千字；316 页
定价 99.90 元

投稿电话　(010)64027932　投稿信箱　tougao@cnmip.com.cn
营销中心电话　(010)64044283
冶金工业出版社天猫旗舰店　yjgycbs.tmall.com
（本书如有印装质量问题，本社营销中心负责退换）

序

随着冶金工业的高速发展，我国开始由钢铁大国迈向钢铁强国，追求更高品质热轧带钢成为重要目标之一。由于高强钢的生产逐年增多，特别是"以热带冷"薄带产品的需求骤增，导致热连轧机的振动发生更加频繁和形态多样化，严重影响了带钢表面质量和威胁轧机的安全生产。轧机振动是国内外冶金行业生产中普遍存在的现象，成为60多年来世界范围内轧制领域生产迫切需要解决的一项技术难题。

北京科技大学闫晓强教授带领课题组长期深入现场第一线，从跟随前人研究思想到提出振动遗传概念，踏上了一条探索开创实用抑振方法的荆棘之路。近15年来承担了全国25套轧机生产线的振动研究，从热连轧机的单机架振动研究到整个机组，最终拓展至铸轧全流程，验证了连铸坯表层振动遗传基因是诱发热连轧机振动的重要根源，开拓了轧机振动研究的新思路，揭示了轧机振动遗传特征，取得了多项创新性成果，建立并不断完善轧机机电液界多态耦合振动理论。

本书描述了大量的轧机振动信号分析、理论研究手段及仿真探究思路，学术思想新颖，内容具体实用，展示了多学科交叉的研究成果，将机械、电气、液压、工艺、计算机和连铸等专业有机地结合在一起，为解决现场轧机振动问题提供了一整套方法和手段，是一本在理论和实践上都有重要价值的著作。

本书是北京科技大学与马鞍山钢铁股份有限公司和首钢股份有限

公司等数十家企业联合攻关十五年的成果。首先从生产中提出轧机振动会降低带钢产品表面质量、缩短轧辊在线使用寿命和频繁损坏零部件；然后研制轧机耦合振动在线监测系统，捕捉振动现象和特征，依据实测数据从理论上探究多态耦合振动机制；最后制订实用的抑振措施并在企业现场投用，取得了显著的抑振效果。

　　本书的出版，可以帮助读者理解热连轧机的振动现象并运用抑振措施来解决现场实际问题。

中国工程院院士

2021 年 10 月 8 日

前　　言

　　轧机振动是国内外轧制领域长期存在的一个技术难题。60多年来，国内外许多学者、专家和现场工程技术人员进行了不懈的努力，以解决困扰现场生产的轧机振动问题。近年来，随着国民经济的发展以及对高品质薄带钢需求的骤增，使得热连轧机生产暴露出越来越多并呈现出更加复杂的振动现象，这种振动现象已成为冶金行业亟需解决的一个技术瓶颈。

　　为了解决这个难题，北京科技大学分别与马鞍山钢铁股份有限公司、首钢股份公司迁安钢铁公司、首钢京唐钢铁联合有限责任公司、宝山钢铁股份有限公司、湖南华菱涟源钢铁公司、上海梅山钢铁股份有限公司、通化钢铁股份有限公司、济南钢铁股份有限公司、甘肃酒钢集团宏兴钢铁股份有限公司等成立了课题组。本课题组自1992年开始研究轧机振动，特别是2006年以后连续研究轧机振动并深入现场第一线，先后承担了全国十几家企业的大型轧机机组的振动研究，逐步从单因素到多因素研究、从线性动力学到非线性动力学研究、从单机架到整个机组研究、从机械动力学到机电液界多态耦合动力学研究。2012年开始从仅研究轧机本身振动影响因素拓展到铸轧全流程进行研究，将连铸工艺参数引入到轧机振动研究中，找到了诱发轧机"幽灵式"振动的主要根源，解决了长期以来困扰冶金行业轧制领域的难题。

　　15年来，首先对现场多种轧机进行了大量的在线监测，发现了轧机多种耦合振动并存的振动现象，提炼出轧机振动的特征和本质。从传统研究内容到开创新的多学科交叉研究领域，验证了连铸坯诱发轧机振动的规律；然后，利用理论研究和仿真分析，验证了轧机振动确实存在液机耦合振动、机电耦合振动、垂扭耦合振动、弯扭耦合振动和界面耦合振动等现象。逐步建立了轧机机电液界多态耦合振动理论，为解释轧机振动和抑振措施制订奠定了理论依据；最后，依据长期现场实践总结出一整套有效的通用抑振措施，使轧机振动得到了显著控制，为轧制高品质、薄规格带钢提供了保障，带钢表面质量上了一个新台阶，轧机零部件寿命明显提高，吨钢电耗下降，获得了显著的经济效益和社会效益，成为中国金属学会重点推广项目，近三年获得省部级科技一等奖 4 项。

轧机振动问题的解决不仅为行业轧机振动提供了宝贵的解决方案，将会取得巨大的经济效益和社会效益，同时也为国民经济其他行业复杂机电液系统的振动问题提供解决思路。

本课题组成员包括：

北京科技大学

教师：闫晓强、孙志辉、郜志英、程伟、王文瑞、边新孝、韩天和孙浩等。

作者指导参加振动研究的博士研究生：张义方、凌启辉、吴继民、王鑫鑫、肖彪、贾金亮、齐杰斌、贾星斗、王立东、刘煜杰和孙为全。

作者指导参加振动研究的硕士研究生：张寅、袁振文、贾永茂、崔秀波、张超、曹義、刘丽娜、史灿、张冀、焦念成、司小明、包淼、范连东、杨喜恩、杨文广、吴先锋、雷洋、任力、刘伟、岳翔、张之明、邹建才、黄壮、么爱东、刘克飞、苏杭帅、周晟、米雨佳、王小华、张勇、王宗元、周志、刘奎、付兴辉、刘建伟、陈建宇、付佳、刘晓星、张中豪、贾星斗、李立彬、陈远、李霄、关世昌、隋立国、刘煜杰、李珂、于文宝、闫雄、孙运强、李胜奇、杨文皓、杨绪飞、侯鹏、王海鹏、邵化壮、赵梦梦和张建民。

马鞍山钢铁股份有限公司

马钢公司：丁毅、田俊、张文洋和乌力平等。

设备部：朱广宏等。

马钢华阳设备诊断工程有限公司：吴海彤等。

第一钢轧总厂：胡玉畅、赵海山、裴令明、周杰、王宗明、王程、李耀辉、邓槟杰、雷杰、周峰和鲍磊等。

第四钢轧总厂：司小明、毛学庆、崔宇轩、钱有明、周伟文、冯涛、胡彪、李轶伦、查从文、吕澍、刘启龙、杨平、王毅俊、杨尚刚、戴泉和郑晴等。

首钢股份公司迁安钢铁公司

首钢公司：马家骥和李文晖等。

设备部：于洪喜、杨毅和高富强等。

热轧部：王伦、周广成、东占萃、郭维进、李伟、李洁明、王强、王海深、张转转、万律和焦彦龙等。

炼钢部：刘凤刚、刘珍童、朱建强、李志军和季志永等。

首钢京唐钢铁联合有限责任公司

技术中心：徐海卫和王鑫鑫等。

热轧部：潘彪、张宏杰、董占奎、王建功和杨涛涛等。

钢轧部：王国连、李继新、王立辉、刘岩、王胜东、马硕、高秀郁、肖胜亮、李明辉、郑金其、吴迪、周学光、姚新凯、吴志明、田成林和王皓等。

湖南华菱涟源钢铁公司

一炼轧厂：奉光炳、刘旭辉、钟新建、余斌、吴成梁、刘卫东、张文杰、陈军明、蒋凤群、蒋东、曹勇、张南风和崔宏荣等。

上海梅山钢铁股份有限公司

吴索团、蔡强、谢向群、夏小明、褚俊威、张雄、顾代权、王雨刚、刘坤华、万书亮、卞皓、付文鹏、阴峰、韩前路、许春晓、华长浩、滕宏胤和罗心伟等。

通化钢铁股份有限公司

邹新春、宋泽红、于伟华、刘岩、朱振增和邱纯生等。

济南钢铁股份有限公司

热轧厂：王丰祥、王道博、藏传宝、杨贵玲、吴中梁、郭宏伟、凤成龙和宋伟等。

甘肃酒钢集团宏兴钢铁股份有限公司

郑跃强、段江伟、杜昕、曹小军、张昭、暴艳强、卢红梅、李建龙、王强、宁金荣、严涛、杨森、王兴龙、张卫荣、许文龙、赵斌、卢向福、吴波和何进鹏等。

本课题在马钢、首钢、宝钢、梅钢、通钢、涟钢、济钢和酒钢等企业领导的大力支持和工程技术人员在现场的精心配合下，完成了25套轧机机组振动研究项目，在此深表谢意。

本书是课题组成员长期在现场摸爬滚打的工程实践总结，其中振动在线监测与分析软件由孙志辉副教授/博士编制。

　　本书研究内容力求通俗易懂，尽量减少烦琐的公式推导，达到实用的目的，为冶金行业轧制领域工程技术人员和轧机振动研究学者提供一些研究成果和抑振经验，也可对从事其他复杂机电液系统动力学研究者提供参考。

　　本书内容涉及的有关研究得到了国家自然科学基金的资助。

　　由于作者水平所限，书中不妥之处，欢迎广大读者批评指正。

作者　闫晓强

2021 年 6 月

目　　录

1 绪 论

轧机振动现象普遍存在于轧制生产过程,当振动能量达到一定阈值后,轧机振动现象才表现出来。振动严重时将在带钢和轧辊表面产生振痕,不仅降低带钢表面质量、缩短换辊周期,而且也威胁轧机的安全生产,导致机械和电气零部件频繁损坏,影响了轧机产能释放,增加了吨钢成本,成为冶金企业高品质薄规格带钢生产的瓶颈和障碍,是世界范围内轧制领域公认的技术难题。

1.1 热连轧机振动现象

随着国民经济基础建设需求和节能减排要求,高铁、舰船、汽车、集装箱、建筑和家电等薄规格外板表面质量要求越来越高,从而薄带高强钢需求量骤增,致使轧机振动呈现出愈演愈烈和多样性的态势,同时伴随着刺耳的噪声。

热连轧机一般由 5~7 架组成,振动一般发生在 F1~F4 机架,特别是 F2~F3 机架振动更加频繁。例如 CSP 轧机在轧制 2.0mm 以下集装箱板、1580 和 2250 热连轧机在轧制 2.0mm 以下酸洗板等材质时都频繁发生振动现象,经常被迫停产更换工作辊或改成厚规格轧制。振动严重时,还会在带钢表面和工作辊表面产生振痕,如图 1-1 所示。

 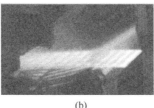 

(a) (b) (c)

图 1-1 热连轧机振动现象
(a) 热连轧机;(b) 带钢表面振痕;(c) 工作辊表面振痕

扫一扫查看彩图

1.2 热连轧机振动一般应对措施

热连轧机种类繁多,包括 CSP 轧机、FTSR 轧机、ASP 轧机、ESP 轧机、MCCR 轧机和常规热连轧机等。其中机械设备大部分为德国 SMS 公司、日本

MITSUBISHI 公司和意大利 DANIELI 公司等设计，电气设备大部分为德国 SIEMENS 公司和日本 TEMIC 公司等制造，也有少部分是我国自行研制配套。

热连轧机在轧制高品质薄带钢出现振动现象时，现场技术人员一般通过改善辊缝润滑、调整轧制温度、重新分配负荷、频繁换辊、更换零部件和减小机械间隙等措施来缓解振动，但效果经常不够理想，没有找到长期稳定有效的抑制轧机振动通用措施来满足生产的要求。

许多专家和学者从多参数、非线性和强耦合方面展开大量的研究，对缓解轧机振动起到一定的作用。但由于轧机振动的多样性和频繁性，仍然没有给出公认和合理的解释，成为轧机振动研究学术界的热点和难点。

1.3 轧机振动研究回顾

1.3.1 轧机振动的复杂性

自从 20 世纪 60 年代初开始，在轧制生产过程中轧机出现了零部件的损坏现象，后来通过测试分析和理论研究才发现是轧制过程动载荷造成的，从此轧机振动问题开始受到工程界和学术界的关注。

轧机振动是一个多学科交叉研究的领域，它涉及振动信号监测、振动信号分析、机械动力学、液压伺服控制、电气自动控制、电机驱动控制、摩擦学和金属塑性变形等多个学科。

随着科学技术的进步，轧机装备上应用了多项高新技术成果，致使轧机振动现象表现得越来越复杂，轧机振动的振源由过去比较简单变得更加复杂化。例如：主传动系统从过去交流异步电动机驱动变为 G-D 机组调速、可控硅控制直流电动机调速到近年变频控制交流电动机调速；压下系统由过去的电动压下发展到电动和液压组合压下，再到全液压压下系统。这些先进控制手段的出现，无疑使轧机的控制水平和产品质量上了一个大的台阶。但是由于主传动变频控制、液压压下辊缝伺服控制和带钢轧制的复杂性产生了许多谐波等扰动信号，导致轧机振动表现出多参数和强耦合特征等，使轧机工作稳定性进一步变差。

1.3.2 轧机振动研究现状

轧机振动研究经历了 60 多年的历史，许多学者和专家重点围绕着轧机怎样振动、为何振动和如何抑制振动三个方面来展开研究，具体研究内容及发展动态经过作者对文献的阅览和归纳总结，如图 1-2 所示。研究目标主要从轧机的固有动力学特性、振动激励传递、振动信号捕捉、振动机理研究和振动抑振措施五个方面展开研究。尽管从早期的轧机线性动力学研究到现代的非线性动力学，再到近年的非线性耦合动力学都做了一些有益的探索性研究，但依然没有得出连轧机振动机理的公认解释，更没有研制出长期有效抑制轧机振动的通用措施。

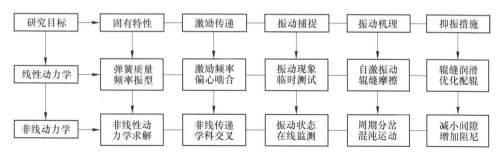

图 1-2 轧机振动研究内容及动态框图

理论和实践表明，轧机存在十分复杂的扰动会诱发轧机产生强烈的振动。例如：轧机主传动变频器谐波等扰动会产生机电耦合振动，液压压下伺服控制系统扰动会产生液机耦合振动，带钢产生的扰动也逐步被重视起来进行研究。因此，耦合动力学研究成为近年轧制领域的研究热点，但还有许多更深层次的抑振控制理论问题还没有得到很好的解决，因而国际上一直把轧机动力学和抑振措施列为多学科协同研究创新、亟需攻克的关键难题之一。

轧机融合了机械、液压、电气和塑性变形等复杂物理过程，是一个机电液界耦合的复杂系统。为了研究轧机振动机理，建立一个有效的、能够真实反映轧机振动的模型是不可缺少的，其建模手段主要包括有限元法、集中质量法和键合图法等，由此不同形式的振动模型先后被提出，例如垂直振动、水平振动和扭转振动等。在轧制过程中轧制界面是至关重要的，它直接决定了带钢和工作辊之间的相互作用关系，除此之外，轧制界面中的摩擦与润滑特性对振动的影响也得到了广泛关注。目前对轧机振动的主要研究方向是空间耦合振动特性、轧制界面摩擦和润滑特性、非线性特性以及再生振动特性。轧机振动机理的研究手段主要是依托数字仿真和现场试验，国内外许多学者从不同角度建立轧机仿真模型来求解轧机振动的动力学特性等问题，取得了一些成果，对解释轧机振动机理提供了理论基础。虽然系统建模和分析曾经起到过积极的作用，但传统的理论建模根本无法得到与实际吻合的理想模型，同样依靠模型计算结果提出的轧机振动抑振措施却常常效果不佳。

以热连轧机振动的单个机架或多个机架作为对象来研究振动持续了若干年，处于"头疼医头，脚疼医脚"的阶段，即仅研究轧机本身影响振动的因素。作者提出热带钢生产是一个铸轧全流程生产过程，在连铸中形成的连铸坯缺陷，势必会遗传到后续轧机轧制过程中，而流程间的"遗传"特性则是通过连铸坯带到下一工序，所以研究连铸坯对轧机振动的影响显得尤为重要。

1.3.3 轧机振动影响因素

轧机是一个机械、电气、液压和工艺等相互耦合的复杂机电液界系统。传统理论认为在带钢轧制过程中辊缝摩擦、轧制速度、磨床振动、齿轮啮合激励、机械间隙、前后张力、轧制压力和电机谐波等扰动会诱发轧机振动。当轧制薄规格高强钢时，其负荷大、轧制速度较高，特别是振动频率与轧机机械某阶固有频率相近或吻合时将导致强烈振动现象。

1.3.3.1 机械固有特性

轧机机械固有动力学特性是致使轧机出现强烈振动放大的主要原因。轧机强烈振动的优势频率一般与某阶固有频率相等或在其附近。有时强迫振动、共振、耦合振动或自激振动等几种振动并存。

1.3.3.2 机械磨损间隙

机械间隙因为磨损而增加是放大轧机振动的一个原因。例如轧辊轴承座与牌坊之间的间隙、减速机和齿轮座内的齿轮啮合间隙、万向接轴弧形齿的啮合间隙及轧辊扁头与套筒之间的间隙等一般都具有振动放大作用。

1.3.3.3 轧制工艺影响

轧制工艺参数直接影响着轧机运行的稳定性，例如轧制规程、轧制温度和轧制速度等。当轧制工艺规程变化或选取不同规程时，也能够使轧机失稳并加剧振动现象。

1.3.3.4 轧辊多边影响

磨床在磨削轧辊过程中也存在着振动现象，导致磨出来的轧辊表面形成多边形和椭圆，在轧制过程中磨床磨辊的振动通过轧辊遗传到轧制过程，形成对轧机振动的激励作用。

1.3.3.5 辊缝波动影响

工作辊振动导致辊缝变化从而影响带钢出口厚度，带钢出口厚度的变化通过动态辊缝自动调节又反过来影响工作辊振动，从而在辊缝调节过程形成动态闭环，甚至会出现正反馈，加剧了轧机振动。

1.3.3.6 压力波动影响

轧辊的振动引起辊缝波动，进而引起液压压下缸内的油压波动，油压波动又自动生成辊缝的补偿信号，进而引起伺服阀控制电流的波动，会使压下油缸压力的波动加大，从而加剧振动。

1.3.3.7 辊缝润滑影响

辊缝的润滑会影响轧制界面摩擦系数的变化，润滑效果好，轧制力会大幅降低，致使轧制力波动也降低，从而降低了轧机振动。但润滑太好，又会出现打滑现象，使咬钢和轧制过程难以正常进行。

1.3.3.8　速度反馈影响

工作辊转速的波动，导致主传动电机电流和速度的波动，经过控制系统调节，电机输出扭矩波动变大，导致主传动系统出现扭振现象。

1.3.3.9　弯辊张力影响

弯辊控制和张力控制对轧机振动的影响机理与压力反馈、速度反馈类似，是通过液压压下辊缝反馈控制和主传动电机转速的反馈控制实现的。

1.3.3.10　其他因素影响

机架间冷却水流量、轧辊材质和开轧终轧温度等其他因素也会对轧机振动有一定影响。

1.3.4　轧机振动研究反思

60多年以来，国内外许多学者用不同方法建立轧机的仿真模型来求解固有频率和振型，对了解和掌握轧机机械结构的固有动力学特性有了更深刻的认识，但对于解释轧机振动，特别是抑制轧机振动却遇到了许多困惑，一直未形成公认的理论体系。换而言之，轧机建模和仿真分析曾经起到过积极的作用，但在依靠模型仿真的结果来提出抑制轧机振动的措施却遇到了严峻的挑战，甚至成为"模型灾难"，严酷的现实使得学者们不得不对抑制轧机振动的研究方法进行反思。

由于轧机振动表现出多参数、强耦合和非线性等特征（见图1-3），是一个机械、电气、液压和轧制界面相互耦合（简称机电液界耦合）的复杂机电液系统，仅从单一因素出发来研究不可能得到与实际十分吻合的理想模型，只能作为一般理论分析的基础。仅仅利用模型仿真获得的结果来提出十分有效抑制轧机振动的措施有时却显得无能为力，甚至由于对轧机复杂机电液系统仿真模型的简化导致与实际客观真实系统严重脱离。因此，新的研究方法和思路开拓就显得尤为重要，成为当今轧机耦合振动抑振与控制科学界开始研究的热点和难点，也是国民经济发展亟需解决的一个科学问题，具有重要的工程基础理论研究意义和实用价值。

针对以上困惑和研究难点，设想寻找到一种新颖的主动抑振控制方法，也就是不论轧机耦合振动是线性还是非线性、是强耦合的还是弱耦合、是时变的还是时不变、是一种扰动诱发还是多源扰动诱发的耦合振动，全都转化为获得抑振反馈信号进行抑振控制。换而言之，就是对轧机耦合振动信号进行实时采集、处理和提取并运算获得抑振信号，然后送回轧机的液压压下控制和主传动电机控制系统，降低液压压下缸和主传动电机提供给轧机耦合振动所需的能量，以抵消轧机的耦合振动现象，使不可预知的"幽灵式"轧机振动能够得到及时有效地控制。本书作者正是基于这一思想展开研究工作，以期达到理想的抑振效果并建立抑制轧机耦合振动理论体系，其成果对国民经济其他行业的复杂机电系统振动抑制问题也有借鉴作用。

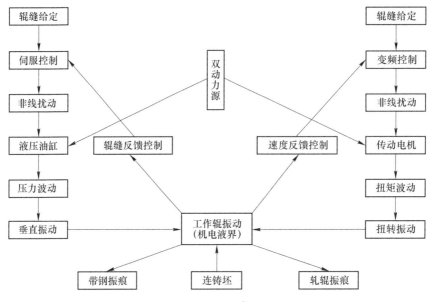

图 1-3 轧机耦合振动机制框图

15 年来，本书课题组连续承担了 25 套轧机机组的振动研究，从传统研究方法开始到新的研究思路提出及现场实施，经历了四个阶段，如图 1-4 所示。

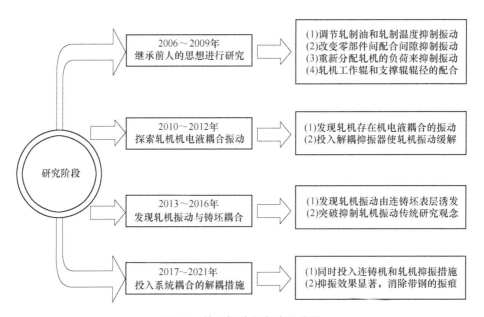

图 1-4 轧机振动研究阶段进展

首先利用自行研制的网络式轧机振动远程在线遥测系统，将铸轧全流程中连铸机振动、连铸坯表面形貌和热连轧机的耦合振动作为整体来进行监测，跟踪连铸坯从连铸到热连轧机振动的遗传影响规律，也为抑振措施实施监视和抑振措施效果考核等提供实测数据。

为了弄清连铸坯与轧机振动耦合关系以及振动遗传特性，本书课题组率先开展了铸轧全流程轧机机组耦合振动机制研究，将只研究轧机本身振动的传统研究方法拓展到铸轧全流程上来，开展了连铸坯激励轧机振动和振动遗传的研究。

经过在现场多年摸爬滚打，提出并验证了连铸坯表层会诱发热连轧机振动，即热连轧机的振动除了其他诱发因素外，还可以追溯到连铸坯的影响。理论与实践表明，不管连铸坯是厚度波动还是硬度波动都会在轧制界面形成动态轧制力激励轧机形成耦合振动现象，当振动频率与轧机某阶敏感固有频率吻合或相近时，便会诱发轧机更强烈的振动现象。连铸坯作为一个激励源与其他影响轧机振动的因素（如辊缝润滑、轧机固有特性、传动系统特性、液压压下特性、磨辊质量、啮合激励和前后张力等）耦合，形成更加复杂的轧机机电液界耦合振动现象。

理论研究与大量现场试验结果表明轧机存在机电液界多态耦合振动现象，需要研制解耦抑振器来抑制轧机振动。作者正是基于这种观点展开研究并提出一整套通用抑振措施，其抑振效果显著，已被工程实践所证实。

2 热连轧工艺流程简介

热轧带钢产品应用范围十分广泛，涉及机械制造、车辆制造、船舶制造、桥梁制造、锅炉制造、焊管生产、冷弯型钢及冷轧带钢等行业。

随着科技的进步，热连轧从常规单块热连轧发展到半无头和无头薄板坯连铸连轧等，其装备水平不断提高，产量大幅增加，以满足国民经济对热轧带钢的需求。

2.1 常规热连轧工艺及控制简介

2.1.1 常规热连轧工艺

常规工艺的热连轧机主要机型有 2250 热连轧机组、1580 热连轧机组和 1780 热连轧机组等多种，主要由加热炉、除鳞机、1~2 架粗轧机组、5~7 架精轧机组和 2~3 套卷取机构成，如图 2-1 所示。将准备好的板坯通过上料系统送至加热炉，板坯在加热炉中加热至 1250~1280℃ 时出炉，经高压水除鳞后，送入大立辊压侧边后除鳞，然后送入粗轧机组进行轧制，粗轧完成后进行测厚和测宽，不合格的废品处理后送到废品台架。合格的中间坯经飞剪切头并再次经过高压水除鳞后，送入精轧机组。轧后的成品带钢经过一段距离的层流冷却，进入地下卷取机卷取成卷。然后进行钢卷打捆、喷印等后续处理，送入钢卷库，完成热轧的全部过程。

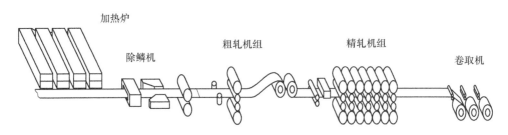

加热炉　　　除鳞机　　　粗轧机组　　　精轧机组　　　卷取机

图 2-1　常规热连轧工艺流程

2.1.1.1 加热炉
加热炉将连铸坯加热到轧制时所需的温度，采用步进式加热炉能使装入炉内的连铸坯在炉内移动过程中的同时被加热。其内部结构设有固定滑轨和移动滑轨，炉内连铸坯依靠移动滑轨的上升、前进、下降和后退的循环动作来完成，使在固定滑轨上的连铸坯依次一步一步地移送到加热炉的出口位置。

由于操作和设备上的限制，连铸坯底部与炉内支撑板坯的水冷滑轨相接触的低温部分产生滑道黑印，使连铸坯温度不均匀。

加热炉的燃料控制沿长度方向至少分成三段。即从加热炉装料口开始到出口，依次称为预热段、加热段和均热段。

2.1.1.2　除鳞机

由加热炉出来的连铸坯经高压水除鳞机将连铸坯在加热炉内生成的氧化铁皮冲掉，避免轧机轧制后压入带钢表面，产生产品表面质量等问题。

2.1.1.3　粗轧机组

除去氧化铁皮后的连铸坯，由粗轧机轧制到要求的厚度供给精轧机作为中间坯。为了控制和调节连铸坯宽度在粗轧机入口设有立辊轧机，以保证产品的宽度精度。

粗轧机上设有轧制力、测厚和温度等传感器，以便对整个轧制过程进行实时监测。

2.1.1.4　精轧机组

在粗轧机组上轧制成的中间坯由中间辊道送至精轧机组进行轧制。首先用切头剪剪掉头尾部低温异形部分，再用除鳞机喷高压水除去中间坯表面氧化铁皮，然后送精轧机组轧制成成品。

精轧机组一般由5~7架轧机组成，采用变频控制驱动电动机。为了保证各机架之间的带钢轧制协调，必须使各机架出口的带钢厚度与速度乘积是一常数，即秒流量相等。为了控制各个机架秒流量相等，在活套支持器的高度为一定值时，采用自动调整各机架主传动电动机转速来实现这一要求。

由于滑道黑印和轧制时中间坯温降等影响，出现了轧机出口的带钢厚度与设定轧辊辊缝的偏差。因此，精轧机组还需要加入带钢厚度自动控制系统，简称AGC系统。

2.1.1.5　卷曲机

从精轧机组出来的带钢，经过层流冷却等一段距离的运输辊道送到卷曲机进行卷曲成卷，一般使用两台卷取机交替卷取，但也有再增设一台卷取机作为备用。

在精轧机组的进口与出口及卷曲机的进口一般都设有温度和测厚等传感器，根据产品规格和用途的不同，在运输辊道上设有冷却水喷淋装置，将带钢冷却到要求温度内，使带钢达到所要求的金相组织。

轧制后由辊道运送来的带钢首先进入卷曲机张力辊，由上下张力辊将带钢弯向下方导入卷筒和成形辊之间。通过几个成形辊，将带钢头部在卷筒上绕紧数圈后，成形辊松开，使卷筒和精轧机之间建立一定的张力，随即进行卷取操作。在卷取即将终止时，带钢尾部脱开精轧机后，立即由张力辊电动机的反电动势使张力辊和成形辊重新压下，以保持张力辊和卷筒之间的张力，然后又将带钢尾部压紧，并立即扎卷送入库房。

卷取结束后，便完成了热轧带钢机组的全部工序。此后，进行打印标签和过磅后送往后续工序或用户。

2.1.2 常规热连轧控制

在热连轧控制系统结构中，采用计算机与控制器分布式网络架构，充分体现了分布控制系统的分散控制、集中管理的思想。图 2-2 是轧制过程多级计算机控制系统结构图，各个控制级分工不同。

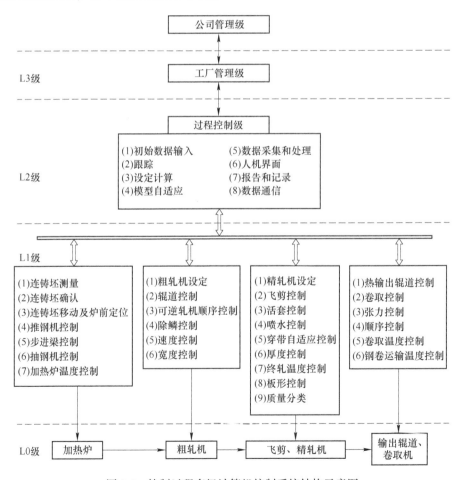

图 2-2 轧制过程多级计算机控制系统结构示意图

L0 级为数字传动级，包括各种带数字调节器的执行设备。这些执行设备本身就是各自独立又有通信的闭环自动控制系统，可以对调节器进行比例、积分和微分等各种算法设置，如加热炉、轧机电机、剪切机和卷取机等。每个执行设备可以独立调试，也可在上位机进行程序控制、顺序控制、比值控制、串级控制、前馈控制以及延迟补偿等各种控制。

L1 级为操作控制级，即基础自动化。主要是在人工操作下进行轧制过程的具体控制，所有相关设备工作的状态控制。L1 操作控制级计算机从总线接受 L2 级传来的设定计算数据，采集所有现场有关轧制状态信息和设备工作信息，如润滑油压、带钢温度和轧制压力等。采集的数据进行分析或处理，其输出数据打印、显示或存储。

在操作控制级还需要响应现场检测的各种中断，完成轧件跟踪、立辊位置控制、转速控制、压下控制、活套控制和水冷控制等，甚至用点到点数据线指挥各个装置的工作，完成控制任务。

L2 级为过程控制级。按照产品要求和原料情况，制定压下规程，并按照各工艺环节的数学模型进行预报运算，包括厚度 AGC 和板形 AFC 等计算比较。同时接受 L1 级实测的结果，进行带钢跟踪、滤波辨识、自学习修正模型系数和轧制节奏控制等。

L3 级为生产控制级。它主要进行生产的计划和调度，安排 L2 级和 L1 级进行工作。这一级又可以按企业的规模和管理范围的大小分成几级，例如车间管理、工厂管理和公司管理级。计算机通信能力强大，要求具有高速数据处理能力和大容量存储器。L3 级完成资源调度、质量控制、材料设计和合同跟踪等相应功能，以实现整个热轧生产的生产控制、调度与管理。

L3 级以上是生产管理级和公司管理级，主要完成合同管理、成本核算、生产计划编制、各生产部门协调、安排作业计划下发、收集生产控制级的生产实绩、跟踪生产情况和质量情况等。

2.2 薄板坯连铸连轧简介

薄板坯连铸连轧技术发展至今，形成了各具特色的多样化生产工艺，如 CSP、ISP、FTSR、QSP、ESP 和 MCCR 等。

2.2.1 CSP 连铸连轧

由德国 SMS 公司成功开发的第一条 CSP 产线于 1989 年在美国投产。我国珠钢自 1998 年从德国 SMS 引进第一套 CSP 生产线（已停产）后，陆续在邯钢、包钢、马钢、涟钢、酒钢和武钢等先后投产。FTSR 生产线有 3 条，分别在唐钢、本钢和通钢投产。我国自行研制的 ASP 生产线有 3 条，分别在鞍钢 2 条和济钢 1 条（已停产）。近几年还有新的机型出现，这些轧机承担着国民经济需要的高品质宽带钢生产重任。

某 CSP 薄板坯连铸连轧生产工艺流程如图 2-3 所示。主要由连铸机、均热炉、除鳞机、精轧机组和卷曲机等构成。

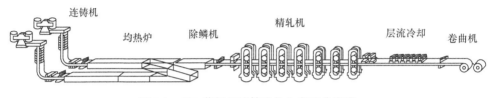

连铸机　　均热炉　　除鳞机　　精轧机　　层流冷却　　卷曲机

图 2-3　CSP 薄板坯连铸连轧生产工艺流程

2.2.1.1　连铸部分

在转炉炼钢车间内布置转炉，精炼连铸跨内布置钢水扒渣站、LF 钢包精炼炉以及薄板坯连铸机。转炉有顶底复吹工艺，装有副枪操作设备，可实现气动挡渣功能和溅渣护炉技术，冶炼过程可以实现动态计算机控制，冶炼和精炼部分配有专门的除尘装置，以保护环境。

立弯式薄板坯连铸机一般由国外引进，采用漏斗式结晶器和大容量双流中间罐。结晶器可实现在线调宽和液面自动控制，浇铸过程采用保护渣、自动称量及液芯压下技术，通过液芯压下可以把结晶器出口铸坯厚度减薄，以保证某些产品在质量方面的需求。

2.2.1.2　均热炉

经过剪切头尾和定尺的薄板坯可直接进入直通的辊底式均热炉内，铸坯在炉内通过加热段、传输段、摆渡段和保温段后即可进入轧制工序。经均热炉加热后的连铸坯，在长度和厚度方向的温度差可达到 ±10℃ 的目标值，与常规工艺相比铸坯头尾的温度差极小。对应两流铸坯的直通辊底式均热炉，通过对连铸坯的摆渡可达到把工艺线"合二为一"的功效。

2.2.1.3　轧制部分

在串列布置的均热、轧制两个跨间内，主要装备有直通辊底式均热炉、事故剪、高压水除鳞机、立辊轧机、热连轧机组、温度厚度宽度自动检测仪、地下卷取机和层流冷却装置等。

在轧制部分，采用高压水除鳞机，它能够较好地清除连铸坯表面的氧化铁皮，保证带钢的表面质量。在 F1 机前设有立辊式轧机，它可以改善连铸坯边部的铸态组织，提高带钢的边部质量。热连轧机组为轧制薄规格产品提供了设备条件。为了保证带钢产品的尺寸精度和平直度，每个轧机均采用了高刚度机架并装备有 CVC 工作辊横移系统、WRB 液压弯辊系统、AGC 自动厚度控制系统、HGC 液压辊缝控制系统、ALC 自动活套控制及 PCFC 板形凸度和平直度控制系统。整条生产线采用交流传动系统，热连轧机组各机架主电机全部采用交流电动机，主传动采用交交变频和交直交变频调速系统，具有单机容量大、控制性能好、效率高和维护简便等优点。

2.2.1.4 卷曲部分

成品带钢通过机后输出辊道上的层流冷却系统，实现不同钢种带钢性能的控制。卷取机为地下式，采用全液压控制，侧导板、夹送辊和助卷装置采用液压控制，使带钢在卷取过程中边部整齐。

2.2.1.5 自动控制

为了对整条生产线实现高效控制，对自动化系统按级别、分区域统一的方式进行系统组态设计，其功能分为三级，即基础自动化、过程自动化和生产管理自动化。控制系统分为精炼控制区、连铸控制区、加热控制区、连轧控制区、精整控制区和水处理控制区。

生产管理自动化主要功能包含生产计划、产品质量控制、质量评估、合同的安排和生产过程的优化，将分析数据通过网络传到下级系统。

过程自动化计算机控制系统主要功能是完成控制过程的模型计算、模型选择、智能化网络、优化处理、物流跟踪和质量判断，并向下一级传送设定值。

基础自动化主要是负责传动控制、仪表控制、工序控制和人机对话功能，各种参数的检测功能及与上级计算机的通讯功能。

以上系统通过以太网相连，采用 TCP/IP 数据协议进行数据通信，实现全自动、半自动和手动对整条 CSP 生产线进行控制。

2.2.2 MCCR 连铸连轧

连铸坯无头轧制技术中的难点是连铸坯的连接等问题，即要在非常短的时间内将运动的连铸坯连接起来。多年来，连铸坯的连接技术一直是工程界研究的重要课题，也相继开发出许多的连接技术，包括搭接轧制连接、平接轧制、MIG 焊接、激光焊接、切割机械接口连接、还原性气体加热焊、直接通电流焊接、电磁感应焊接和闪光对接焊接等。在这些方法中，以闪光对焊作为最为实用和高效的连接手段，被国内外钢铁企业应用于生产实践之中。1996 年 3 月世界上第一套采用感应对焊技术的工业化带钢无头轧制生产线在日本川崎制钢公司千叶厂 3 号热连轧机上正式投入运行，1997 年浦项和日立公司联合着手开始研制采用剪切和焊接工艺，进行中间坯连接的带钢无头轧制新工艺并取得成功。无头轧制总的说来在生产实践中应用的时间还不长，采用的厂家有限，属于一项正在发展、有着广阔发展前景的工艺技术。其中主要技术包括：消除两个连铸坯的位置误差，实现运动的连铸坯完全对准装备技术,以闪光对焊或者热挤压焊合为代表的连铸坯连接关键装备技术。从而显著提高生产能力、减少堆钢事故、增加金属收得率、提高产品质量和降低生产成本等。

2019 年某公司引进 DANIELI 的 MCCR 全连续多模式连铸生产线,如图 2-4 所示。

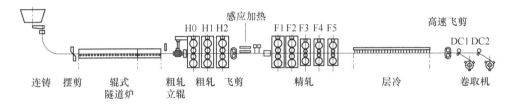

图 2-4　MCCR 全连续连铸连轧工艺流程

该机组设计年产量 210 万吨,布局紧凑,全长 288.85m。配置 1 台单流高速薄板坯连铸机、1 座隧道均热炉和 1 条热连轧生产线。关键工艺设备及电气自动化控制是从 DANIELI 公司和 TMEIC 公司等引进。可选择单坯、半无头和无头三种生产模式,生产方式灵活,其中无头占比达 72%。连铸坯、中间坯和成品钢卷见表 2-1。

表 2-1　MCCR 全连续连铸连轧主要参数一览表

连铸坯	连铸坯厚度	110mm（上限 123mm）
	连铸坯宽度	900~1600mm
	连铸坯最大长度	24.5m（单块）
中间坯	中间坯宽度	900~1600mm
	中间坯厚度	8.0~50.0mm（单块）/8.0~30.0mm（无头或半无头）
成品钢卷	带卷厚度	0.8mm≤h≤4.0mm（无头/半无头）；1.4mm≤h≤12.7mm（单块）
	带卷宽度	900~1600mm
	带卷最大重量	33.6t
	带卷的内径/最大外径	762／2050mm，762／2150mm（无头模式）

冶炼钢水经过铁水脱硫—转炉冶炼—脱氧合金化—炉外精炼（脱硫、脱气和脱碳）处理,有效保证钢水纯净度,为 MCCR 提供优质的钢水原料。

连铸采用 70t 大容量中间包,高钢通量下结晶器液面控制技术（包括 SEN 优化和 ABB 电磁制动）,采用液芯压下/动态软压下“双模式”,提高连铸坯质量的同时提高钢通量。使用高拉速的变辊距、变辊径小辊密排辊列技术,连铸坯最高拉速可达到 6.5m/min。配置超低误报率的漏钢预报系统 Q-MAP,给连铸高拉速提供保证。

短隧道式加热炉采用 Ni、Cr 系列辊环材质，窄辊环错开布置，有利于减少连铸坯下表面的伤害。炉温可实现精准控制，出炉连铸坯温度±10℃，边角温度略高，边部质量好。

产线布置三套除鳞装置（连铸扇形段出口、粗轧入口和精轧入口），以避免氧化铁皮残留，更好保证带钢表面质量。

利用电磁感应加热技术，对中间坯进行加热，设备可调宽和调高，采用 DANIELI 专利技术的高加热效率线圈，保持中间坯横断面温度均匀，10s 内可给中间坯升温 300℃。

层流冷却长度为 57.13m，最大水量 8500m³/h。前后密集冷却，能够满足不同钢种不同冷速要求，具备双相钢等高端产品分段冷却控制能力。采用边部遮挡，提高带钢宽度温度均匀性，有利于板形控制。

轧机自动化控制系统采用 TMEIC 技术，实现对成品带钢厚度、宽度、板形和温度高精度控制。该系统具备自适应反馈控制能力，可确保产品在不同工况下的高精度控制，对于小于 1.5mm 无头产品的控制精度与常规热连轧产线对比见表 2-2。

表 2-2　产品尺寸精度和板形控制水平

参数指标项目	极限薄规格控制精度能力	常规产线
厚度	±14μm	±50μm
宽度	0~8mm	0~20mm
凸度	±10μm	±20μm
楔形	±14μm	±20μm
平直度	14 IU	30 IU
FDT 温度	±12℃	±20℃
CT 温度	±12℃	±20℃

与常规热轧产线相比具有节能、环保、高效和交货周期短等。其流程短、布局紧凑、能耗低、设备磨损低、铸轧一体、高拉速、高轧制速度和多卷轧制无间隙。可保持恒速轧制，质量均匀，同板间及同批次间波动小。无频繁咬钢、抛钢和变速轧制，使尺寸控制精度高。张力恒定、轧制条件稳定和板形控制好。全长温度控制稳定，组织均匀和性能波动小。

可按需求实现卷重自由控制，不受常规产线加热炉尺寸限制。可实现超薄规格（最薄 0.8mm）批量稳产。产品附加值高，可实现"以热代冷"。

MCCR 的优势为可实现一种产线多种生产模式（单坯/半无头/无头），生产灵活。产品规格覆盖广，无头轧制方式下批量生产 0.8mm 超薄规格，也可卷对卷方式下生产 12.7mm 厚规格。产品大纲覆盖范围宽，可涵盖热轧薄带钢全部钢种。可生产高强度钢、多相钢、包晶钢和高碳钢等裂纹敏感钢种。设备能力强，具备厚度不大于 3.0mm、抗拉 1500MPa 高强钢生产能力。采用三点高压除鳞，表面质量好。

MCCR 产品类别主要包括薄规格热轧板、热轧酸洗板和热基镀锌板三大类。其品种含热轧产品薄规格，具备批量稳定供货能力，为产品高强度轻量化升级提供更大空间。

综上所述，常规热连轧、CSP 和 MCCR 三种生产线比较见表 2-3。

表 2-3   三种生产线综合比较

类型	常规热连轧产线	CSP 产线	MCCR 产线
特点	粗轧机架均可逆，5~7 架精轧机连续轧制	2 机 2 流薄板坯铸机对应 2 条隧道炉和 1 条轧机产线，设备布置紧凑	连铸薄板坯直接进入粗轧机和精轧机，全连续无头轧制，设备布置紧凑
优点	可生产品种多、规格灵活。压缩比大、产品性能好。 多道次除鳞保证表面质量	带卷全长性能相对均匀，从钢水到带卷生产时间短	部分替代冷轧薄规格，带卷全长性能均匀稳定，无头轧制卷形好，综合成材率较高
缺点	占地多、能耗高，头尾温差大，全长性能不均。薄规格轧制风险大，头尾切损影响成材率	表面质量、机械性能、品种结构、规格灵活性等不及常规产品	局部故障影响整条生产线的生产

3 铸轧全流程在线监测系统

将铸轧全流程中连铸机振动、连铸坯表面形貌和热连轧机机组作为一个整体来进行在线监测如图 3-1 所示，可以借助手机或计算机进行远程在线监测，以确定振动基因在流程中的遗传和规律，为确定连铸坯诱发轧机振动原因提供实测数据。

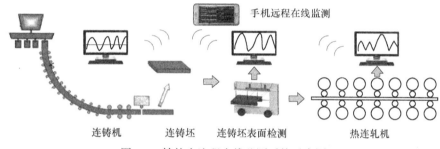

图 3-1　铸轧全流程在线监测系统示意图

3.1　连铸机振动在线监测系统

3.1.1　连铸机振动在线监测信号

为了解连铸机振动状态与轧机振动关系，需要测定连铸机的塞棒、中间包和结晶器等振动参数见表 3-1。

表 3-1　连铸机振动测试参数一览表

序号	信号名称	信号来源
1	塞棒垂振速度	单独安装振动速度传感器
2	中间包垂振速度	
3	结晶器垂振速度	
4	液面波动	利用现场的 PLC 信号
5	拉坯速度	
6	拉坯力	

3.1.2 连铸机振动监测系统及配置

连铸机振动在线监测系统构成如图 3-2 所示。将振动速度传感器分别垂直安装在塞棒的 L 形架、中间包外壳和结晶器外壳上。当连铸机生产时，其测点的振动速度信号经过屏蔽电缆送到数据采集器，然后其输出通过网线与路由器连接，路由器输出再通过网线与一体机连接。另外一组信号（拉坯、拉坯速度和力液面波动等）取自 PLC，通过路由器与一体机相连。一体机在屏幕上显示这些信号，经过标定转换成各自的物理量。监测软件可在线同时显示振动信号和频谱图，便于在线分析连铸机被测信号的频谱特征。

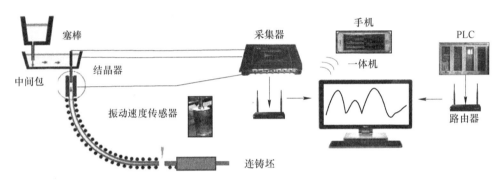

图 3-2 连铸机振动在线监测系统构成

连铸机振动在线监测系统软硬件配置见表 3-2。

表 3-2 连铸机振动在线监测系统软硬件配置清单

序号	名 称	品牌及参数说明	数 量
1	一体机	联想	1 台
2	路由器	华为	2 个
3	16 通道分布式数据采集器	自制：24bit，量程：±10V，精度：0.01%，最高采样频率 10kHz	1 台
4	8 通道分布式数据采集器		1 台
5	振动速度传感器	自制：测量范围 2~2000Hz、精度 ±0.1%、灵敏度 30mV/(mm·s^{-1})	3 个
6	耦合监测数据显示软件	自编专用软件	1 套
7	耦合监测数据库和历史库		1 套
8	耦合监测数据分析软件包		1 套

3.2 热连轧机振动在线监测系统

为了对轧机振动有一个全面的了解，在线监测轧机振动的特征及规律，也为解释轧机振动、理论研究及抑振措施的制订提供现场实测数据，因此轧机振动在线监测系统在解决轧机振动问题起到了举足轻重的作用。

热连轧机振动在线监测系统主要由三部分构成：主传动扭矩在线遥测系统、轧机垂直振动在线监测系统和取自现场 PLC 有关信号，如图 3-3 所示。

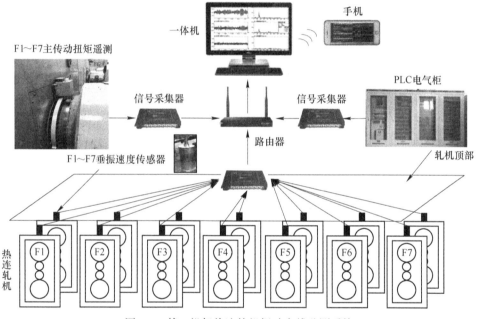

图 3-3 某 7 机架热连轧机振动在线监测系统

3.2.1 轧机主传动扭矩遥测装置

热连轧机一般缺少振动监测信号，特别是没有主传动扭矩监测信号。由于热连轧以主传动扭振为主，因此监测扭矩信号成为轧机振动监测的重点。

3.2.1.1 扭矩遥测系统构成及原理

扭矩遥测系统构成如图 3-4 所示，主要由静止电源环 1、旋转环 2（内置发射机）、从旋转环到扭矩应变片的扁平导线 3、扭矩应变片 4（用专用焊机焊接在轴上）、带有系统状态指示灯和转速传感器模块 5、安装用的法兰 6 和主控单元 7 构成。

扭矩遥测系统由无线高频感应供电和无线信号传输两部分构成，主要包括带

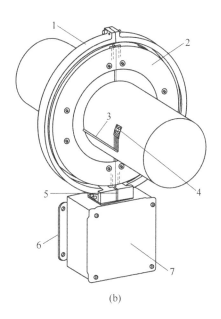

(a)   (b)

图 3-4　轧机主传动扭矩遥测系统
（a）现场照片；（b）立体示意图

有集成发射机的旋转环和带有主控单元的静止电源环。

扭矩遥测系统基本原理如图 3-5 所示。首先将扭矩应变片焊接在与被测轴轴线成 45°位置。被测轴测点一般选在电机输出轴轴承座两侧位置，此位置安全可靠、很少拆卸。当被测轴产生变形时，扭矩应变片随着轴一起变形，利用应变片的应变效应使应变量转化为电阻的变化量，最终转化成全桥桥路电压信号的输出，电压输出信号大小与扭矩成正比。扭矩信号对发射机载波调制送到发射天线发射，接收天线收到信号后经过主控单元内遥测接收机进行解调还原成扭矩信号，最终送到一体机进行采集、显示、存储和分析。

图 3-5　扭矩遥测系统工作原理

被测轴上发射机和应变片采用高频感应供电电源。首先主控单元内将交流 220V 稳压电源变换成高频电源（300~500kHz）送到感应电源初级线圈（静止电源环），通过电磁感应在次级线圈（旋转环上的线圈）生成感应电压，经过电压变换模块转换成 5V 直流电源供轴上的应变片和发射机工作。

3.2.1.2 扭矩遥测系统功能

（1）同时传送四种数字信号：扭矩、转速、功率和转向。

（2）用户可调整扭矩及功率的量程。

（3）数字电路设计消除了干扰的影响。

（4）非接触感应供电和信号无线传输消除了磨损表面，延长了使用寿命。

（5）不需要改动被测轴结构即可安装。

（6）与被测轴一起旋转的电子器件完全密封。

（7）带有 4 挡低通滤波器。

（8）带有模拟标定功能。

（9）带有自诊断故障指示灯。

（10）用户设置的零点偏移量和信号增益可永久存储。

（11）高分辨率。

3.2.1.3 扭矩遥测系统参数

A 发射机（嵌入旋转环盲孔中）

（1）全桥电阻应变片阻值：350Ω。

（2）全桥输入：DC 5.0V。

（3）应变测量范围：$\pm500\mu\varepsilon$。

（4）温度系数。

增益：$\leqslant0.005\%FS/℃$，$20\sim70℃$；
　　　$\leqslant0.010\%FS/℃$，$-40\sim85℃$。

零点：$\leqslant0.005\%FS/℃$，$20\sim70℃$；
　　　$\leqslant0.010\%FS/℃$，$-40\sim85℃$。

（5）非线性：$\leqslant0.05\%FS$。

B 旋转环（带有次级线圈）

（1）材料：特制。

（2）外径：取决于被测轴直径。

（3）宽度：32mm。

（4）重量：取决于被测轴轴径。

C 主控单元和电源静止环

（1）输出信号。

扭矩：$4\sim20mA$，量程可调；

轴功率：$4\sim20mA$，量程可调；

转速：脉冲指示，5mA 或 19mA；

转向：二进制显示，5mA 或 19mA。

1）第一个 5mA 相当于低电平、19mA 为高电平。即脉冲输出的疏密表示转速高低，这里转一圈有 6 个脉冲。

2）第二个 5mA 相当于正转、19mA 为反转，即高低电平对应转向。

（2）输入电压：AC 220V。

（3）输出接线：由端子引出。

（4）主控单元的尺寸和重量。

尺寸：150mm×150mm×100mm；

重量：2.72kg。

（5）电源静止环尺寸和重量。

内径：与旋转环外径配套；

宽度：32mm；

重量：取决于被测轴轴径。

D 系统参数

（1）分辨率：24bit。

（2）扭矩和功率的频率响应：可选 1000Hz、100Hz、20Hz 或 0.1Hz。

（3）延迟：≤1ms。

（4）采样速率：4kHz。

（5）工作温度：-40~85℃。

3.2.2 轧机垂振在线监测

轧机垂振在线监测位置可选择在工作辊轴承座、支撑辊轴承座、液压缸或牌坊等处，考虑能够长期稳定跟踪轧机振动状态，故选择轧机操作侧和传动侧牌坊顶部中心位置。振动传感器可选择振动位移传感器、振动速度传感器和振动加速度传感器，一般选择振动加速度传感器，这里选择使用振动速度传感器，如图 3-6 所示。

3.2.3 轧机其他信号监测

除了监测轧机主传动扭矩和牌坊垂振外，还需要监测一些辅助参数信号，例如各个机架轧制速度、轧制压力、辊缝、带钢张力、轧辊转速、主电机电流和带钢厚度等，这些信号取自轧机 PLC 中的信号通过网络传输到轧机振动在线监测系统。

图 3-6 振动速度
传感器外观

3.3 振动在线监测软件功能

振动在线监测系统针对连铸机或轧机运行的主要参数进行实时监测，监测的数据按照生产过程进行保存处理。对于每段数据记录监测信号的最大值、有效值及波形数据等，以数据库的形式保存在硬盘中。

3.3.1 数据采集和显示功能

系统采用三种不同的方式记录数据。

3.3.1.1 人工采集

依据需要，人工启动和断开采集数据。可以连续实时记录采集信号的波形。

3.3.1.2 间隔采集

设定指定的时间间隔记录数据，每个时间间隔自动作为一个文件存储。

3.3.1.3 触发采集

以指定的某个触发信号作为记录数据的判断依据来进行采集开始和结束设定。

系统采用的分布式采集器采用以太网形式与计算机相连，一台计算机主机可以与多台采集器连接，采集主画面如图 3-7 所示。

依据需要可分别选择曲线、表格和柱状图形式显示采集的数据。数据显示可分别选取时域波形、频域波形以及时域频域同时在线显示。采样频率依据需要可选择 32～10kHz，对于连铸机和轧机振动频率较低，一般采样频率可选择 2kHz。

3.3.2 监测软件参数设置

参数设置的主要目的是设置数据采集以及系统的参数。这些设置是系统能够正确运行的关键，所以在开始进行监测之前，必须先进行参数设置。参数设置包括：通道参数、采样参数、系统参数和采集器参数等。用于配置数据采集器每个通道的通道名称、单位、校正系数、通道刻度、零电压、极性、滤波、报警值和清零等。通道名称、单位、使用、极性、滤波和清零可由内置的下拉框选择，其余参数可直接输入，如图 3-8 所示。

3.3.3 监测数据分析

打开数据文件的分析功能，包括：编辑信号、时域分析、频域分析、波形重叠、频域重叠、XY 轨迹、相关分析和三维瀑布图等功能。

对已有的信号也可进行各种运算，产生新的信号，可以进行多步运算，组合在一起形成较复杂的信号运算。

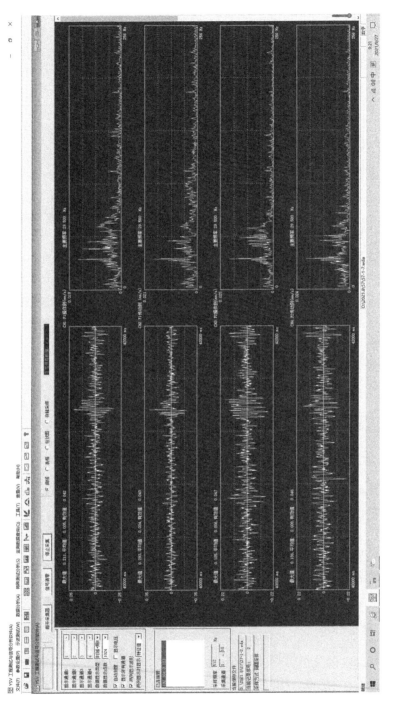

图 3-7　监测系统主界面

通道	信号名称	单位	校正系数	零电压	时域刻度	传感器	使用	极性	增益	报警值1	报警值2	触发值	滤波	滤波下限	滤波上限	清零	清零上限
1	F1操作侧	mm/s	0.0336	0.4774	10.00	直流	使用	正极性	1	100.00	150.00	1200.00	不滤波	40.00	60.00	手动	20.0000
2	F1传动侧	mm/s	0.0336	176.8025	10.00	直流	使用	正极性	1	12000.00	12000.00	1200.00	不滤波	45.00	55.00	手动	20.0000
3	F2操作侧	mm/s	0.0336	0.3967	10.00	直流	使用	正极性	1	12000.00	12000.00	1200.00	不滤波	45.00	55.00	手动	20.0000
4	F2传动侧	mm/s	0.0336	0.5096	10.00	直流	使用	正极性	1	12000.00	12000.00	1200.00	不滤波	45.00	55.00	手动	20.0000
5	F3操作侧	mm/s	0.0336	0.5040	10.00	直流	使用	正极性	1	12000.00	12000.00	1200.00	不滤波	45.00	55.00	手动	20.0000
6	F3传动侧	mm/s	0.0336	0.4542	10.00	直流	使用	正极性	1	12000.00	12000.00	1200.00	不滤波	45.00	55.00	手动	20.0000
7	F4操作侧	mm/s	0.0336	0.0775	10.00	直流	使用	正极性	1	12000.00	12000.00	1200.00	不滤波	45.00	55.00	手动	20.0000
8	F4传动侧	mm/s	0.0336	0.3618	10.00	直流	使用	正极性	1	12000.00	12000.00	1200.00	不滤波	45.00	55.00	手动	20.0000
9	F5操作侧	mm/s	0.0336	0.5168	10.00	直流	使用	正极性	1	12000.00	12000.00	1200.00	不滤波	45.00	55.00	手动	20.0000
10	F5传动侧	mm/s	0.0336	0.6196	10.00	直流	使用	正极性	1	12000.00	12000.00	1200.00	不滤波	45.00	55.00	手动	20.0000
11	振动加速度11	mm/s	0.0336	2098.057	10.00	直流	使用	正极性	1	12000.00	12000.00	1200.00	不滤波	45.00	55.00	手动	20.0000
12	振动加速度12	mm/s	0.0336	-0.1994	10.00	直流	使用	正极性	1	12000.00	12000.00	1200.00	不滤波	45.00	55.00	手动	20.0000
13	振动加速度13	mm/s	0.0336	-0.1922	10.00	直流	使用	正极性	1	12000.00	12000.00	1200.00	不滤波	45.00	55.00	手动	20.0000
14	振动加速度14	mm/s	0.0336	-0.1562	10.00	直流	使用	正极性	1	12000.00	12000.00	1200.00	不滤波	45.00	55.00	手动	20.0000
15	振动加速度15	mm/s	0.0336	2089.469	10.00	直流	使用	正极性	1	12000.00	12000.00	1200.00	不滤波	45.00	55.00	手动	20.0000
16	振动加速度16	mm/s	0.0336	107.2256	10.00	直流	使用	正极性	1	12000.00	12000.00	1200.00	不滤波	45.00	55.00	手动	20.0000

计算校正系数　　向下复制　　　　确定　　　取消　　频域坐标参考通道 1 ▼

图 3-8　参数设置界面

3.4　过程数据采集系统简介

现场轧机依据设计公司的不同，分别选用德国 PDA（Process Date Aacquition）、日本 ODG（Online Data Gathering）或意大利 FDA（Fast Date Acquistion）过程数据采集系统等。这些采集系统将轧机的机械参数、工艺参数、液压参数和电气参数进行实时采集和存储，有的带有频谱分析功能。当轧机出现振动时，可进行数据回放和分析，包括时域分析和频谱分析等，为轧机振动在线监测、寻找振源和措施效果考核等提供辅助数据支持。下面以 PDA 为例介绍过程数据采集系统的构成、结构和功能等。

3.4.1　热连轧机过程数据采集

PDA 是德国 IBA 公司开发的过程数据采集系统，位于热连轧机过程控制 L2级，对基础自动化 L1 级的数据进行采集，用于控制系统参数调试和故障原因查找提供实测数据。详细说明可参考有关 ibaPDA 说明书，这里仅做简单介绍。

例如在热连轧生产线中，炉区及精轧区需要对加热部分完成数据采集，采集的数据包括加热时间、加热温度、加热速度和各部分温度制度等在内的信息。同时对热连轧机参数进行采集，包括：主电机电流、电机转速、励磁电流和轧制力、辊缝、带钢宽度和弯辊力等数据。

除此之外，还需要对一些相关的控制及过程信号进行监测。

3.4.2　数据采集系统架构

PDA 数据采集系统是基于 PC 的数据采集系统，由于以统一及同步的方式处理大量数据，并且对具有不同数据格式及通信方式都提供很好的解决方案，因此非常适用于分布式多系统的数据采集。系统组成大致可分为数据源、通信和应用程序三部分，如图 3-9 所示。

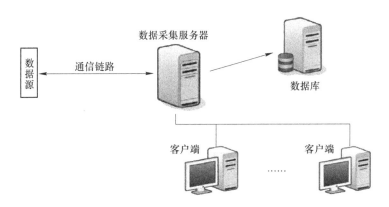

图 3-9　数据采集系统架构

3.4.3　数据采集系统特点

（1）采样速率高，且采样速率灵活可调。采样周期可以从 1~1000ms 连续可调，可以满足一般工业过程数据分析对于采样速率的要求。现场一般选用 20ms 或 50ms。

（2）采用客户端-服务器架构。系统配置、数据采集、数据存储和实时数据显示可以分布在不同的计算机中。服务器负责数据采集和存储，客户端进行显示。

（3）支持多客户端功能。一台服务器可以同时被多台客户端访问，因此，服务器采集的信号可以同时在多台不同的客户端计算机上显示。并且每台计算机还可根据需要显示不同的信号。

（4）内含虚拟信号表达式编辑器。通过表达式编辑器中的算术和逻辑运算符，可以在测量的同时生成用户定义的虚拟信号。这些生成的信号与实际采集的信号可以被一起记录在数据文件中，也可以与实际信号组合成复杂的触发条件用于报警生成。

（5）支持产生报警信号。在信号采集过程中，输入信号和虚拟信号可以组合成报警信号，也可以用来触发某一事件。

3.4.4　数据采集分析软件

采集系统的上位机应用程序包括数据记录软件和数据分析软件，具体功能如下：

（1）完成在线数据显示及记录功能。可以应用在分布式网络架构中，有很好的系统兼容性及很高的运行效率和可靠性。集成硬件具有自动检测、在线诊断、可自定义存储及信号压缩策略记录器、虚拟信号编辑器和事件日志记录器等，同时支持生成报警信号。

（2）完成对记录生成及数据文件进行数据离线显示及分析。可以运行于任意一台计算机上，采用纯图形的数据分析方式，包含多种数学函数和逻辑运算函数，具有数字滤波器和 FFT 等功能，可通过接口完成与数据库的连接。

3.4.5 数据采集系统通信方式

PDA 数据采集系统支持多种通信方式，使其能够与几乎所有厂家生产的控制器或传动系统通信，实现数据采集功能。

3.4.6 数据回放分析

数据分析有以下几种方法，即数值分析法、时间分析法、因果分析法、关联分析法和比较分析法等。

3.4.7 离线分析工具

ibaAnalyzer 是一款通过 ibaPDA 服务器记录并分析复杂数据的功能强大的工具，生产过程中的各项数据可以被实时记录在服务器中，通过调取记录的数据，就可以分析轧机振动的状态。例如分析轧机轧制力、轧制速度、电机电流和辊缝等信号，如图 3-10 所示。

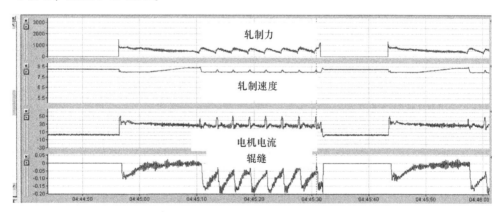

图 3-10　PDA 过程数据采集回放显示典型图

学会使用 ibaAnalyzer 数据分析器是分析轧机和生产故障的基础，各专业都可以通过多个参数信号的曲线进行分析，查找故障原因等。

4 热连轧机振动试验研究

为了了解轧机振动现象、掌握其振动规律，本书课题组 15 年来在现场做过大量的试验，为理论研究和抑制轧机振动措施制订提供数据支撑。虽然这些试验都是在特定的条件下完成的，其获得的数据对于不同轧机和不同试验条件是不同的，结论也有一些差别，但对于确定轧机振动影响因素和深刻理解轧机振动特征却有着重要意义。

4.1 轧机振动与轧制油浓度试验研究

传统的轧机振动理论研究认为，轧机振动是由辊缝自激振动生成的，因此抑制轧机振动首选措施为投入辊缝润滑。例如某 1580 热连轧机 F3 在轧制 SPA-H1.88×1150mm 带钢时，调整某品牌轧制油浓度后轧制力下降，如图 4-1 所示，此时轧机振动得到缓解，如图 4-2 所示。经过 3 次测试其平均值如表 4-1、图 4-3 和图 4-4 所示。

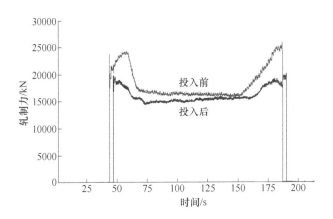

图 4-1　润滑投入前后轧制力变化

从图中可以看出，随着轧制油浓度提高，轧制力下降，轧机振动得到缓解。现场对其他不同轧机也做过同样的试验，不同轧制油品牌和添加剂对抑制轧机振动的效果也有较大差别，一般可降低轧制力 10%～20%，甚至更高。

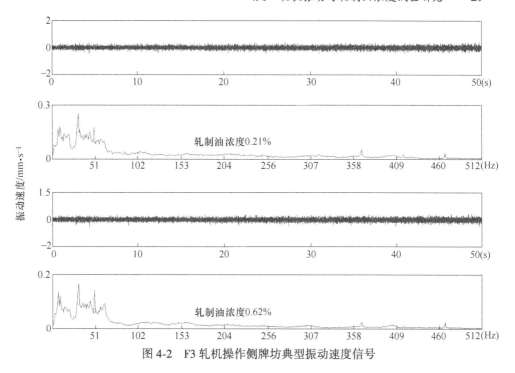

图 4-2 F3 轧机操作侧牌坊典型振动速度信号

表 4-1 F3 轧机振动与轧制油浓度关系试验数据统计

轧制油浓度/%	0.2380	0.4762	0.7143	0.9524
轧制力/kN	18500	19750	19970	20430
操作侧振动有效值 /mm·s^{-1}	0.523	0.434	0.389	0.324

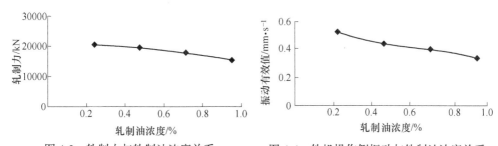

图 4-3 轧制力与轧制油浓度关系　　图 4-4 轧机操作侧振动与轧制油浓度关系

　　由于轧制油的投入（见图 4-5），导致有时咬钢困难，所以在咬钢后再投入轧制润滑，抛钢前再提前解除轧制润滑，以避免下次咬钢轧辊出现打滑现象。例如某 1780 热连轧机投入不同浓度制轧油润滑时，F1～F4 轧机的轧制力出现头尾大和中间小的现象，如图 4-6 所示，结果表明轧制带钢头尾部分时轧机振动依然较大。

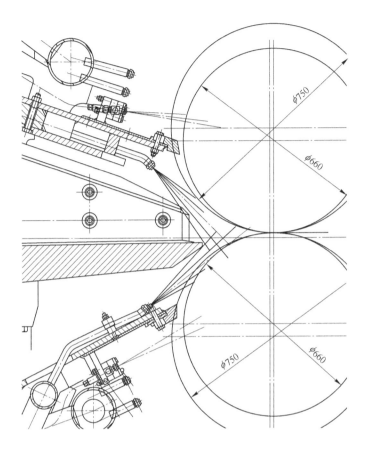

(a)

(b)

图 4-5　轧制油喷射装置

（a）示意图；（b）现场照片

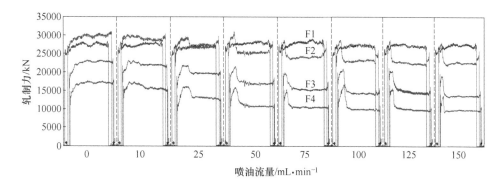

图 4-6 F1~F4 轧制力降低与喷油流量关系

4.2 轧机振动与轧制速度试验研究

现场多次试验表明,轧机振动状态与轧制速度密切相关。一般情况下,随着轧制速度的提高,轧机振动变得更加强烈,但偶尔也会出现轧制速度提高振动反而会下降的情况。以某 1580 轧机在轧制 SPHC2.0mm 为例,进行了 F3 轧机牌坊垂振与 F1 入口中间坯速度关系试验,统计结果见表 4-2,典型信号如图 4-7 所示。

表 4-2 F3 轧机振动与 F1 入口速度关系统计表

F1 入口速度/m · s⁻¹	振动频率/Hz	振动速度幅值/mm · s⁻¹
0.614	32	0.115
0.640	33.5	0.179
0.628	32.5	0.174
0.683	34	0.158
0.717	36	0.176
0.759	38	0.237
0.789	39.5	0.173
0.810	41	0.367
0.815	41.5	0.395
0.831	42.5	0.326

F1 入口速度/m·s⁻¹	振动频率/Hz	振动速度幅值/mm·s⁻¹
0.830	43	0.331
0.838	43.5	0.335
0.849	43.5	0.305
0.835	43	0.49

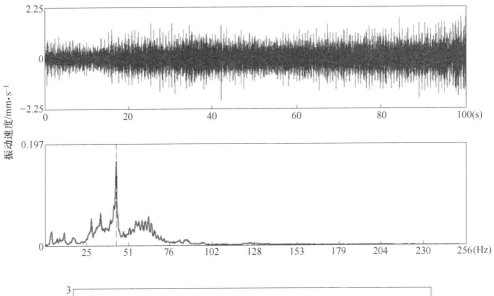

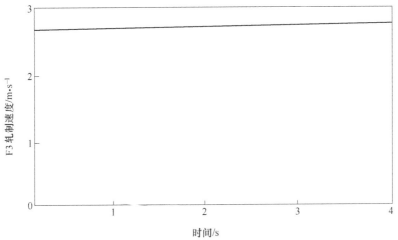

图 4-7　F3 轧机牌坊顶部中心垂振速度与轧制速度关系典型时频图

为了清晰起见，将表4-2制成图4-8和图4-9。

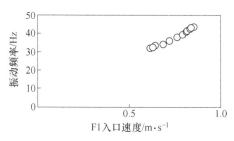 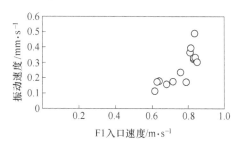

图 4-8　F3 轧机振动频率与 F1 入口速度关系　　图 4-9　F3 轧机振动速度与 F1 入口速度关系

从图中可以明显看出，1580 热连轧 F3 轧机振动频率随着 F1 轧机入口速度的增加而增加，但不呈现理想的线性关系，而振动速度幅值随着 F1 入口速度的提高而骤增。

4.3　轧机振动与带钢厚度试验研究

轧机振动状态与轧制带钢厚度关系十分敏感，一般随着轧制厚度减薄，轧机振动变得强烈，但有时继续减薄到一定厚度，轧机振动反而会缓解。

以某 CSP 的 F3 轧机为例，在轧制 Q235B 材质进行了试验，带钢厚度从 9.1mm 逐渐减薄到 1.8mm，上工作辊水平振动加速度典型信号如图 4-10 所示，统计测试 3 次振动有效值结果见表 4-3 和图 4-11。

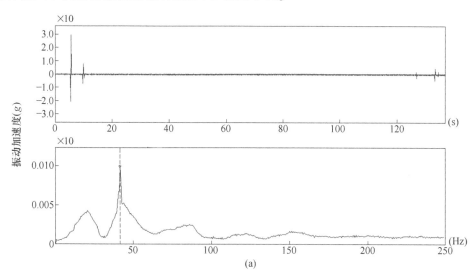

(a)

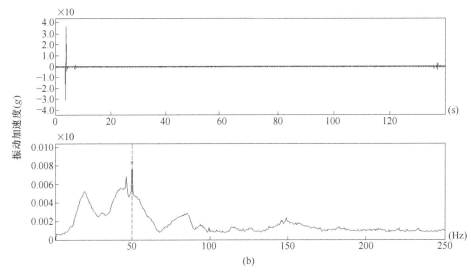

图 4-10　轧机上工作辊水平典型振动加速度与带钢厚度关系

（振动加速度以重力加速度 g 为基准）

（a）厚度 3.5mm；（b）厚度 3mm

表 4-3　轧机振动与带钢厚度关系统计

厚度/mm		9.1	5.3	5.2	4.9	4.7	4.5	3.5	3.0	2.7	2.5	2.3	2.0	1.8
加速度 有效值 （g）	第1次	0.2482	0.2345	0.1972	0.2470	0.2302	0.2391	0.3021	0.355	0.4330	0.4272	0.462	0.3457	0.4164
	第2次	0.2634	0.2654	0.2224	0.2220	0.2301	0.2126	0.3550	0.325	0.3622	0.3939	0.418	0.4240	0.4411
	第3次	0.2088	0.2474	0.2098	0.2173	0.2417	0.2018	0.3478	0.375	0.3943	0.4098	0.383	0.4598	0.4832
平均有效值（g）		0.2401	0.2491	0.2098	0.2288	0.2340	0.2178	0.3350	0.352	0.3965	0.4103	0.4210	0.4098	0.4469

注：以重力加速度 g 为基准。

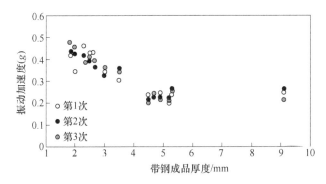

图 4-11　轧机工作辊振动加速度与轧制带钢厚度关系

（振动加速度以重力加速度 g 为基准）

从图 4-11 中可以明显看出：轧制厚度在 9.1~4.5mm，轧机振动基本变化不大且幅值偏小；轧制厚度在 3.5mm 以下时，轧机振动呈现增加较快的趋势。总体来说轧制薄规格比轧制厚规格轧机振动要大。多次现场试验表明轧制薄规格轧机振动出现的更加频繁和多样化。

4.4　轧机振动与轧制规程试验研究

某铸轧全连续热连轧精轧机在轧制 SPA-H1270×1.44mm 时，经过不同压下率对 F1~F3 轧机振动影响的大量统计（460 次）如图 4-12~图 4-14 所示。可以看出：轧机振动一般随着压下率的提高而增大，但也出现压下量大振动变小的情况。说明轧机振动不仅取决于压下率，还与别的因素有关。

同样，在轧制 SMZG1、1270×1.2mm 时，不同压下率对 F2 轧机振动影响的大量统计（56 次）如图 4-15 所示。可以看出：轧机振动一般随着压下率的提高，轧机振动骤增。

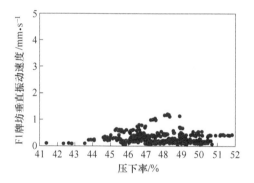

图 4-12　轧制 SPA-H F1 轧机振动与压下量关系

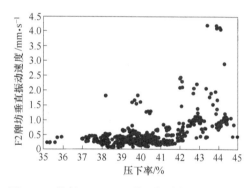

图 4-13　轧制 SPA-H F2 轧机振动与压下量关系

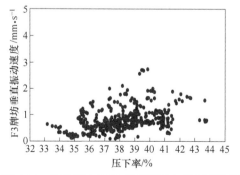

图 4-14　轧制 SPA-H F3 轧机振动与压下量关系

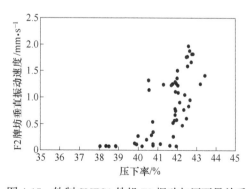

图 4-15　轧制 SMZG1 轧机 F2 振动与压下量关系

4.5   轧机振动与带钢返厚试验研究

某铸轧全连续热连轧精轧机在轧制 Q235B1200×(1.2~2.0)mm 时做了 3 组试验，F1~F5 轧机牌坊顶部中心垂直振动速度随带钢成品厚度变化如图 4-16~图 4-18 所示。

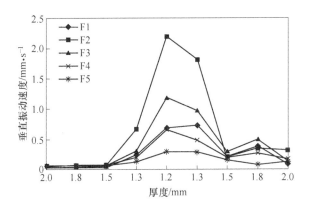

图 4-16   F1~F5 轧机振动随厚度变化振动速度趋势图

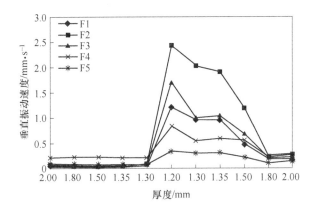

图 4-17   F1~F5 轧机随厚度变化振动速度趋势图

从图 4-16 可以看出：F1~F5 轧机在轧制 1.3mm 厚度时开始出现振动，当轧制到最薄厚度 1.2mm 时振动最为剧烈。返厚轧制过程与减薄轧制过程相比，在同厚度轧制情况下，轧机振动经常加大。这是由于振动出现后轧辊出现振痕导致返厚过程轧机振动加大。后三组试验与第一组也有类似结果。

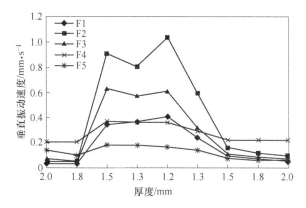

图 4-18 F1~F5 轧机随厚度变化振动速度趋势图

轧制 SPA-H1150×1.46mm 时，F1~F5 轧机垂直振动速度随带钢厚度变化的 3 组试验结果如图 4-19~图 4-21 所示。从图中可以看出 F1~F5 轧机在轧制 1.52mm

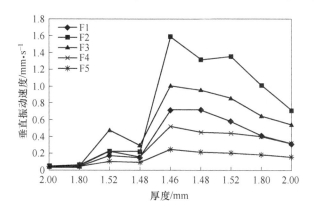

图 4-19 F1~F5 轧机随厚度变化振动速度趋势图

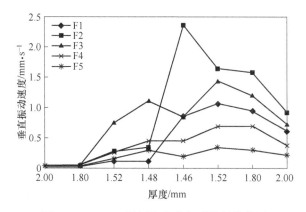

图 4-20 F1~F5 随厚度变化振动能量趋势图

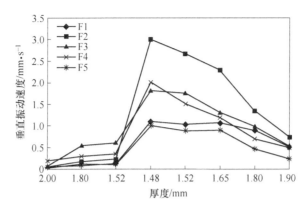

图 4-21 F1~F5 随厚度变化振动能量趋势图

和 1.8mm 厚度时开始出现振动，F2 振动尤为明显。在同厚度轧制情况下，返厚轧制过程比减薄轧制过程轧机振动变大，这也是由于轧辊出现振痕导致的再生振动现象。

4.6 轧机振动与板坯温度试验研究

经过对某铸轧全连续热连轧精轧机 F1 入口板坯温度对 F1~F3 轧机振动影响的大量统计（460 次），如图 4-22~图 4-24 所示。可以看出轧机振动一般随着开轧温度的提高或降低，轧机振动变得缓解，但也出现过温度再提高振动变大的趋势。说明轧机振动不仅取决于开轧温度，还与别的因素有关。

轧制 SMZG1、1270×1.2mm 时，经过对精轧 F1 轧机入口板坯温度对 F2 轧机振动影响的大量统计（56 次），如图 4-25 所示。可以看出轧机振动一般随着开轧温度的提高，轧机振动缓解，但也出现温度提高振动变大的趋势，也说明轧机振动不仅取决于开轧温度，还与其他的因素有关。

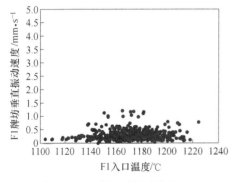

图 4-22 F1 轧机垂振速度与 F1
入口板坯温度关系

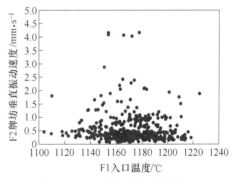

图 4-23 F2 轧机垂振速度与 F1
入口板坯温度关系

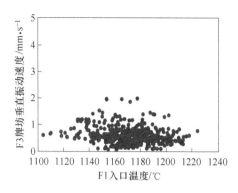

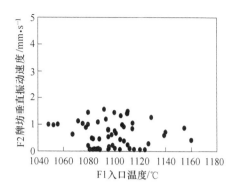

图 4-24 F3 轧机垂振速度与 F1
入口板坯温度关系

图 4-25 F2 轧机垂振速度与 F1
入口板坯温度关系

4.7 轧机振动与机架间冷却水试验研究

某 CSP 热连轧 F3 轧机振动时，将 F3 轧机前冷却水关闭，轧机振动有所缓解。原来轧制 SPA-H1180×1.6mm 时，第 3 块板坯轧机就出现强烈振动，冷却水关闭后延缓到第 13 块板坯才开始出现严重振动现象，如表 4-4 和图 4-26 所示，得出冷却水的关闭会缓解轧机振动现象。但有时轧机出现振动后，关闭冷却水抑振效果却不明显。

表 4-4 开关 F3 轧机机前冷却水轧机牌坊垂振变化统计 （mm/s）

板坯序号	1	2	3	4	5	6	7	8	9	10	11	12	13	14	15	16	17	18
未关冷却	0.81	1.82	2.51	3.82	4.22	4.37	4.55	4.22	4.63	4.34	4.75	4.82	5.01	—	—	—	—	—
关闭冷却	0.71	0.82	0.83	0.85	0.84	0.85	0.89	1.21	1.32	1.47	1.56	1.48	2.02	2.21	2.72	3.05	3.23	3.82

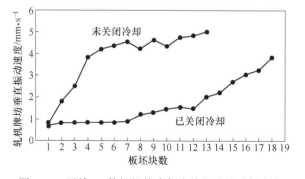

图 4-26 开关 F3 轧机机前冷却水轧机牌坊垂振变化

4.8 轧机振动与辊系锁紧试验研究

为了抑制某 FTSR 热连轧机振动，将 F1~F3 轧机辊系侧向液压缸的压力由低压调到高压，如图 4-27 所示。然后在轧制材质 SPHC1180×2.0mm 时进行了大量试验，对比统计获得表 4-5 数据和图 4-28。

表 4-5 辊系侧向加高压与原低压时轧机振动比较

状 态		原始低压	试验高压
振动速度 /mm·s⁻¹	垂直方向	5.91	1.77
	水平方向	6.89	3.18
	轴向方向	1.51	1.16

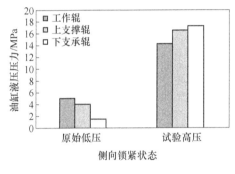

图 4-27 辊系实施侧向高压前后对比

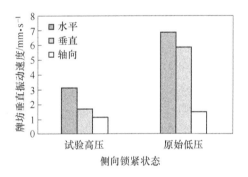

图 4-28 试验高压与原始低压轧机振动比较

从图中可以看出，辊系侧向液压缸压力由低压调成高压后，经统计 F1~F3 轧机水平振动速度降低了 53.9%，垂振降低了 70%，效果十分明显。但侧向压力的增加会增加 AGC 调节的阻力，加剧牌坊和轴承座之间衬板的磨损。

4.9 轧机振动与新旧辊试验研究

轧辊磨辊质量对轧机振动有一定影响。轧辊在磨床上进行磨削时，产生了磨辊圆度误差，甚至形成多边形，严重时上机后会激励轧机生成振动。因此，磨辊质量需要严格控制。

通过对新辊和旧辊的动压靠试验得出结论：旧辊动压靠振动比新辊动压靠振动大。

为了了解轧辊表面状态和轧制速度对轧机振动的影响，对某 1580 热连轧 F3

轧机进行了新辊和旧辊动压靠试验。逐步提高轧辊速度并保持一段时间，分析轧机在不同速度和轧辊表面不同状态时轧机振动的变化。在轧辊动压靠试验过程中，将压力设为1500t，速度设定为0.6m/s、1.6m/s、2.6m/s和3.6m/s，如图4-29所示。工作辊垂直、水平及轴向振动典型波形及频谱如图4-30所示。

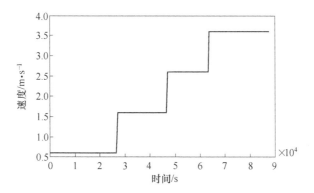

图 4-29　动压靠时工作辊线速度分段图

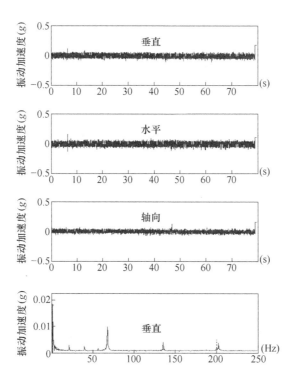

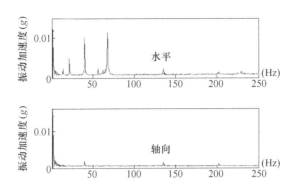

图 4-30　动压靠工作辊振动加速度典型图

（振动加速度以重力加速度 g 为基准）

将测试结果汇总见表 4-6。为了清晰起见，将表 4-6 制成图 4-31 和图 4-32 所示。从图 4-31 中明显看出，随着新辊动压靠轧辊速度的提高，振动加速度的有效值呈二次曲线规律增加。

为了摸清旧辊对轧机振动能量的影响，在这个新辊服役一个周期后换辊前再进行动压靠试验，试验过程与参数调整都与新辊时一致，测试结果如表 4-6 和图 4-32 所示。

表 4-6　新旧工作辊振动加速度和工作辊线速度关系统计

加速度（g）		线速度/m·s^{-1}			
		0.6	1.6	2.6	3.6
新辊	垂直	0.0072	0.0095	0.0127	0.0166
	水平	0.0083	0.0092	0.0115	0.0132
	轴向	0.0059	0.0071	0.096	0.0117
旧辊	垂直	0.0136	0.0136	0.0161	0.0188
	水平	0.0126	0.0132	0.0145	0.0150
	轴向	0.0065	0.0071	0.0075	0.0097

注：加速度以重力加速度 g 为基准。

从图 4-32 可见，振动加速度有效值随线速度增加而增加，其中垂直振动加速度有效值增加最多、水平次之、轴向最小。比较图 4-31 和图 4-32，在相同压靠速度下，旧辊振动加速度比新辊增高，说明旧辊表面状态变差会加剧轧机振动。

例如某 1580 轧机稳定轧制时，F3 轧机轧制速度对轧制力和轧制力振动频率的影响如图 4-33 和图 4-34 所示。

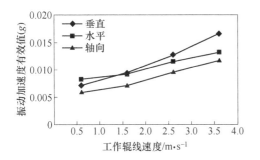

图 4-31 新辊压靠工作辊加速度与速度关系
（振动加速度以重力加速度 g 为基准）

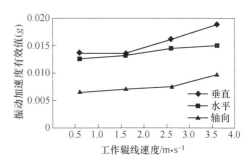

图 4-32 旧辊压靠工作辊加速度与线速度关系
（振动加速度以重力加速度 g 为基准）

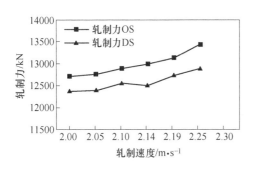

图 4-33 轧制速度对轧制力影响

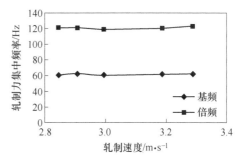

图 4-34 轧制速度对轧制力振动频率影响

从图中可以看出：轧制力及其振动频率都随着轧制速度的增大有增大趋势。

为了验证上述结论，对另外某 1580 热连轧机 F1～F3 也做了同样的压靠试验。工作辊典型加速度如图 4-35～图 4-37 所示，统计结果见表 4-7～表 4-9。

表 4-7　F1 轧机新旧辊压靠工作辊轴承座振动数据统计

有效值（g）		速度/m · s⁻¹			
		0.8	1.3	1.8	2.3
新辊	垂直振动加速度	0.01343	0.01363	0.02109	0.02854
	水平振动加速度	0.01122	0.01083	0.01863	0.02429
旧辊	垂直振动加速度	0.01212	0.03631	0.08401	0.12865
	水平振动加速度	0.01232	0.03039	0.07642	0.12221

注：加速度以重力加速度 g 为基准。

表 4-8   F2 轧机新旧辊压靠工作辊轴承座振动数据统计

有效值（g）		速度/m·s⁻¹			
		1.0	2.0	2.5	3.0
新辊	垂直振动加速度	0.01076	0.03442	0.05766	0.08266
	水平振动加速度	0.00865	0.02807	0.04616	0.06826
旧辊	垂直振动加速度	0.01297	0.04792	0.07661	0.11330
	水平振动加速度	0.01285	0.05711	0.10514	0.14279

注：加速度以重力加速度 g 为基准。

表 4-9   F3 轧机新旧辊压靠工作辊轴承座振动数据统计

有效值（g）		速度/m·s⁻¹			
		1.0	2.0	2.5	3.0
新辊	垂直振动加速度	0.01066	0.03080	0.05552	0.07519
	水平振动加速度	0.01416	0.02786	0.04844	0.05712
旧辊	垂直振动加速度	0.01826	0.06609	0.12482	0.19730
	水平振动加速度	0.01887	0.04835	0.13609	0.18816

注：加速度以重力加速度 g 为基准。

为了清晰起见，将表 4-7~表 4-9 制成图 4-38~图 4-40。

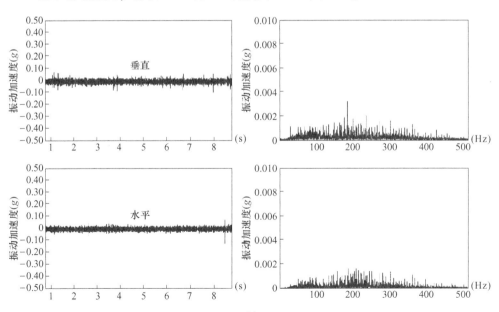

(a)

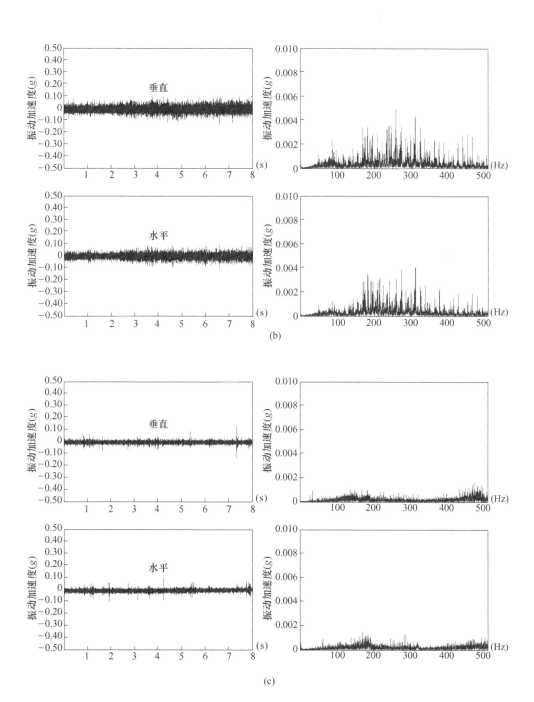

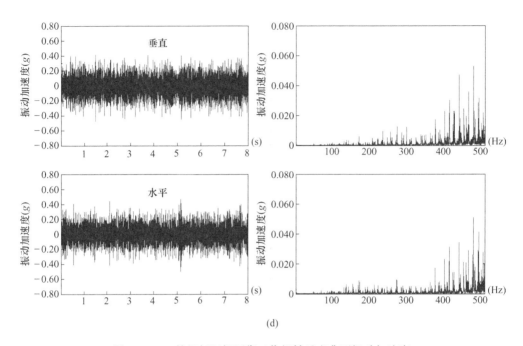

图 4-35　F1 轧机新旧辊压靠工作辊轴承座典型振动加速度

（a）F1 新辊线速度 0.8m/s；（b）F1 新辊线速度 2.3m/s；

（c）F1 旧辊线速度 0.8m/s；（d）F1 旧辊线速度 2.3m/s

（振动加速度以重力加速度 g 为基准）

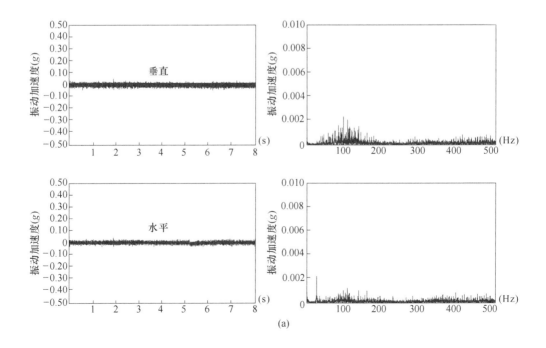

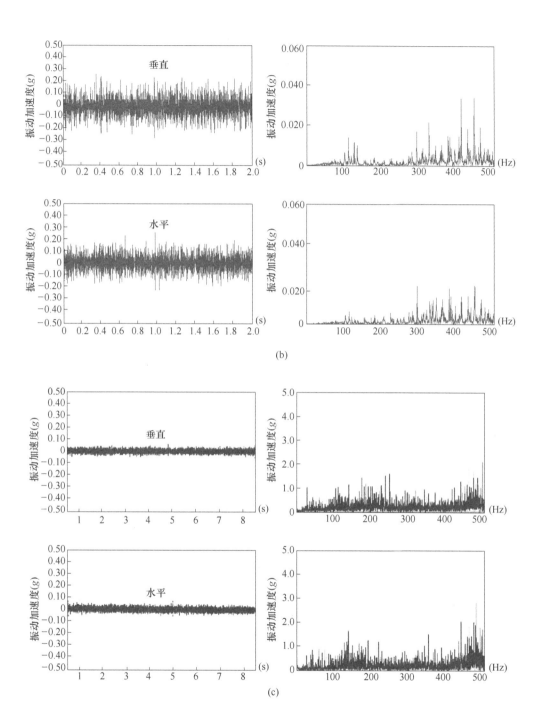

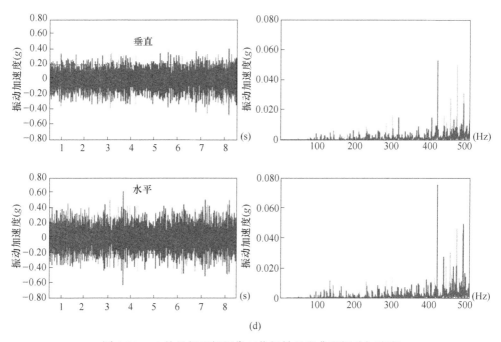

图 4-36　F2 轧机新旧辊压靠工作辊轴承座典型振动加速度

（a）F2 新辊速度 1.0m/s；（b）F2 新辊速度 3.0m/s；

（c）F2 旧辊速度 1.0m/s；（d）F2 旧辊速度 3.0m/s

（加速度以重力加速度 g 为基准）

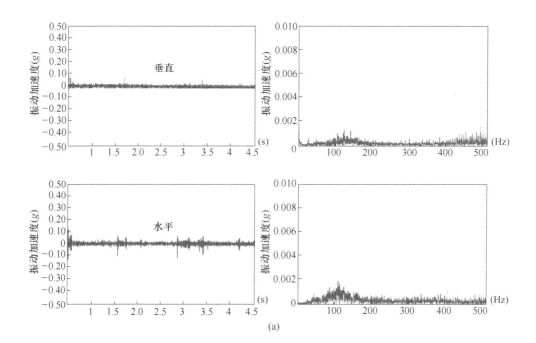

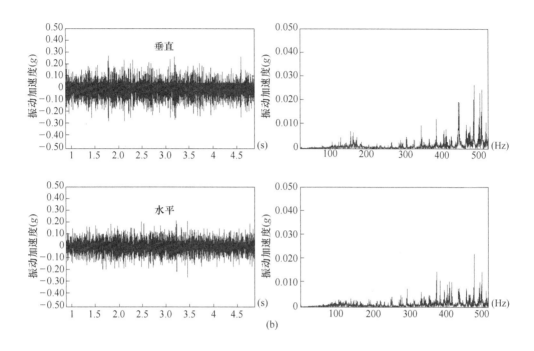

(b)

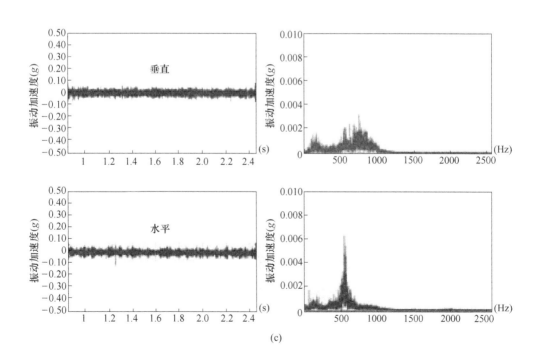

(c)

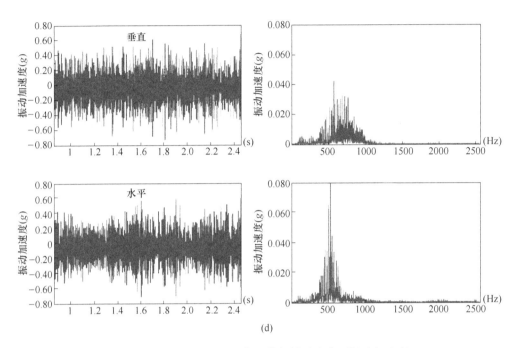

图 4-37　F3 轧机新旧辊压靠工作辊轴承座典型振动加速度

（a）F3 新辊速度 1m/s；（b）F3 新辊速度 3.0m/s；

（c）F3 旧辊速度 1m/s；（d）F3 旧辊速度 3.0m/s

（加速度以重力加速度 g 为基准）

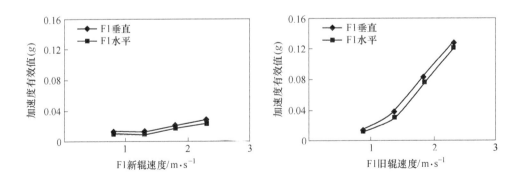

图 4-38　F1 轧机新旧辊压靠工作辊轴承座典型振动加速度

（加速度以重力加速度 g 为基准）

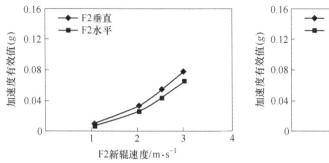

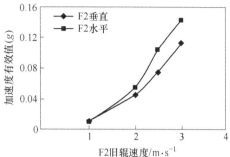

图 4-39　F2 轧机新旧辊压靠工作辊轴承座典型振动加速度
（加速度以重力加速度 g 为基准）

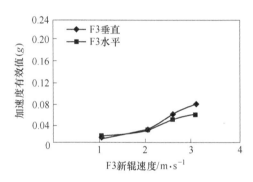

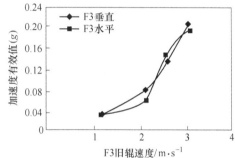

图 4-40　F3 轧机新旧辊压靠工作辊轴承座典型振动加速度
（加速度以重力加速度 g 为基准）

　　从上图可以看出，新辊经过一定轧制里程后，振动频率由分散变得集中起来，振动都会变大。因此当轧机出现振动较大难以进行正常轧制时，需要换辊来减小振动。为了减小磨损量，提高轧辊在线使用寿命，热连轧机已普遍采用耐磨的高速钢轧辊，因此高速钢轧辊具有一定的抑振作用。

4.10　轧机振动与传动间隙试验研究

　　热连轧机传动系统的套筒和轧辊扁头之间的间隙，随着使用时间的增加，其磨损间隙会增大，导致轧机振动增强，为此进行了新旧套筒对轧机振动影响试验。

　　某 1580 热连轧机 F3 轧机在轧制酸洗板和其他较硬材质时，轧机出现了较大的振动噪声并伴随着典型拍振现象，如图 4-41 所示。

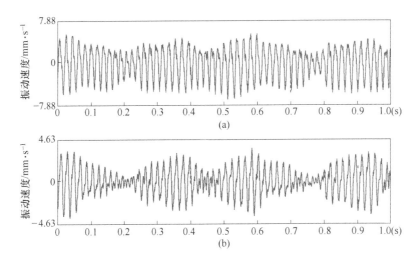

图 4-41　轧制 QS500-P 时 F3 轧机振动

（a）驱动侧牌坊顶部中心；（b）操作侧牌坊顶部中心

为了确定振动诱因，对该轧机进行压靠模拟实际轧制状态。施加压靠力 2000t，分别以不同压靠速度运行轧机，每个速度下运行 15~20s，牌坊振动波形如图 4-42 所示。

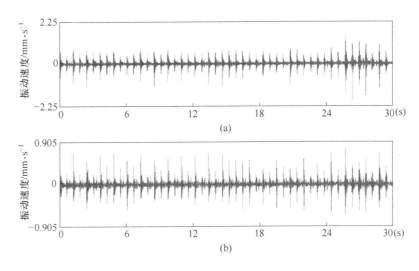

图 4-42　压靠时轧机振动波形

（a）驱动侧牌坊顶部中心；（b）操作侧牌坊顶部中心

对压靠的牌坊振动主频和压靠速度进行统计如表 4-10 和图 4-43 所示。

表 4-10 牌坊振动频率与压靠速度关系

压靠速度/m·s⁻¹	轧辊转频/Hz	转频倍频/Hz
1.98	0.83	1.66
2.65	1.11	2.22
3.31	1.39	2.78
3.97	1.67	3.34
4.63	1.94	3.88

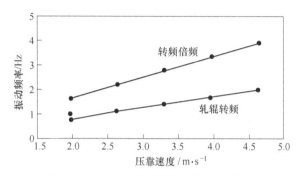

图 4-43 轧机振动频率与压靠速度关系

从图中可以看出：压靠试验中轧机存在转频的二倍频振动现象，是轧机振动时的拍振频率。这是由工作辊扁头与套筒间隙诱发，振动频率随转速增加而增加，其特征为工作辊每转 1 圈振动出现 2 次，当振动严重时带钢将会出现振痕，振痕间距为工作辊周长的 1/2，例如工作辊直径为 760mm，振痕间距为 1194mm。

为了抑制轧机这种冲击振动，更换了套筒耐磨衬板，对比更换衬板前后轧机振动速度如图 4-44 所示。

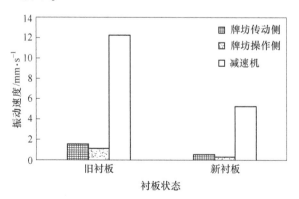

图 4-44 更换上套筒内衬板前后轧机振动速度对比

从图 4-44 可以明显看出，更换新套筒后轧机振动速度降低 56.5% ~ 70.2%，说明套筒与衬板间隙的大小和对中控制非常重要。

更换套筒衬板，不仅要减小套筒与扁头之间的间隙而且也要保证同心度，抑制拍振效果才会更好。

4.11　轧机振动与压下调节器试验研究

轧机振动与控制系统 PI 调节器参数密切相关，有时通过调节 PI 值可使轧机振动得到缓解，但有时抑振效果又不理想。某 CSP 轧机 F4 轧机液压压下系统辊缝调节器增益和积分时间常数对轧机振动有一定影响。调试结果如表 4-11、表 4-12 和图 4-45～图 4-47 所示。

表 4-11　牌坊垂振速度与 PI 调节器增益关系

K 值	9500	10000	11000	11800	12000	12200	12500	13000	13500	14000	14500	15000
牌坊垂振/mm·s^{-1}	1.17	1.15	1.12	0.92	1.22	1.12	1.07	1.83	1.02	1.17	1.12	1.17

表 4-12　牌坊垂振速度与 PI 调节器积分时间关系

积分时间 t 值/ms	2	2.5	3	3.5	4	4.5	5
牌坊垂振频率/Hz	56.64	49.41	44.21	41.28	38.56	40.37	56.61
牌坊垂振速度/mm·s^{-1}	2.21	2.01	1.82	1.41	0.8	1.21	2.56

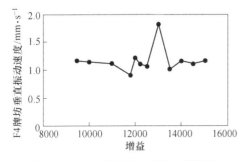 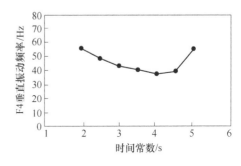

图 4-45　F4 轧机垂振与增益 K 值关系　　图 4-46　F4 轧机垂振频率与积分时间 t 值关系

从图中可以看出，F4 轧机振动与液压压下调节器增益和积分时间都有关，但不呈线性关系，需要在现场边调整边测试才能获得彼此之间的精确关系。F4 轧机积分时间常数由原来 2ms 改成 4ms 后轧机振动明显降低，振动频率由 56.64Hz 降到 38.56Hz，保证了薄规格硅钢的稳定生产。但在轧制 SPA-H1150×1.8mm 时，F3 轧机出现了严重的振动现象，用同样的调试方法应用在 F3 轧机上却得不到良好的抑振效果。大量试验表明钢种和规格变化时，同样的参数振动却差别很大。因此，该参数大小要依据现场调试的结果来确定。

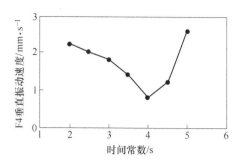

图 4-47 F4 轧机垂振速度与积分时间 t 值关系

4.12 轧机振动与关停 AGC 试验研究

以某 CSP 轧机为例，当轧制 SPHC1.8×1150mm 带钢时，F4 轧机出现较严重振动。利用振动加速度遥测系统，测得 F4 轧机辊系的振动加速度信号如图 4-48 所示。

从图中发现，轧机咬钢后经过约 0.6s 后 F4 轧机才开始出现振动，说明轧机振动与液压压下 AGC 有密切关系。为了验证这一结论，在轧制材质 SPHC1200×

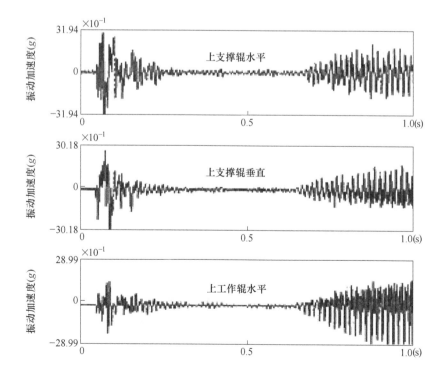

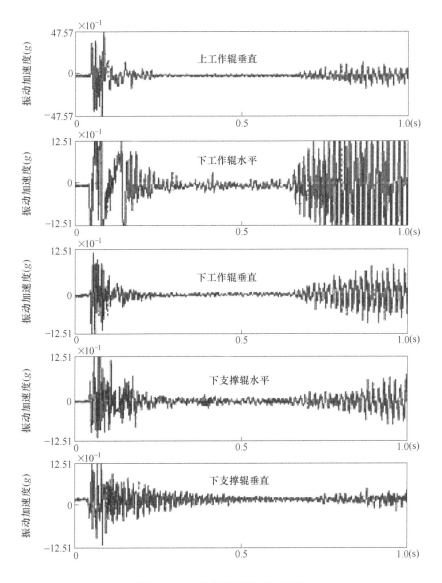

图 4-48　F4 轧机辊系振动加速度

（加速度以重力加速度 g 为基准）

1.8mm 时 F4 轧机出现了振动现象，此时关闭 AGC，一般情况下振动会缓解，图 4-49 是关闭 AGC 后轧机振动得到缓解的统计结果，振动降低约34%~51%。

　　为了验证这一试验结果，在其他多个机组也做了同样的试验，关闭 AGC 一般振动会缓解。也曾发现关闭 AGC 轧机振动不变或加强的现象，得不到一致的规律，说明轧机振动还与别的因素有关。

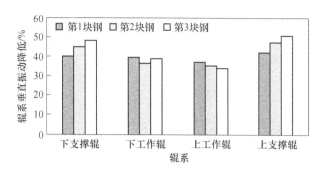

图 4-49 某 CSP 轧机 F4 关闭 AGC 后振动缓解状态

4.13 变压器和电机谐波测试研究

为了了解轧机主电机供电的电能质量，利用电能质量测试仪对某 CSP 轧机主电机和 35kV 供电变压器二次侧电流谐波进行了测量。

（1）轧机主电机变压器二次侧电流谐波分析。

某 CSP 轧机的 F2～F4 的 35kV 供电变压器的二次侧（主传动电机变频器输入）电流进行了测试，如图 4-50～图 4-52 所示。从图中看出变压器二次侧电流出现谐波现象，并非理想的正弦波。

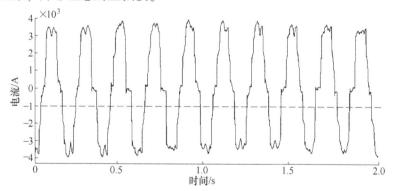

图 4-50 F2 供电变压器二次侧电流谐波

（2）轧机主电机电流谐波分析。

某 CSP 轧机主传动 F1～F4 电机采用交交变频控制，而 F5～F7 电机采用交直交变频控制。轧制 SPHC 或 SPA-H 材质薄规格（≤2mm）时，F3 轧机开始出现振动现象。为了了解 F3 电机电流的谐波状态，利用电能质量测试仪对 F1～F3 轧机的主传动电机电流谐波在不同工况下进行了测试，测试结果如图 4-53～图 4-55所示。图中基频为变频器输出的主频，与轧机转速对应。利用自行研制的扭矩遥

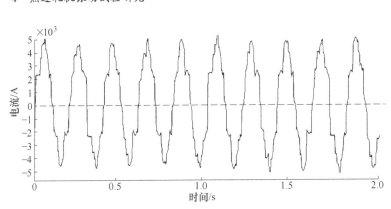

图 4-51 F3 供电变压器二次侧电流谐波

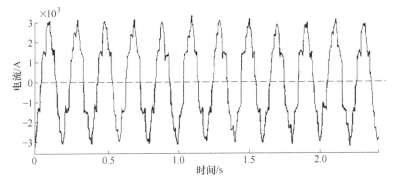

图 4-52 F4 供电变压器二次侧电流谐波

测系统对现场轧机电机输出轴扭矩进行了在线监测，大量测试结果表明电机电流谐波与电机输出轴扭矩脉动一致，当此频率与轧机主传动固有频率吻合或相近时将使主传动产生强烈振动。

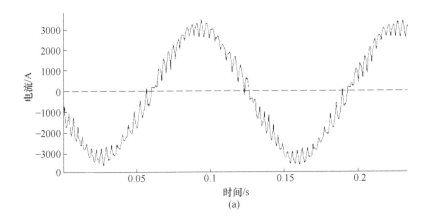

(a)

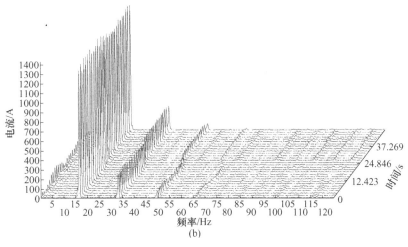

图 4-53 F1 轧机轧制过程电机电流及谐波瀑布图

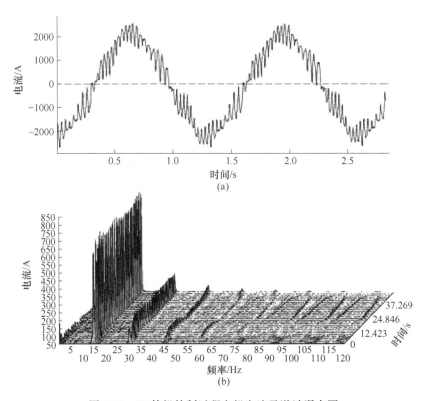

图 4-54 F2 轧机轧制过程电机电流及谐波瀑布图

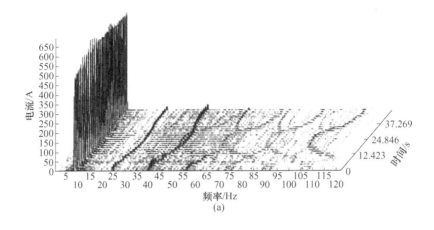

(a)

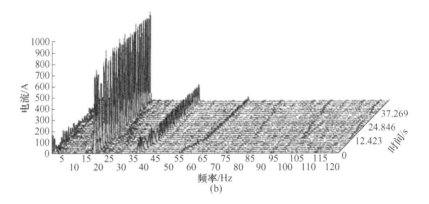

(b)

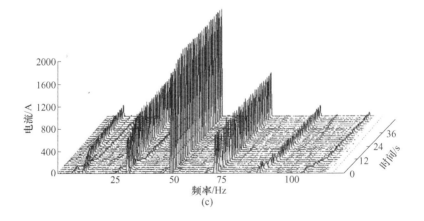

(c)

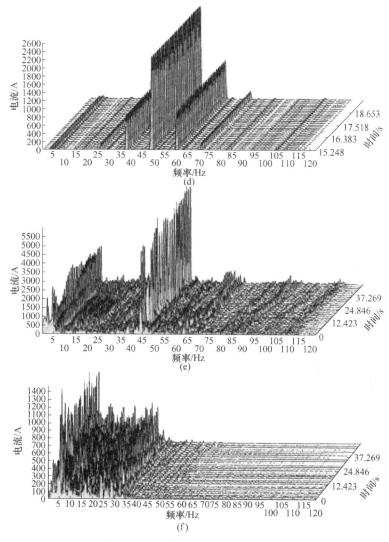

图 4-55　F3 轧机电机电流谐波瀑布图

（a）空转爬行；（b）空转高速；（c）轧制过程；

（d）出现边频；（e）出现振动；（f）振动消失

　　同理对电机励磁电流也做了测试，也包含较丰富的谐波，其谐波频率不随轧制速度变化且其值偏小，这里忽略，不再讨论。

4.14　轧机咬钢冲击振动试验研究

　　由于热连轧机庞大和结构的复杂性，至今未有研究大型轧机实验模态分析的报道。为了对轧机动力学特性有更深刻的了解，借助轧机咬钢过程的冲击力作为外激励来研究轧机动力学的响应。某 CSP 轧机 F1～F4 轧机咬钢响应的上工作辊加速度典型波形和频谱图如图 4-56 所示。

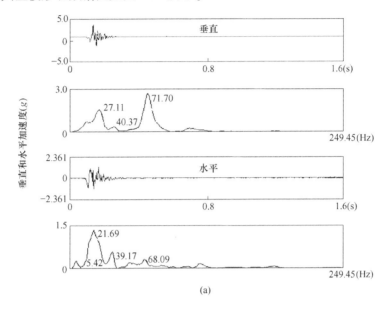

(a)

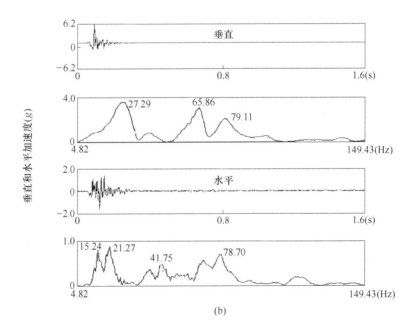

(b)

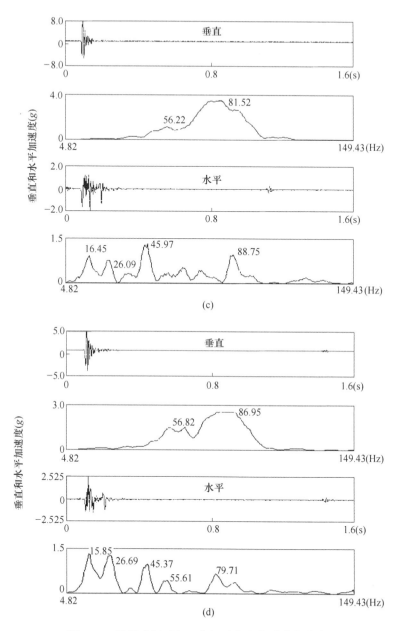

图 4-56　轧机咬钢时上工作辊垂直和水平动力学响应

（a）F1 轧机；（b）F2 轧机；（c）F3 轧机；（d）F4 轧机

（加速度以重力加速度 g 为基准）

从图中可以看出，在咬钢冲击载荷作用下，轧机的多个频率被激发，垂直响应频率比较少，水平方向响应频率更为丰富，大于 100Hz 的频率很少出现。因此，CSP 轧机属于一个低频振动系统，与现场轧机出现强烈振动频率范围相吻合。

在咬钢冲击载荷作用下被激起的频率包括轧机固有频率、主传动调节及谐波频率和压下调节及谐波频率等，具有机电液耦合特征。因此，要弄清楚是什么频率和如何产生的，后续还需要从理论研究中给出答案。但可以肯定的是，轧机受到咬钢冲击后，呈现的是一个低频振动系统，而且水平振动小于垂直振动。

4.15　液压弯辊控制参数对振动影响

以往对液压弯辊系统的研究主要集中在板形控制方面，忽略了液压弯辊系统的振动对轧机振动影响。

经过测试发现某 CSP 轧机 F3 机架 CVC 缸外壳、液压弯辊系统中的伺服阀电流信号和弯辊力信号中均出现了与辊系一致的振动优势频率，如图 4-57 ~ 图 4-60 所示，出现了耦合振动现象。

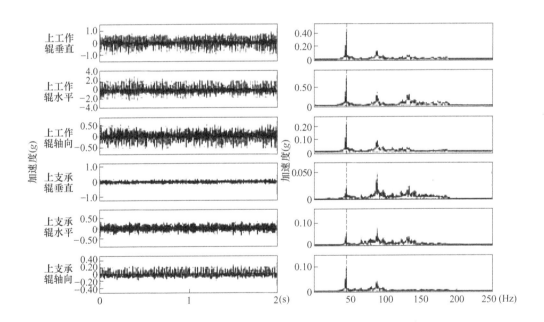

图 4-57　F3 轧机上辊系振动加速度波形及频谱图

（加速度以重力加速度 g 为基准）

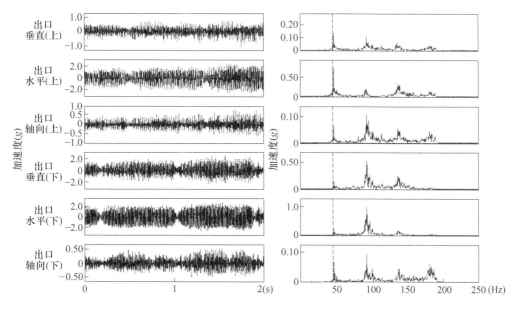

图 4-58 CVC 缸外壳加速度及频谱图

（加速度以重力加速度 g 为基准）

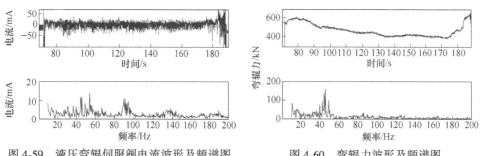

图 4-59 液压弯辊伺服阀电流波形及频谱图　　图 4-60 弯辊力波形及频谱图

　　为抑制耦合振动现象，保持该热连轧机其他工艺参数不变，只改变液压弯辊系统中 PI 控制器中的比例参数 P 值，P 值的调节范围为 10~70。现场对 P 值进行调试时所测的辊系加速度信号如图 4-61~图 4-63 所示。

　　统计不同 P 值下，上工作辊垂直方向加速度、上工作辊水平方向加速度和上支撑辊水平方向加速度如图 4-64 所示。

　　由图中可以看出：现场对 P 值进行调试时，随着 P 值的减小，辊系加速度振动幅值也随之减小。上工作辊垂直方向加速度幅值减小了 15%、水平方向减小了 29.9%；上支撑辊水平方向加速度幅值减小了 17.1%。由此可以看出通过改变 P 值可以减小轧机振动。但有时对不同轧机或钢种效果却有一定差别，因此要以实测值为准。

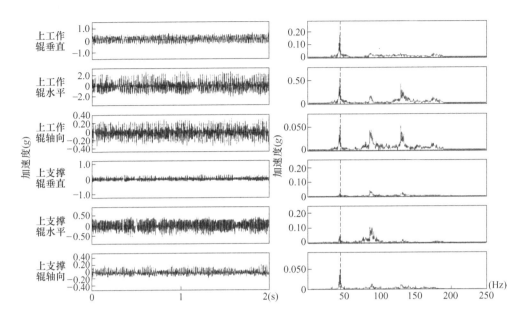

图 4-61 F3 轧机上辊系振动加速度（P=60）

（加速度以重力加速度 g 为基准）

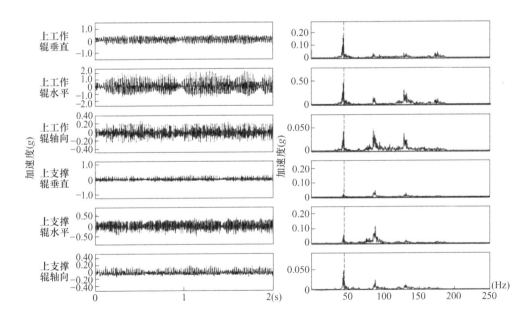

图 4-62 F3 上辊系振动加速度图（P=30）

（加速度以重力加速度 g 为基准）

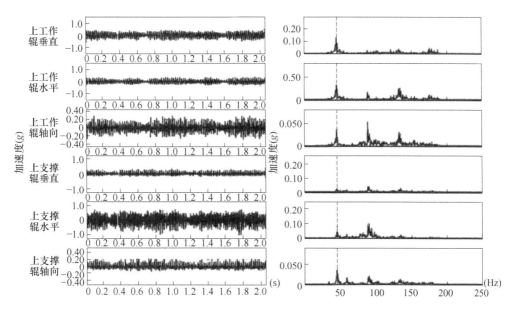

图 4-63   F3 上辊系振动加速度 ($P = 10$)

（加速度以重力加速度 g 为基准）

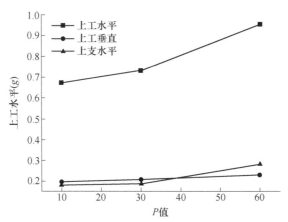

图 4-64   不同 P 值下上辊系振动加速度幅值

（加速度以重力加速度 g 为基准）

4.16   液压泵振动试验研究

　　为了解液压缸供油的波动状态，对某 1780 热连轧机的液压泵进行振动测试。液压站内共有 8 个泵（7 用 1 备）。将无线振动速度振动加速度传感器安装在泵头位置的轴向、水平和垂直 3 个方向上进行测试，分别获得振动加速度如图 4-65~图 4-71 所示。

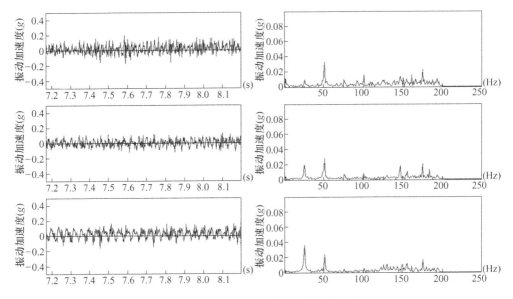

图 4-65 一号泵轴向、水平和垂直振动加速度
（加速度以重力加速度 g 为基准）

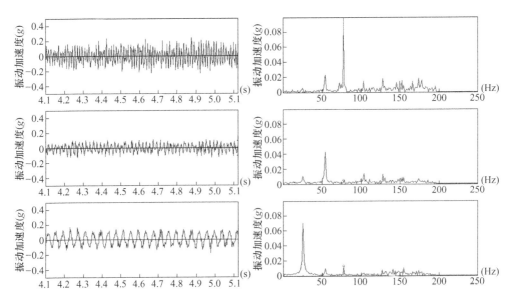

图 4-66 二号泵轴向、水平和垂直振动加速度
（加速度以重力加速度 g 为基准）

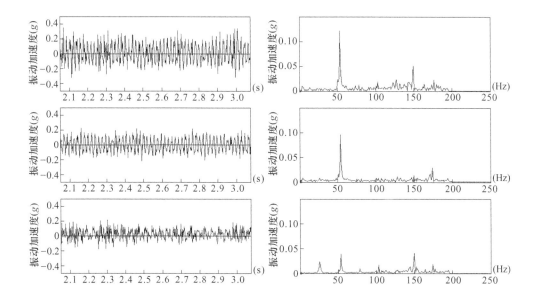

图 4-67 三号泵轴向、水平和垂直振动加速度

（加速度以重力加速度 g 为基准）

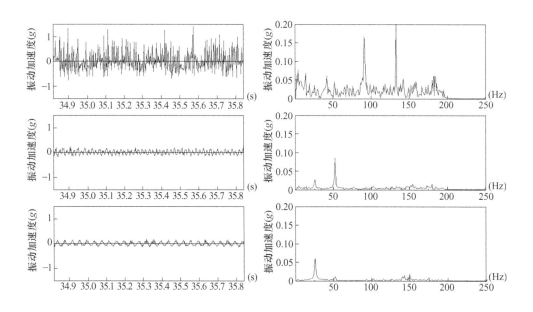

图 4-68 四号泵轴向、水平和垂直振动加速度

（加速度以重力加速度 g 为基准）

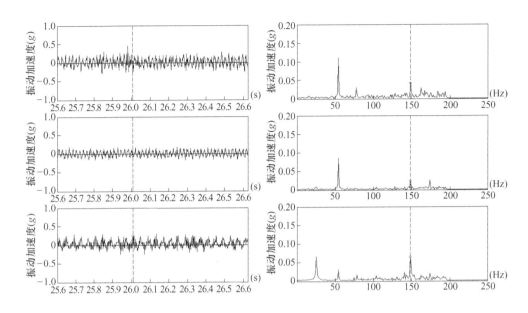

图 4-69　五号泵轴向、水平和垂直振动加速度
(加速度以重力加速度 g 为基准)

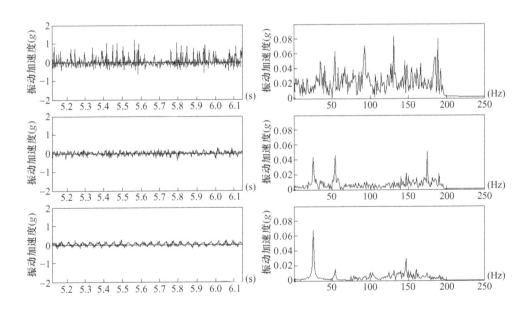

图 4-70　七号泵轴向、水平和垂直振动加速度
(加速度以重力加速度 g 为基准)

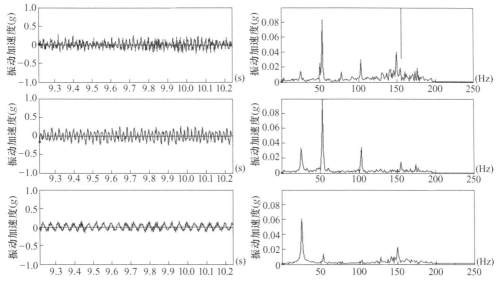

图 4-71 八号泵轴向、水平和垂直振动加速度

(加速度以重力加速度 g 为基准)

从图中看出：液压泵泵头振动主频有：25Hz、51Hz、53Hz、77Hz、112Hz 和 150Hz，振动加速度轴向>垂直>水平。同时在轧机压下液压缸入口的油压传感器信号测试中也发现这些频率，成为激励轧机振源之一，应引起足够重视。液压泵的维护十分重要，液压泵的柱塞振动、泵与电机不对中及磨损增加时，对轧机振动有一定影响，因此需要将泵的振动控制在较小范围内。

4.17 轧机振动其他影响因素

除了上述影响因素外，还有其他许多影响因素，这里不再赘述。

4.18 本 章 小 结

按照传统试验的模式对轧机振动进行了大量卓有成效的试验研究，但仍未找到抑制轧机振动的通用措施，感受到了轧机振动的复杂性和多样性，即在轧机轧制某种材质和规格曾起到一定作用和效果的措施，当改变规程或更换材质时又出现新的"幽灵"式振动现象。

因此后续将改变轧机振动研究方向，从铸轧全流程角度展开研究，找到诱发轧机振动的"幽灵"，进而投入通用抑振措施，达到消减轧机振动的目的。

5 热连轧机振动幅频特性研究

5.1 仿真软件简介

ANSYS 仿真软件可求解多领域的工程或物理问题，在同一有限元模型上可进行多种耦合计算，是目前世界上能够使多种物理场相互结合和交融运算的大型通用软件之一。

采用电子计算机可求解结构静、动态力学特性等问题的数值解。工程实际中遇到的复杂几何构形问题和物理问题都可以离散为各种单元和单元与单元之间的各种组合体、最终转化成有限元模型。

有限元法的基本思想是"先分后合"，即将连续体或结构先人为地分割成许多单元，并认为单元与单元之间只通过节点连接，力也只能通过节点作用。离散和集中是有限元法的精髓，它把求解区域化分成许多小的相互连接的子区域或单元。离散包括两方面的内容：一是结构划分成单元，二是单元组成结构，将无穷多自由度问题转化为有限自由度问题来求解。

有限元法的基本求解步骤为结构的离散化、选择插值函数、建立控制方程、求解节点变量和计算单元数值输出。其分析过程包括前处理：需要先建立结构的几何模型、给出材料的参数和单元类型，然后划分网格，形成结构的有限元模型；求解分析及计算具体步骤：施加约束条件、施加载荷和求解；后处理：对计算结果进行分析整理归纳，查看分析结果和检验结果的正确性。

结构振动特性模态分析主要是求解固有频率和振型，这是动态载荷结构设计中的重要参数，也是瞬态动力学分析、谐响应分析和谱分析等的起点。模态分析的作用包括：使结构设计避免共振或按特定频率进行振动，了解结构对不同类型的动载荷的响应。

谐响应分析是用一特定已知的激振力，以可控的方式来激励结构，同时测量输入和输出信号。谐响应的结果可表示成一组频率-响应特性曲线，包括幅频特性曲线和相频特性曲线，通过对曲线的分析便可找出表征结构振动特性的有关参数。

结构动态优化设计是以结构的固有频率和响应作为目标函数或约束条件，通过优化设计降低振动水平，保证结构性能。

激励频率低于激励方向结构固有振动频率的 1/3 时可不进行动力学分析。但轧机的激励频率覆盖轧机激励方向的多个固有频率，因此必须做谐响应分析。

由于热连轧机振动位移很小，一般在 $20 \sim 50\mu m$，故可以设定轧机结构的行为是线性的微小振动位移，不考虑任何非线性因素来进行谐响应分析。

5.2　轧机自然刚度仿真研究

轧机的自然刚度十分重要，主要用于辊缝设定和带钢纵向厚差控制等，也是影响轧机固有频率的重要参数之一。随着轧机装备水平的提高和带钢精度要求也越来越高，轧机的自然刚度也逐步提高。

利用某多模式全连续铸轧生产线中精轧机组进行轧机自然刚度计算，辊径配置见表 5-1。首先用 Solidworks 软件依据机械图纸和资料分别建立 F1~F5 轧机三维模型，图 5-1~图 5-3 所示为 F1 轧机实体模型，然后将该模型文件导入 ANSYS Workbench 中进行研究。

根据图纸和资料，选择轧机模型材料为结构钢。模型网格划分生成后如图 5-4 所示，共产生节点数为 460981 个、单元数为 238436 个和施加相应的约束如图5-5~图 5-7 所示。

表 5-1　F1~F5 辊径配置表

名　　称	F1	F2	F3	F4	F5
支撑辊辊径/mm	1450	1450	1450	1450	1450
工作辊辊径/mm	830	830	640	640	640

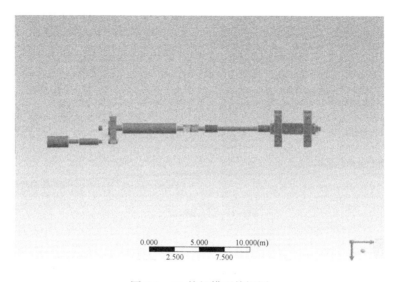

图 5-1　F1 轧机模型俯视图

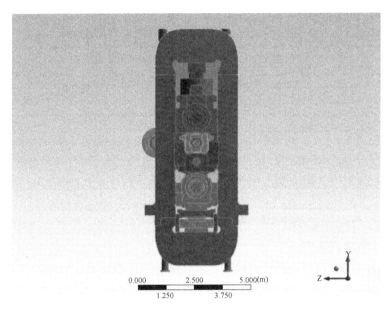

图 5-2　F1 轧机右视图

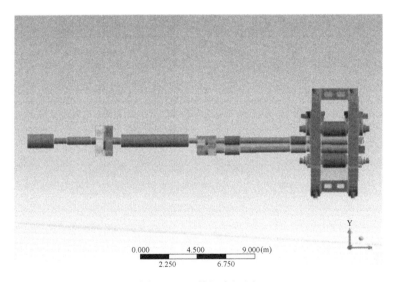

图 5-3　F1 轧机主视图

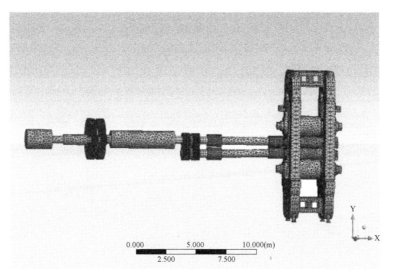

图 5-4　网格划分模型

图 5-5　轧机地脚固定约束

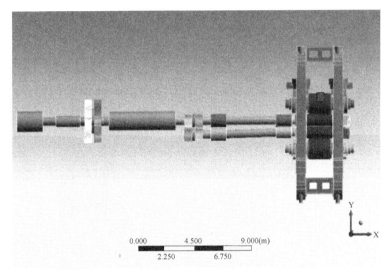

图 5-6 圆柱约束点 1

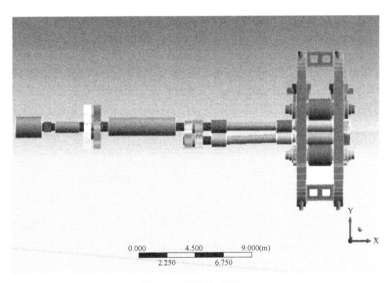

图 5-7 圆柱约束点 2

在辊缝处模拟实际轧制力施加两个线性压力作用于上下工作辊之间，作用于辊宽 1850mm，方向竖直向上和向下，大小为 1.0e+007N/m，如图 5-8 和图 5-9 所示。

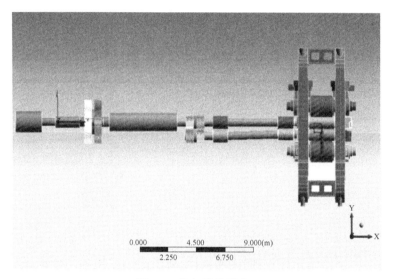

图 5-8　施加线性压力 1

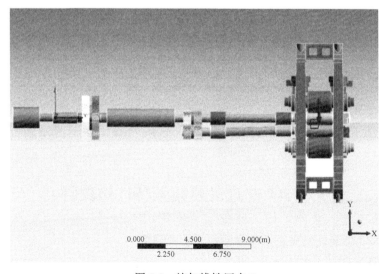

图 5-9　施加线性压力 2

在 ANSYS Workbench 接触参数设置中，按照实际情况设置零部件之间为绑定、不分离、有摩擦及无摩擦等形式。

依据模型经过仿真获得 F1 轧机自然刚度为 759t/mm，如图 5-10 所示。同理可获得 F2~F5 轧机自然刚度，经过统计 F1~F5 轧机垂直系统自然刚度仿真结果见表 5-2。

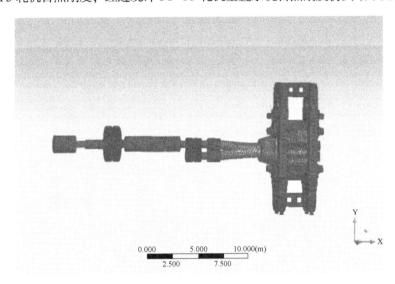

图 5-10   F1 轧机自然刚度仿真结果

表 5-2   F1~F5 轧机自然刚度的仿真值与实测值比较

名 称	F1	F2	F3	F4	F5
仿真值/t·mm⁻¹	759	751	639	617	617
实测值/t·mm⁻¹	811	737	627	596	607
偏差/t·mm⁻¹	−52	14	12	21	10
误差百分比/%	−6.85	1.86	1.88	3.40	1.62

依据现场 6 次压靠的刚度测试，F1 轧机自然刚度均值为 811t/mm。同理可获得 F2~F5 轧机的压靠刚度见表 5-2，从表中看出，轧机仿真计算刚度与实际刚度基本吻合。

5.3   1580 热连轧机幅频特性仿真研究

5.3.1   1580 热连轧机垂直系统幅频特性仿真研究

5.3.1.1   轧机垂直系统动力学模型建立

1580 热连轧机是典型的热连轧机之一，一般由 7 架轧机构成，F1~F7 轧机的辊系参数见表 5-3。

表 5-3 1580 热连轧机辊系基本参数 （mm）

名　称	尺寸	名　称	尺寸	名　称	尺寸
F1~F4 工作辊辊径	710~800	F5~F7 工作辊辊径	625~700	支撑辊辊径	1400~1550
F1~F4 工作辊辊身长	1880	F5~F7 工作辊辊身长	1880	支撑辊辊身长	1580
F1~F4 工作辊总长	5100	F5~F7 工作辊总长	5056	支撑辊总长	5340

依据垂直系统机械零部件图纸用 Solidworks 建立实体模型，导入 ANYSYS 中对模型进行网格划分，获得 41174 个节点和 19088 个单元如图 5-11 所示。

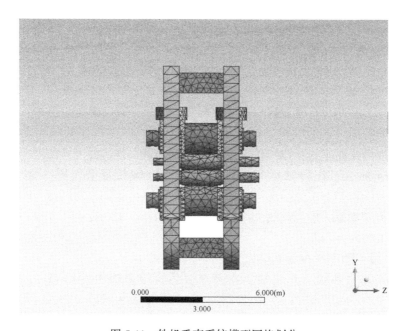

图 5-11 轧机垂直系统模型网格划分

垂直系统主要由牌坊、支撑辊、工作辊及轴承座等零部件组成。定义 X 轴为轧制方向、Y 轴为轧机高度方向和 Z 轴为轧机轴向方向。轧机垂直系统建模考虑如下：

（1）支撑辊和工作辊轴承座有导向凸缘，嵌入牌坊的导向槽中，轴承座可以上下滑动，不可轴向移动。

（2）设定轧辊轴肩与轴承座接触面不分离。

（3）支撑辊与工作辊接触设置摩擦系数为 0.1。

（4）对轧机机架四个地脚平面施加垂直约束。

（5）对轧机各部件分别进行材料参数的设定见表 5-4。

表 5-4   轧机垂直系统零部件的材料属性

部件名称	材料	弹性模量/MPa	密度/t·m⁻³	泊松比 ν
工作辊/中间辊/支撑辊	钢	$2×10^5$	7.8	0.3
机架/轴承座	铸钢	$2×10^5$	7.8	0.3

为更加逼真地模拟轧机轧制过程，在上下工作辊之间施加轧制力为

$$F = F_0 + \Delta F \sin 2\pi f \qquad (5-1)$$

式中 F_0——稳定轧制力；

ΔF——轧制力波动幅值；

f——激振频率。

该轧机最大允许轧制力为 40000kN，依据一般正常轧钢时，取 $F_0 = 20000$kN、$\Delta F = 200$kN。

5.3.1.2 F1~F4 轧机垂直系统幅频特性仿真研究

在进行仿真研究时，需要考虑不同外界扰动以及工作载荷条件。在不同外界激励作用下，并非所有固有频率都能被激发。因此，通过谐响应分析，能够确定轧机在轧制力激励下的响应。依据现场实测经验热连轧机振动频率在 300Hz 以内，因此取激振频率为 0~300Hz，每间隔 1Hz 仿真一次。

F1~F4 轧机工作辊轴承座垂直方向谐响应仿真结果如图 5-12 所示。在 71Hz、130Hz 和 174Hz 处出现明显峰值。由此可知：此轧机对频率 71Hz、130Hz 和 174Hz 非常敏感，即当轧制力激励存在接近 71Hz、130Hz 和 174Hz 时，F1~F4 轧机就会发生较大垂振。

5.3.1.3 F5~F7 垂直系统幅频特性仿真研究

F5~F7 垂直系统工作辊轴承座谐响应仿真结果如图 5-13 所示。在 72Hz、151Hz 和 252Hz 处出现峰值。由此可知：此轧机对频率 72Hz、151Hz 和 252Hz 非常敏感，即当轧制力激励存在接近 72Hz、151Hz 和 252Hz 时，F5~F7 轧机就会发生较大垂振。

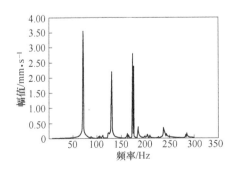

图 5-12 F1~F4 工作辊轴承座垂振谐响应

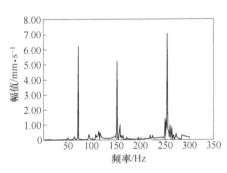

图 5-13 F5~F7 工作辊轴承座垂振谐响应

5.3.2 1580 热连轧机主传动系统幅频特性仿真研究

5.3.2.1 轧机主传动系统模型建立

按照现场提供的图纸尺寸建立轧机传动系统模型，F1～F4 传动系统实体模型如图 5-14 所示，F5～F7 传动系统实体模型如图 5-15 所示。其中 F1～F7 齿轮齿数和模数参数见表 5-5，F1～F4 由减速机输入轴 A 齿轮驱动输出轴 B 齿轮，然后再驱动齿轮座的 C 齿轮；F5～F7 电机直接驱动 C 齿轮，D 齿轮为齿轮座的被动齿轮，其参数与 C 齿轮相同。

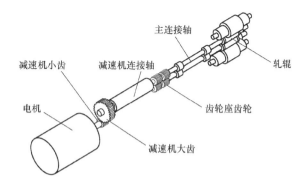

图 5-14　F1～F4 传动系统实体模型

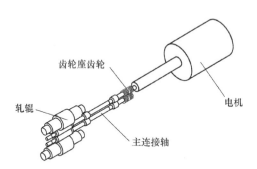

图 5-15　F5～F7 传动系统实体模型

表 5-5　齿轮参数表

轧机	参　　数					
	减速机		齿轮座		减速机	齿轮座
	A 齿数	B 齿数	C 齿数	D 齿数	A 和 B 齿轮模数	C 和 D 齿轮模数
F1	22	106	27	27	30	28
F2	23	85	27	27	30	28

轧机	参 数					
	减速机		齿轮座		减速机	齿轮座
	A 齿数	B 齿数	C 齿数	D 齿数	A 和 B 齿轮模数	C 和 D 齿轮模数
F3	24	65	27	27	30	28
F4	25	44	27	27	30	28
F5			31	31		20
F6			31	31		20
F7			31	31		20

将模型导入 ANSYS Workbench 中，对其分别进行材料参数的设定如下：弹性模量为 $2×10^5$ MPa、密度为 7.8t/m³ 和泊松比为 0.3。选用自由网格划分的方法，对模型 F1~F4 和 F5~F7 轧机进行网格划分的结果如图 5-16 和图 5-17 所示，共有 120797 个节点、43054 个单元。

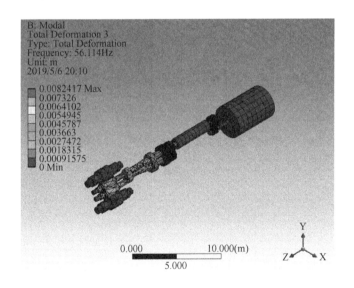

图 5-16 F1~F4 有限元网格划分模型

对齿轮副之间的接触类型设置为不分离，轧辊之间的接触类型设置摩擦系数为 0.1。其他部件之间的接触类型设置为绑定和不分离。对轴承表面施加约束，使其只能进行转动。

根据现场实际电机工作时运行状态，在电机上施加扭振载荷为

$$M = M_0 + \Delta M \sin 2\pi ft$$

式中 M_0——扭矩稳定值;

ΔM——扭矩波动幅值;

f——扭振频率。

取 $M_0 = 170\text{kN} \cdot \text{m}$、$\Delta M = 17\text{kN} \cdot \text{m}$。

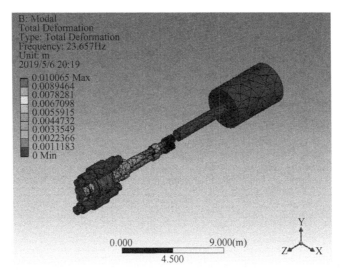

图 5-17   F5~F7 有限元网格划分模型

5.3.2.2   传动系统幅频特性仿真研究

在不同外界激励作用下,并非所有的固有频率都会被激发,通过谐响应分析,能够确定轧机在扭矩动载荷激励下的响应。依据现场实测经验热连轧机扭振频率在 200Hz 以内,因此取激振频率为 0~200Hz,每间隔 1Hz 仿真一次。

对以上模型进行谐响应分析求解,F1~F7 轧机主传动电机输出轴测点的幅频特性如图 5-18 所示。

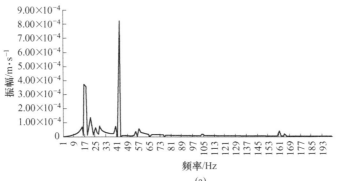

(a)

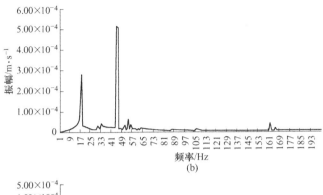

(b)

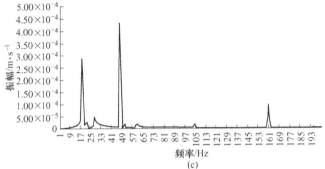

(c)

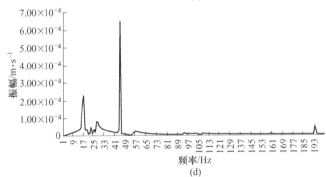

(d)

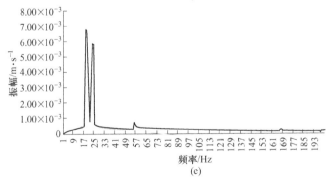

(e)

图 5-18　F1~F7 轧机主传动扭振幅频特性

(a) F1；(b) F2；(c) F3；(d) F4；(e) F5~F7

综上所述，通过谐响应分析，获得分别在动态轧制力和动态扭矩正弦波激励下轧机产生较大振动幅值的敏感频率见表 5-6。

表 5-6 1580 热连轧机幅频特性敏感频率统计表

轧机名称	F1	F2	F3	F4	F5	F6	F7
垂直系统/Hz	71					72	
	130					151	
	174					252	
传动系统/Hz	18.2	17.8	18.5	16.4		19.5	
	42.8	44.5	46.1	43.8		24.2	

5.4 2250 热连轧机幅频特性仿真研究

5.4.1 2250 热连轧机垂直系统幅频特性研究

5.4.1.1 2250 热连轧机 F1~F4 垂直系统模型建立及谐响应分析

依据 2250 轧机机械图纸，利用三维软件 Solidworks 建立了 F1~F4 轧机垂直系统模型，仿真过程同 1580 热连轧机。

选用自由划分单元模式，获得节点 32154 个和单元 12358 个，对模型进行网格划分，结果如图 5-19 所示。

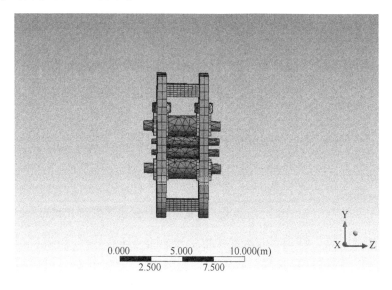

图 5-19 F1~F4 轧机垂直系统模型网格划分

利用 ANSYS 中谐响应模块进行分析，在两工作辊之间施加轧制力，施加的方法和大小同 1580 热连轧机。

经过仿真，F1～F4 轧机工作辊轴承座垂直方向幅频特性如图 5-20 所示，在 75Hz、114Hz、158Hz 处出现明显峰值。由此可知：此轧机对 75Hz、114Hz、158Hz 非常敏感，即当轧制力存在接近 75Hz、114Hz、158Hz 激励时，轧机会发生较大垂振。

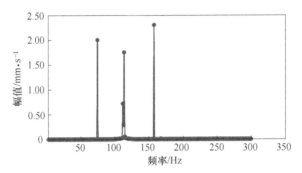

图 5-20 工作辊轴承座垂振幅频特性

5.4.1.2 2250 热连轧机 F5～F7 垂直系统模型建立及谐响应分析

对模型进行网格划分，得到节点 42563 个和单元 15038 个，模型如图 5-21 所示。

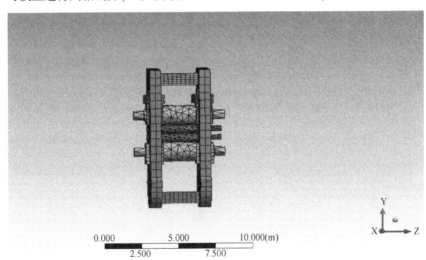

图 5-21 轧机垂直系统模型网格划分

经过仿真研究，F5～F7 轧机工作辊轴承座垂直方向谐响应曲线如图 5-22 所示，在 70Hz、170Hz 和 297Hz 处出现明显波峰，由此可知，此轧机对 70Hz、170Hz 和 297Hz 非常敏感，即当轧制力存在接近 70Hz、170Hz 和 297Hz 激励时，轧机就会发生较大垂振。

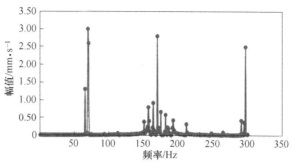

图 5-22 工作辊轴承座垂振幅频特性

5.4.2 2250 热连轧机传动系统幅频特性研究

5.4.2.1 传动系统模型的建立

根据图纸尺寸建立轧机传动系统模型，F1～F4 传动系统模型如图 5-23 所示，F5～F7 传动系统模型如图 5-24 所示。其中 F1～F7 齿轮齿数和模数参数见表 5-7，其中 F1～F4 由减速机输入轴 A 齿轮驱动输出轴 B 齿轮，通过中间轴驱动齿轮座 C 齿轮，F5～F7 电机直接驱动齿轮座 C 齿轮，D 齿轮为齿轮座被动齿轮。

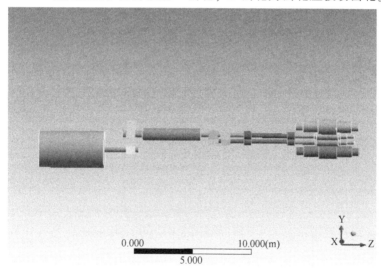

图 5-23 F1～F4 传动系统模型

将模型导入 ANSYS Workbench 之中，对其分别进行材料参数的设定如下：弹性模量为 $2×10^5$ MPa，密度为 7.8t/m^3，泊松比为 0.3。选用自由划分的方法，对模型进行网格划分，如图 5-25 和图 5-26 所示，共有 110797 个节点、41032 个单元。

对齿轮对之间的接触类型设置为不分离，轧辊之间的接触类型设置摩擦系数为 0.1，对轴承表面施加约束，使其只能进行转动，其他部件之间的接触类型设置为绑定或不分离。

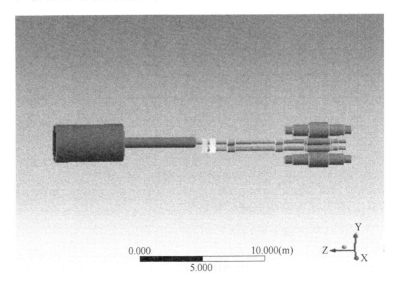

图 5-24   F5~F7 传动系统模型

表 5-7   齿轮参数表

轧机	齿 轮					
	A 齿数	B 齿数	C 齿数	D 齿数	A 和 B 齿轮模数	C 和 D 齿轮模数
F1	23	97	28	28	32	28
F2	23	75	28	28	32	28
F3	23	58	28	28	32	28
F4	24	42	28	28	32	28
F5			31	31		20
F6			31	31		20
F7			31	31		20

  轧机的电机参数见表 5-8，根据现场实际电机工作时运转参数计算，在电机上施加扭矩载荷为

$$M = M_0 + \Delta M \sin 2\pi f t$$

式中 M_0——扭矩稳定值；

   ΔM——扭矩波动幅值；

   f——扭振频率。

  取 $M_0 = 170\text{kN} \cdot \text{m}$、$\Delta M = 17\text{kN} \cdot \text{m}$ 和 $f = 1 \sim 200\text{Hz}$ 进行谐响应分析。

5.4.2.2   传动系统谐响应分析

  对以上模型进行谐响应求解，获得 F1~F7 电机输出轴测点幅频特性如图 5-27 和表 5-9 所示。

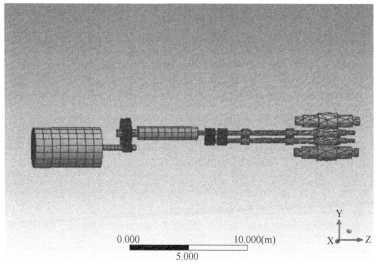

图 5-25 F1~F4 辊系有限元模型网格划分结果

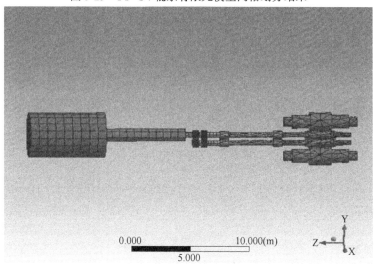

图 5-26 F5~F7 辊系有限元模型网格划分结果

表 5-8 F1~F7 轧机电机参数

轧 机	功率/kW	转速/r·min⁻¹
F1	8000	160~450
F2	8000	160~450
F3	8000	160~450
F4	8000	160~450
F5	8000	160~450
F6	7500	200~600
F7	7500	200~600

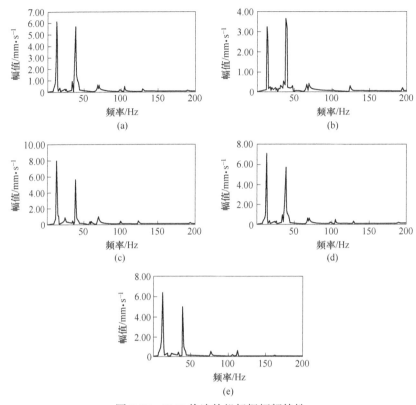

图 5-27　2250 热连轧机扭振幅频特性

（a）F1；（b）F2；（c）F3；（d）F4；（e）F5~F7

表 5-9　2250 热连轧机幅频特性敏感频率统计表

轧机名称	F1	F2	F3	F4	F5	F6	F7
垂直系统/Hz	75					70	
	114					170	
	158					297	
传动系统/Hz	13.6	13.8	13.9	14.1		14.18	
	40.6	40.6	40.9	39.9		41.06	

5.5　全连续铸轧热连轧机幅频特性仿真研究

　　某世界首套多模式全连续铸轧生产线于 2019 年正式投产，由连铸机、3 机架粗轧机和 5 机架精轧机组成。同样利用谐响应分析获得 5 机架精轧机的幅频特性如图 5-28~图 5-32 所示。

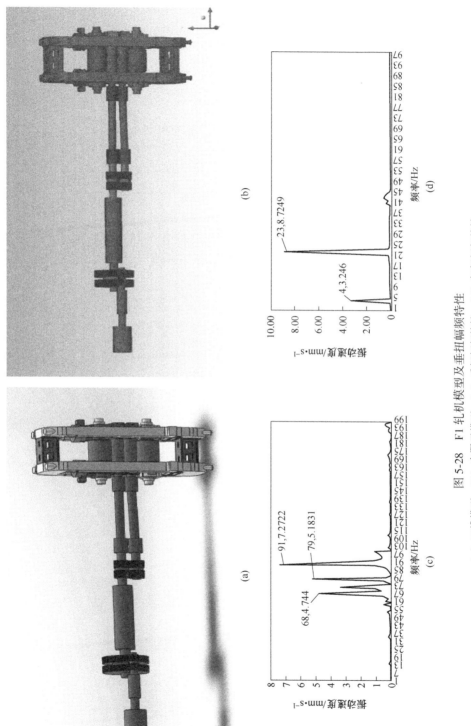

图 5-28　F1 轧机模型及垂扭幅频频特性

(a) 三维模型；(b) 有限元模型；(c) 垂振幅频特性；(d) 扭振幅频特性

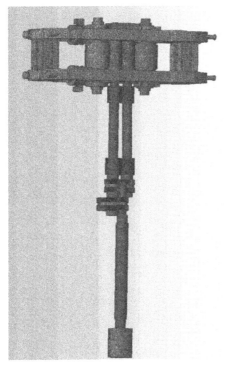

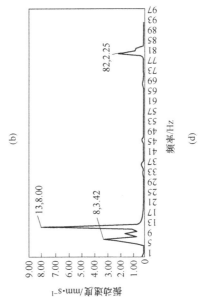

(a)

(b)

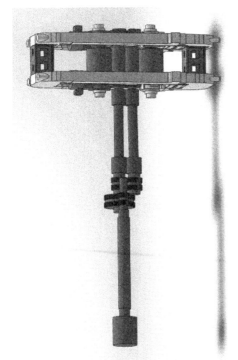

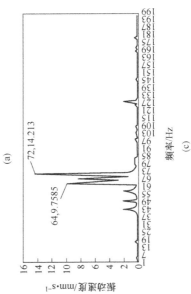

(c)

(d)

图 5-29 F2 轧机垂扭耦幅频特性

(a) 三维模型; (b) 有限元模型; (c) 垂振幅频特性; (d) 扭振幅频特性

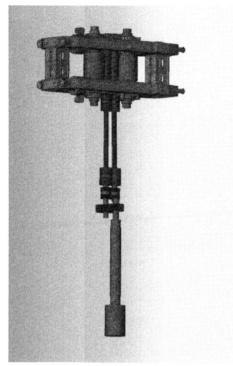

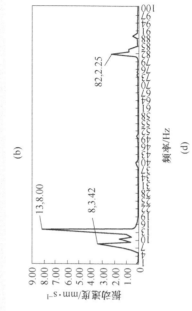

(b)

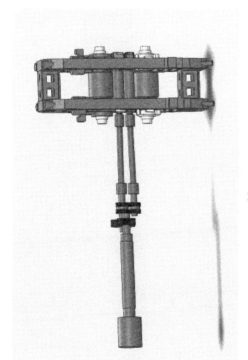

(a)

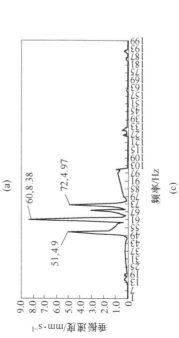

图 5-30 F3 轧机垂扭幅频特性

(a) 三维模型；(b) 有限元模型；(c) 垂振幅频特性；(d) 扭振幅频特性

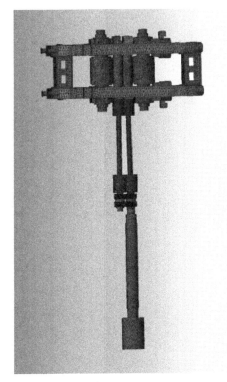

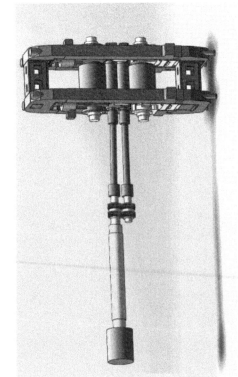

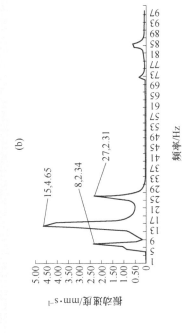

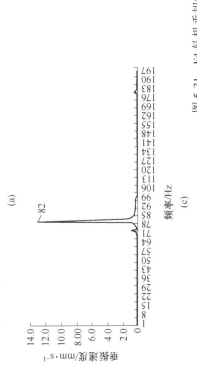

图 5-31　F4 轧机垂扭幅频特性

(a) 三维模型; (b) 有限元模型; (c) 垂振幅频特性; (d) 扭振幅频特性

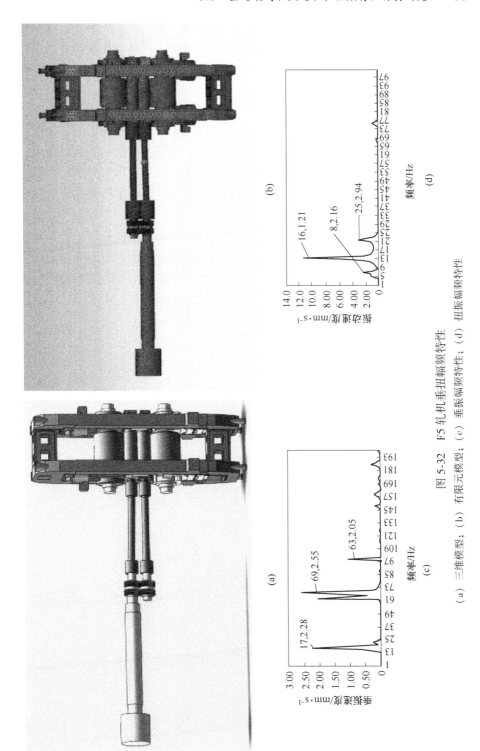

图 5-32 F5 轧机垂扭幅频特性

(a) 三维模型；(b) 有限元模型；(c) 垂振幅频特性；(d) 扭振幅频特性

从图中看出，与典型的 1580 和 2250 热连轧机相比，F1~F3 轧机的谐响应频带范围较宽，频率众多，现场测试这些频率都出现过。因此，激励频率要避开这些频率才能消减振动，对抑制轧机振动提出了更高的要求。

5.6 本 章 小 结

经过对三种具有代表性的轧机谐响应分析，获得了轧机振动的幅频特性，为解释轧机振动和抑制轧机振动提供了理论基础。即轧机本身固有幅频特性不被外界扰动，轧机的这些频率就不会被激发起来，因此如何改变激励频率避开这些频率成为抑制轧机振动的重要措施之一。

由于现场轧机振动频繁发生，从对轧机动力学设计的角度来说，希望轧机的敏感频率应避开轧机激励中存在的频率，即要求这些频率远离激励频率。做到这一点十分困难，因此如何设计轧机具有良好的动力学特性，使轧机在动态轧制力和动态扭矩激励作用下振动变小或不敏感将成为研究的热点与难点。

6 连铸坯诱发轧机振动试验研究

6.1 连铸工艺简介

连铸是将液态钢水连续浇注成板坯的工艺过程，如图 6-1 所示。首先用行车将钢包从转炉送到连铸机上面的大包回转台，然后钢包底部钢水缓慢流入中间包，中间包通过塞棒控制将钢水按照流量要求注入结晶器中，最后钢水与结晶器内壁接触冷却成坯壳。为了避免漏钢，在结晶器振动的帮助下脱模。带有液芯的坯壳经过二冷区冷却后转变成固体，再经过火焰枪切割成所需要定尺的连铸坯。

依据后续机组的不同铸轧流程也不一样，薄板坯连铸连轧直接经过隧道保温炉送到热连轧机进行轧制；常规热连轧机需要将连铸坯再经过加热炉加热后送给粗轧后再进行精轧；铸轧全连续工艺不需要将板坯切割成定尺这一过程，直接将连铸坯送到粗轧和精轧机进行全连续轧制。

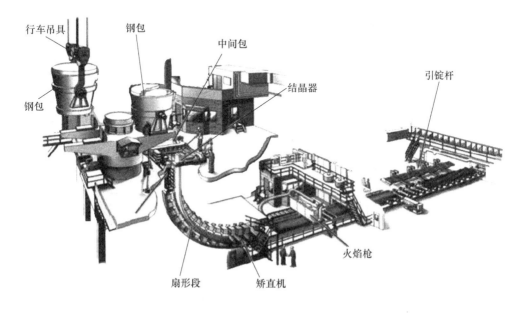

图 6-1　连铸工艺流程

6.2　连铸机振动在线监测

连铸机是在振动状态下完成板坯浇铸工作的，因此监测连铸机在工作过程的振动状态具有重要意义。

6.2.1　结晶器振动基本参数

结晶器借助振动将连铸坯壳与结晶器脱离，避免粘接漏钢。结晶器的振动模式经历了梯形波、三角波、正弦波和非正弦波等研究与应用阶段，振动机构从凸轮式、连杆式到液压式等多种，目前一般采用液压伺服振动控制。结晶器振动参数包括：拉速、振频、振程、负滑脱时间、负滑脱率、负滑脱率极限值、负滑脱时间比率、结晶器振动最大速度、结晶器振动平均速度、结晶器振动周期、正滑脱时间和振痕间距等。

以某 1580 常规热连轧配套的进口板坯连铸机为例来说明结晶器的振动参数，见表 6-1。

表 6-1　某连铸结晶器振动参数

钢种	拉速 V_c /m·min^{-1}	振程 S /mm	振频 f /次·min^{-1}	负滑脱时间 T_n /s	结晶器振动最大速度 V_{max} /m·s^{-1}	结晶器振动平均速度 V_m /m·s^{-1}	负滑脱率 NS /%	负滑脱率极限值 NS_{max} /%	结晶器振动周期 T_c /s	负滑脱时间比率 NSR /%	振痕间距 N /mm	正滑脱时间 T_p /s
中碳钢	0.9	5.65	151.5	0.14	2.69	1.71	−90.22	36.31	0.40	73.16	5.94	0.25
	1.0	6.00	150.0	0.15	2.83	1.80	−80.00	36.31	0.40	72.77	6.67	0.25
	1.1	6.35	148.5	0.15	2.96	1.89	−71.45	36.31	0.40	72.41	7.41	0.26
	1.2	6.70	147.0	0.15	3.09	1.97	−64.15	36.31	0.41	72.07	8.16	0.26
	1.3	7.05	145.5	0.15	3.22	2.05	−57.81	36.31	0.41	71.75	8.93	0.26
	1.4	7.40	144.0	0.15	3.35	2.13	−52.23	36.31	0.42	71.44	9.72	0.27
	1.5	7.75	142.5	0.15	3.47	2.21	−47.25	36.31	0.42	71.15	10.53	0.27
	1.6	8.10	141.0	0.15	3.59	2.28	−42.76	36.31	0.43	70.87	11.35	0.27

为了清晰起见，将表 6-1 制成图 6-2~图 6-12。

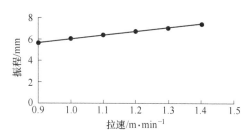

图 6-2 振程与拉速关系

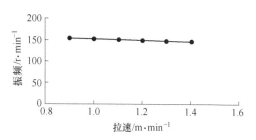

图 6-3 振频与拉速关系

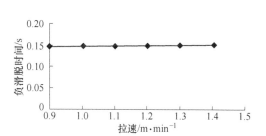

图 6-4 负滑脱时间与拉速关系

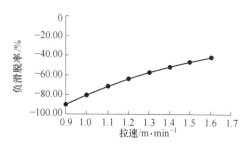

图 6-5 负滑脱率与拉速关系

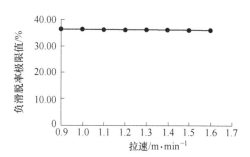

图 6-6 负滑脱率极限值与拉速关系

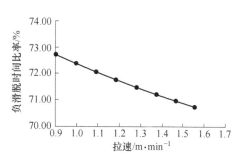

图 6-7 负滑脱时间比率与拉速关系

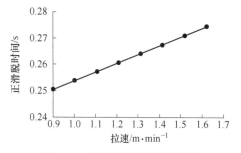

图 6-8 正滑脱时间与拉速关系

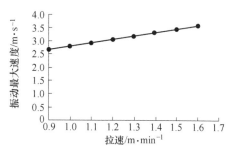

图 6-9 振动最大速度与拉速关系

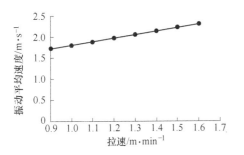

图 6-10   振动平均速度与拉速关系

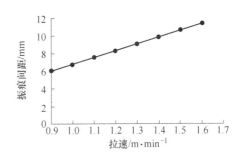

图 6-11   振痕间距与拉速关系

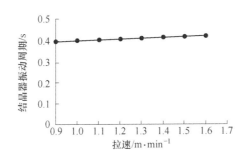

图 6-12   振动周期与拉速关系

上述这些参数对钢水在结晶器内形成坯壳的过程中起到重要作用。在现场一般只关心坯壳是否可能被拉断和振痕部位裂纹、夹杂、纯净度及缩孔等。而对连铸坯表层与轧机振动之间的关系的研究未见报道，成为跨专业、跨学科交叉研究的内容。

6.2.2   连铸机振动监测系统

为了更加全面了解连铸机振动状态，对连铸机的中间包、塞棒和结晶器的振动进行在线监测，如图 3-2 所示。采用振动速度传感器安装在塞棒、中间包和结晶器的垂直方向上，如图 6-13 所示。当被测点振动时，传感器输出信号送到采集器和计算机进行采集、显示、存储和分析，同时手机也可随时远程观察和分析振动信号。

6.2.3   连铸机振动信号分析

某连铸机振动测试是在生产 SPHC 钢种进行的，塞棒对钢水流量控制分别采用电气自动控制与手动控制两种模式。

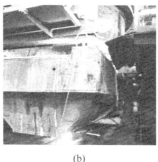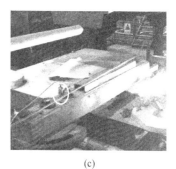

(a)　　　　　　　　　　　　(b)　　　　　　　　　　　　(c)

图 6-13　某连铸机振动监测点

（a）结晶器测点；（b）中间包测点；（c）塞棒测点

扫一扫查看彩图

6.2.3.1　塞棒自动控制模式下振动测试

A　液面波动频谱图

自动控制塞棒时液面波动频谱图如图 6-14 所示，液面波动频率为 2.47Hz。

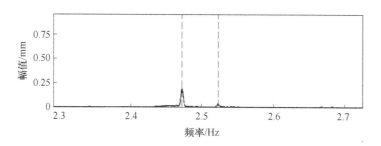

图 6-14　塞棒自动控制时液面波动谱图

B　中间包振动谱图

从图 6-15 可知，中间包振动有多个明显优势频率，主要频率为 7.23Hz。

C　结晶器振动频谱图

从图 6-16 中可以看出，结晶器存在 2.44Hz 的优势频率，与图 6-14 中的优势频率基本吻合，从而可以推断液面波动中的 2.47Hz 的优势频率主要是由结晶器振动频率 148 次/min 引发的。

D　塞棒振动频谱图

从图 6-17 中可以看出，塞棒自动控制时的振动存在 2.52Hz 的优势频率，同时也存在 7.22Hz 的优势频率。这是由于结晶器振动导致液面波动、液面波动又通过反馈送到塞棒控制系统中进行调节生成的控制频率。

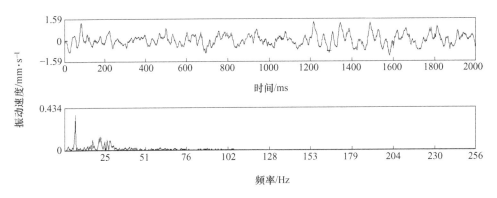

图 6-15 中间包振动谱图

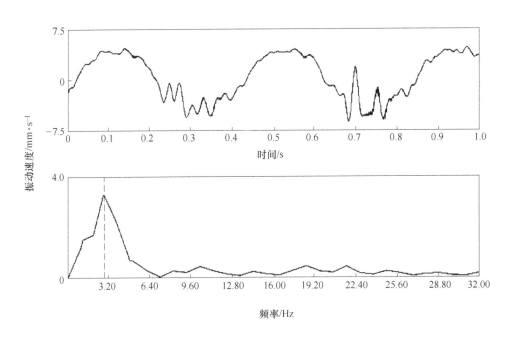

图 6-16 结晶器振动谱图

6.2.3.2 塞棒手动控制模式下振动测试

A 中间包振动谱图

从图 6-18 中可以得知,中间包振动优势频率为 7.23Hz。

B 结晶器振动谱图

从图 6-19 中可以看出,结晶器存在 2.44Hz 左右的优势频率,与自动控制下的优势频率基本吻合,从而判断自动模式下液面波动中 2.47Hz 的优势频率来源于结晶器振动。

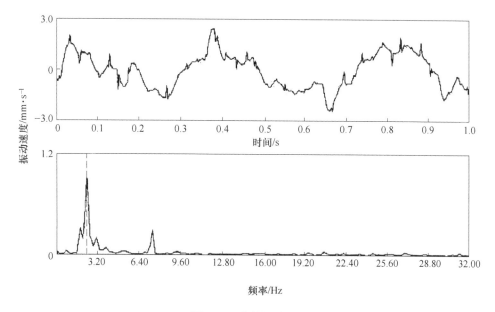

图 6-17 塞棒振动谱图

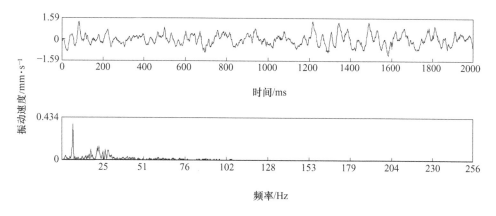

图 6-18 中间包振动谱图

C 塞棒振动谱图

从图 6-20 中可以看出，塞棒振动无明显优势频率。手动时塞棒控制无液面位置反馈信号，所以无集中频率。

综上所述，塞棒自动控制模式下液面波动中存在 2.47Hz 优势频率，塞棒手动控制模式下液面波动变成 2.44Hz 优势频率。由此判定塞棒自动控制下液面波动中 2.47Hz 优势频率是由结晶器振动造成的现象。

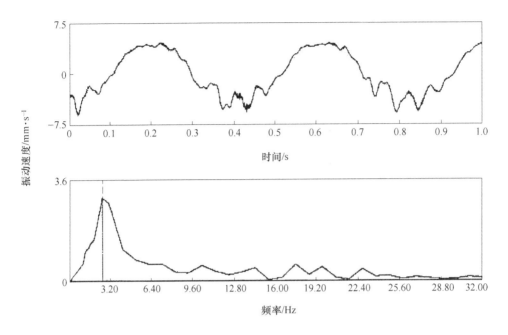

图 6-19　结晶器振动谱图

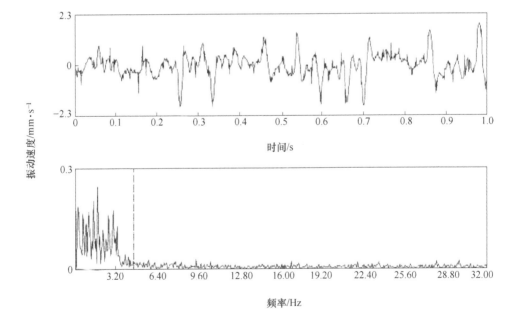

图 6-20　塞棒振动谱图

6.3 连铸机振动因素分析

6.3.1 结晶器振动控制及振动分析

6.3.1.1 结晶器振动控制基本原理

20 世纪中期连铸技术开始发展。1943 年德国建立了第一台连铸试验机。我国的连铸技术同样起步也较早，在 20 世纪五六十年代就开始发展，90 年代后连铸机数量逐年攀升。作为连铸过程"心脏"的连铸结晶器同样不断发展。最初的结晶器是静止的，但拉坯过程往往发生漏钢等事故，推动了振动结晶器的发展。振动结晶器的振动规律不断完善，经历了矩形速度、梯形速度、正弦速度和非正弦速度等模式，振动机构由凸轮式、杠杆式、曲柄式发展到液压伺服控制等。

目前应用最广泛的是液压伺服控制系统。结晶器振动装置由液压缸驱动结晶器做上下运动以防止在浇铸过程中坯壳与结晶器内侧铜板发生粘连引发漏钢。根据钢种、断面和拉速的不同，结晶器振动的频率和振幅也在变化。

结晶器振动靠伺服阀控制液压缸的振动，伺服控制信号来自振动曲线生成器，主控室的计算机通过 PLC 控制曲线生成器设定振动曲线。只要改变曲线生成器即可改变振动波形、振幅和频率。曲线生成器输入信号的波形、振幅和频率可在线设定，设定好的振动曲线信号传给伺服阀，伺服阀即可控制液压缸按给定参数振动。在软件编制过程中，同时还设置多种报警和保护措施以避免重大事故的发生。结晶器结构和振动控制原理如图 6-21 和图 6-22 所示。

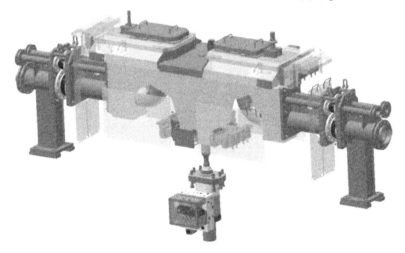

图 6-21　结晶器结构图

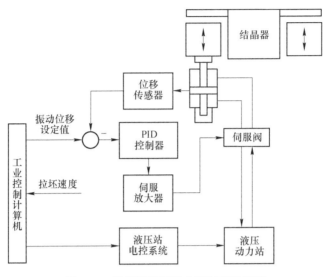

图 6-22 结晶器液压振动控制系统框图

6.3.1.2 结晶器振动分析

结晶器振动一般按正弦振动设定，但实际测试结晶器的振动除了主频以外，由于控制和间隙非线性影响都出现多个倍频现象，并非理想的正弦波振动。例如某 1580 热连轧机、2250 热连轧机和铸轧全流程全连续热连轧机配套的连铸机结晶器振动信号如图 6-23 所示。

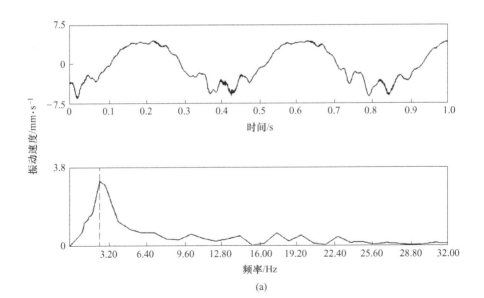

(a)

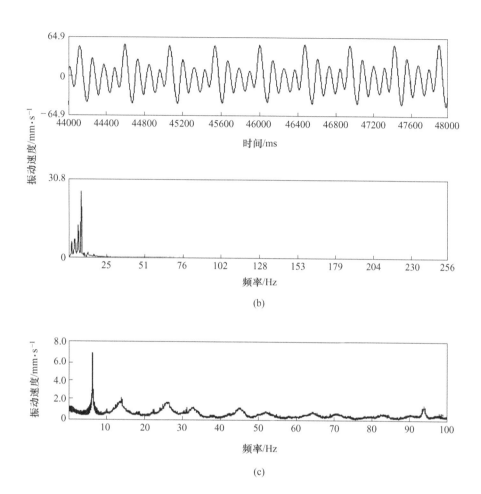

图 6-23 常规热连轧机配置连铸机的结晶器振动速度

（a）某 1580 热连轧机结晶器振动频谱；（b）某 2250 热连轧机结晶器振动频谱；
（c）某全连续热连轧机结晶器振动频谱

若结晶器振动按非正弦振动设定，则会出现更多的谐波成分。

6.3.2 塞棒流量控制及振动分析

结晶器液位控制是利用塞棒与中间包之间间隙的钢水流量大小来实现的，使结晶器钢水液面在浇注动态过程中保持一个稳定的高度进行反馈自动控制，如图 6-24 所示。同时对结晶器钢水液面波动其他扰动进行实时流量调节和控制，以实现较小的液面波动，提高连铸坯表层质量。

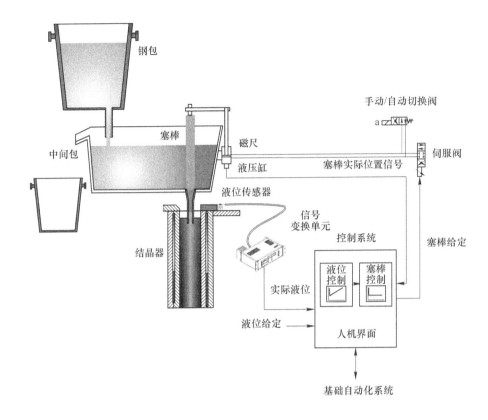

图 6-24   结晶器钢水液面高度控制系统

液位控制由双闭环控制系统组成，外环为液位控制，内环为中间包流量控制。外环由液位控制器、液位传感器（射线或电涡流原理）和信号变换单元等构成，内环由塞棒控制器、伺服阀、液压缸和液压缸内的磁尺等构成。当液位变化时，液位反馈与液位给定进行比较，其差值通过塞棒流量控制来实现从中间包到结晶器的流量调节，达到液位的自动调节和控制，从而使液位逼近液位给定目标值，实现液位高度自动控制。

由于流量调节为实时控制，其流量调节频率由塞棒位置调节器响应频率决定。因此其控制特性会影响液面波动的大小和波动频率，响应频率高波动频率就高、响应频率低波动频率就低。从而使中间包到结晶器钢水流量波动频率会在液面波动频率中出现。

6.3.3   中间包振动仿真分析

现场测试结果表明中间包振动频率与液位高度密切相关。因此，需要建立中间包动力学模型并进行仿真求解，以解释这一振动现象。

6.3.3.1 三维模型建立

根据现场提供的中间包图纸进行适当的简化，运用 Solidworks 软件进行三维零件图的模型建立并进行装配，该装配体中主要包括中间包、中间包车和钢液三部分，如图 6-25 所示。

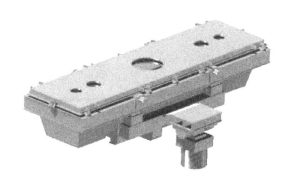

图 6-25 中间包和中间包车三维模型

6.3.3.2 动力学仿真模型建立

将上述文件导入 ANSYS Workbench 中做进一步分析，如图 6-26 所示。

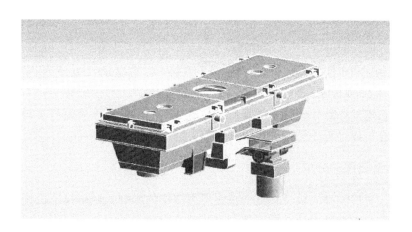

图 6-26 中间包模型

网格划分后的仿真模型如图 6-27 所示。

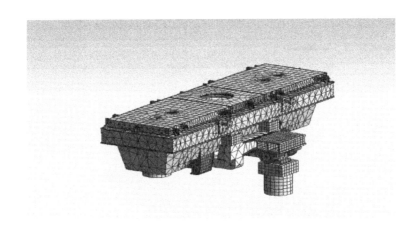

图 6-27 网格划分模型

6.3.3.3 模态分析

模态求解结果的前 4 阶固有频率为 3.24Hz、7.23Hz、8.38Hz 和 10.86Hz，如图 6-28 所示。

为了进一步研究无钢液时中间包垂直方向的固有频率，将模型中钢液去除，重新进行上述设置，仿真结果表明，无钢液时垂直方向的二阶固有频率为 9.5Hz，如图 6-29 所示。

6.3.3.4 幅频特性

考虑到该结构固有频率较低，因此将激励频率范围设置为 0~10Hz，为了模拟钢水包流出的钢液对中间包的冲击，设置按正弦波激励方向向下，幅值设为 980N 进行求解，结果如图 6-30 所示。可以看到，当中间包受到竖直向下的钢液冲击时，呈现垂直方向 7.23Hz 左右的振动，也就是说激起了中间包第二阶固有频率。

中间包振动导致钢水流量的波动，使得成为结晶器钢水液面波动频率的又一个成分，在连铸过程中转移到连铸坯表层。

6.3.4 拉矫机振动分析

由于拉矫机驱动电机较多且受拉坯阻力波动的影响，使得拉矫机振动频率比较复杂，进而影响液面波动幅度及频率，也应引起重视。

6.3.4.1 拉矫机构成

连铸拉矫机由多组主动辊组成，如图 6-31 所示，每组主动辊分别由变频电机驱动，依据连铸工艺状态来改变拉坯速度。

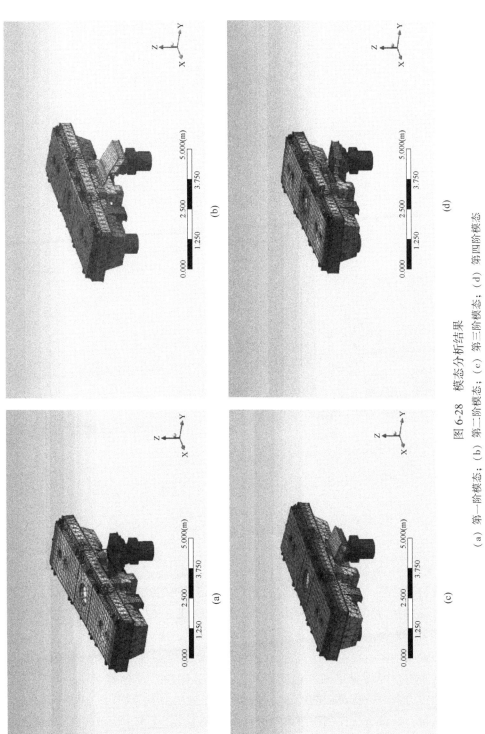

图 6-28 模态分析结果

(a) 第一阶模态; (b) 第二阶模态; (c) 第三阶模态; (d) 第四阶模态

图 6-29 无钢液第二阶模态

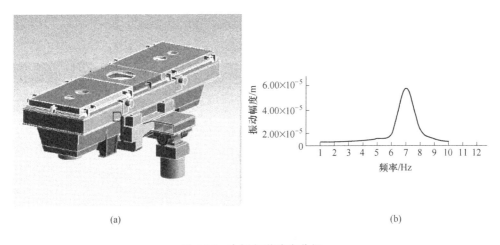

(a)   (b)

图 6-30 中间包谐响应分析

（a）谐响应加载；（b）幅频特性

6.3.4.2 拉矫机的振动原因

拉矫机驱动辊一般采用独立传动方式，由于各驱动辊电机之间存在个体差异、机械设备制造和安装存在的误差、设备基础变形、辊子磨损和铸坯形变等造成电机出力不平衡。

扇形段驱动电机负荷不平衡扭矩实时动态分配是通过 PLC 将所有驱动辊的扭矩进行采集分配后设定到每台变频器中，由于有 PLC 的统筹兼顾，能够对各台电机的出力大小进行灵活的设定，使每台电机的出力趋于均匀。由于拉坯阻力的波动变化，导致电机控制系统调节和出力波动变大，所以拉坯力也在波动，对结晶器液面波动造成一定的影响。

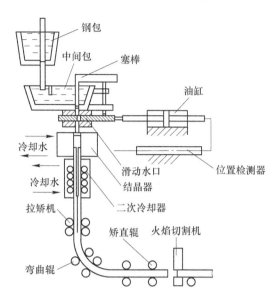

图 6-31 连铸机结构示意图

拉矫机振动主要由拉矫辊电机电流谐波、圆度、摩擦力、拉坯速度和拉坯阻力等影响，其中拉坯阻力影响因素更加复杂，因此拉矫力受频带很宽的各种扰动的影响。

由于多种因素的影响，拉矫力的频率具有随机性，对液面的波动幅度影响较大，因此拉矫力控制的好坏直接影响到液面波动的状态和板坯表层质量。

6.4 连铸坯表层诱发轧机振动试验

6.4.1 板坯表面振痕研究现状

6.4.1.1 板坯振痕形成的因素

振动结晶器的引入使连铸坯脱模过程更加顺畅，但其振动的工作方式往往成为板坯表面振痕的发源地，而振痕是铸坯表面裂纹和偏析形成的主要原因，因此对振痕产生机理及规律的研究十分必要。以往的研究大多以结晶器内的钢液流场分布、保护渣覆盖下的液面波动、弯月面处的振痕形成机理和振痕处微观组织等问题为主，但液面波动对振痕形成过程的影响、流热力等多物理场耦合作用下振痕的成形规律及周期性特性尚无定量的解释。尤其是连铸坯表层质量会诱发轧机振动的研究尚为空白，成为钢铁行业内亟须解决的难题。

6.4.1.2 铸坯振痕机理研究现状

由于振动结晶器的引入，振痕的产生难以避免，针对振痕产生机理的研究也在不断完善，大致有以下几种解释。

长期的生产测试表明，振痕的产生与结晶器的振动有很大关系，Brimacombe 提出了弯月面凝固模型，认为保护渣道的压力由于结晶器壁面的周期振动而产生周期变化，弯月面在保护渣内压力冲击或渣圈的作用下产生振痕。

但由于渣圈的存在，使得有的学者怀疑在弯月面是否总存在坯壳。因此，Lainea 提出了附加液体容积凝固模型，认为在铸坯的初始凝固点与液面之间存在一段钢液容积，且通过实验证实了附加容积的存在，但有附加容积存在时，铸坯仍然存在振痕，这样上述动态压力理论就很难解释这一现象。

张洪威认为摩擦力会影响振痕的产生，当结晶器振动时，结晶器内壁与坯壳之间存在相对运动，其相对运动速度呈周期性变化。于是坯壳会受到结晶器内壁给的周期性摩擦力的作用。这种周期性的摩擦力会使坯壳发生弹塑性变形，进而导致钢液弯月面处的变形或溢流，使坯壳出现振痕。

雷作胜提出"弯月面温度波动理论"，认为振痕的形成不仅仅从力的角度解释，而应该考虑温度的因素。这种理论认为，由于结晶器的振动与拉坯速度的不同步，弯月面处钢液凝固前沿与结晶器壁面的接触位置会发生变化，导致凝固前沿的温度发生周期性的变化，从而导致振痕的产生。

以上几种理论很难解释部分材料在连铸过程中结晶器不振动，板坯表面同样会产生类似振痕这一现象。因此 Fredriksson Hasse 提出弯月面溢流原理，认为液面上升，超过表面张力的承受度，坍塌溢流形成振痕。

在现有的理论基础上，有学者提出了一些措施来控制振痕的状态。侯晓光等提出了一种在结晶器弯月面上方涂敷热障涂层来抑制弯月面传热，进而抑制连铸坯振痕形貌形成的新方法。刘珺从结晶器的振动入手，通过对结晶器振动的波形、控制模型和参数的研究，改善了连铸坯表面质量及润滑条件。张林涛等通过改变连铸过程中的工艺参数以及采用电磁软接触连铸技术来减轻振痕，从而控制铸坯表面质量。

总的来说，振痕的产生往往受到以下几方面的共同作用。第一，结晶器的振动模式。结晶器振动模式不断优化，现多以正弦或非正弦的模式振动，不同的振动频率、幅值和相位都会对铸坯最终的振痕有影响；第二，结晶器中钢液流场、温度场、力场的分布及其稳定性。结晶器内部是一个复杂的多场耦合状态，钢液、液渣与结晶器壁面的热交换、结晶器内部钢液的流场状态、钢液凝固过程的收缩与生长、钢液边界处的摩擦力等对振痕的产生有一定影响。

6.4.1.3　结晶器液面波动研究现状

Matsushita 等在连铸结晶器弯月面处安装了一块透明的石英玻璃，通过捕捉弯月面处的行为，发现弯月面处的液面波动频率和相位基本与结晶器振动同步。

Gupta 等利用水模型试验研究了结晶器液面的波动特性，解释了液面波动和水口处钢液流速的关系。Thomas 等研究了液面波动剧烈程度与铸坯表面缺陷的对应关系。谭利坚等研究了板坯连铸结晶器自由表面的形状及钢水流动行为，通过数值模拟浸入水口出流角度及出流速度对液位波动的影响关系。王维维等分析了不同侧孔倾角对对称多侧孔水口浇注大方坯结晶器内流场及自由液面波动的影响规律。武绍文等通过水模型试验结合软件仿真，研究了不同水口出流角、不同水口浸入深度、不同拉坯速度对液面波动的影响。胡群等研究了不同水口类型对结晶器内部钢液初始流动的影响，提出使用多孔水口浇铸时可保证顺利生产。Claudio Ojeda 等建立了弯月面处流热耦合模型，研究了一个周期内弯月面处的热交换和多相流场状态，量化分析了渣道内的压力场以及引起的渣耗量和液面流场变化。谢集祥等通过对结晶器流场和温度场进行数值模拟，研究了不同吹氩量、不同水口浸入深度和不同拉速对结晶器内钢液行为的综合影响。Shen B 等采用粒子图像可视化技术，对薄板坯连铸结晶器内流动不稳定与液面波动的关系进行了全尺寸水模试验，认为波动幅值与回流中心深度成反比关系。张磊等认为钢液湍流和涡流的作用下，铸坯内温度分布不均，加上在高拉速下结晶器内热流更大，这使得铸坯表面更易产生裂纹缺陷。

此外，还有学者认为结晶器外部工况同样会造成液面周期性波形。程乃良等认为周期性波动的原因是板坯鼓肚和二冷区等间距辊子排列造成的。田立等认为某种周期性的波动是由铸坯经过扇形段的导辊间产生"鼓肚"造成的，并针对液位控制系统的周期性液位波动，并提出采用前馈补偿方式对塞棒进行微调节从而减轻液位周期性波动。孟祥宁等认为连铸结晶器做非正弦振动且振频低于振动机构固有频率时，由于谐波频率是振频的整数倍，一部分幅值较大的谐波可引发结晶器共振。并提出通过谐波幅值与各振动参数的变化关系，得到不同振动参数组合对应的谐波幅值。采用谐波幅值较小的振动参数组合，可削弱共振现象对连铸结晶器振动机构的不利影响。

总之，板坯连铸机生产通过选用合适的保护渣、改善结晶器内流场、二冷优化控制、合理控制塞棒和吹氩流量等措施，有效地控制了结晶器液面波动。但目前的研究仅限于通过优化一些工艺参数来调节液面波动的幅值，从而避免液面波动过大造成卷渣，或者过小造成杂质难以上浮。而针对液面波动频率、相位影响板坯表面质量的机理，以及拉坯过程中液面波动对弯月面、坯壳初始凝固区域流场、温度场、力场对轧机振动的影响尚未有明确的解释。

6.4.2 连铸坯扒皮试验研究

作者提出板坯的表层状态不同对轧机振动影响较大，为了验证这一推测，利用扒皮机将板坯的表层进行扒皮，将扒皮前和扒皮后的板坯进行轧制，发现扒皮后轧机振动幅度降低，这充分说明板坯表层对轧机振动影响很大。据此提出热连轧机振动除传统研究的影响因素外，连铸坯表层成为诱发轧机振动的主要根源。由此受到启发，即改变连铸坯表层状态可以改变对热连轧机振动的激励强度，进而消减轧机振动的状态。

6.4.2.1　样坯的制取

本次试验板坯材质为 SPA-H1200×230mm，拉坯速度为 1.4m/min，取 6 块样坯，连铸机试验状态见表 6-2。经过某 1580 热连轧机轧制后，成品规格为 1200mm×2.0mm。

表 6-2　试验坯对应连铸相关参数

名　称	拉速/m·min⁻¹	液面波动/mm	水口插入深度/mm	冷却水强度/L·min⁻¹
试验坯	1.4	1.9	127.5	4450

首先利用扒皮机将试验坯表层扒皮 2~3mm，如图 6-32 所示。

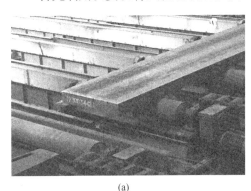

(a)　　　　　　　　　　　　　　　　(b)

图 6-32　连铸坯扒皮前后表面对比
(a) 扒皮前；(b) 扒皮后

扫一扫看彩图

6.4.2.2　轧制试验分析

将扒皮前和扒皮后的 6 块连铸坯送到 1580 热连轧机进行相同规程轧制，利用轧机振动在线监测系统观察 F1~F3 轧机牌坊顶部中心垂直振动速度信号，其典型振动信号如图 6-33 所示，经过数据统计如表 6-3 和图 6-34 所示。

从图 6-34 中可以看出，连铸坯扒皮后，振动最大的 F3 机架振动速度降低一半，说明连铸坯表层是诱发轧机振动的主要根源。因此，如何控制连铸坯表层状态成为抑制轧机振动的重要措施之一。

为了验证这一结论，在另外一套 1580 热连轧机组上做了同样的试验。选用材质 SPA-H1200×230mm，轧制成品规格为 1200mm×4.18mm，试验结果如图 6-35 所示，也得出同样的结论。

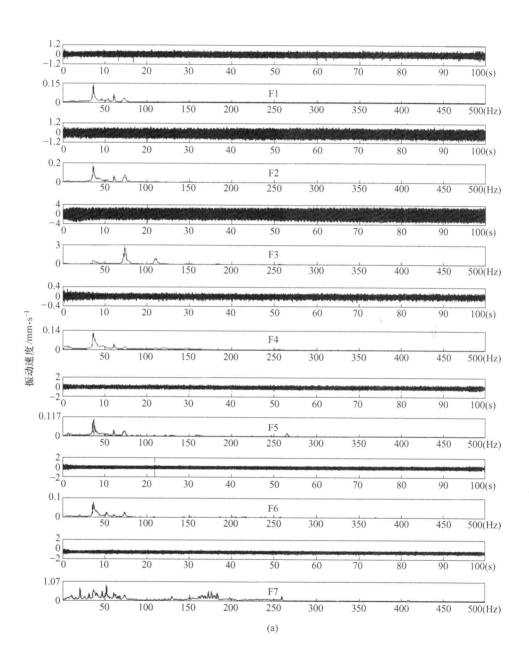

(a)

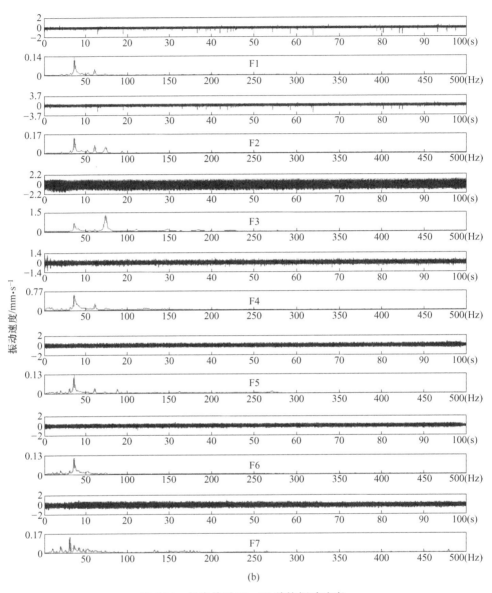

(b)

图 6-33 扒皮前后 F1~F7 牌坊振动速度

(a) 扒皮前；（b）扒皮后

表 6-3 连铸坯扒皮前后 F1~F7 轧机牌坊垂振速度统计表 （mm/s）

机架序号	F1	F2	F3	F4	F5	F6	F7
扒皮前振动有效值的平均值	0.1682	0.3148	1.6338	0.3298	0.2194	0.2664	0.2246
扒皮后振动有效值的平均值	0.179	0.2167	0.802	0.2598	0.174	0.1843	0.2188

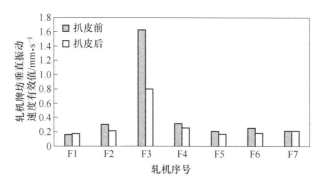

图 6-34 连铸坯扒皮前后 F1~F7 轧机振动统计图

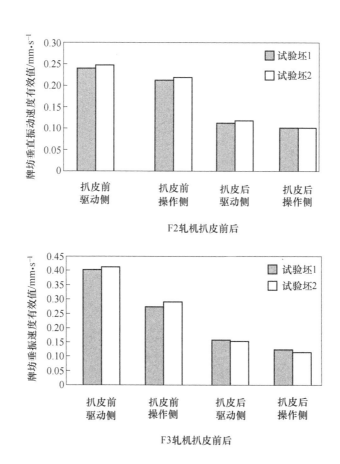

图 6-35 连铸坯扒皮前后 1580 热连轧 F2 和 F3 轧机牌坊垂直振动速度对比

6.4.3 水口插入深度试验

连铸机浇铸过程中，中间包水口插入到结晶器钢液中，为了提高水口的寿命，水口插入到结晶器液面下的深度要按照一定的规程进行。为了了解水口插入深度对轧机振动的影响，进行了现场试验。

跟踪了一个浇次过程所有连铸坯在某 1580 热连轧轧制 SPHC3.0mm 时轧机振动状态，利用轧机振动在线监测系统进行了跟踪监测，振动信号如图 6-36 所示，统计数据见表 6-4。

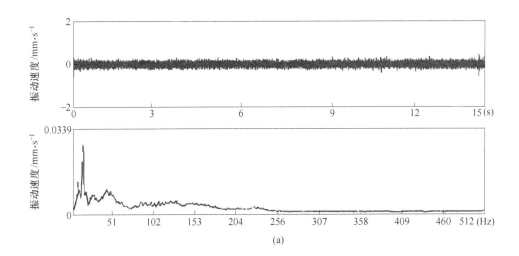

(a)

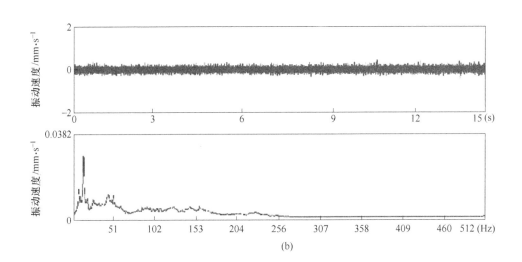

(b)

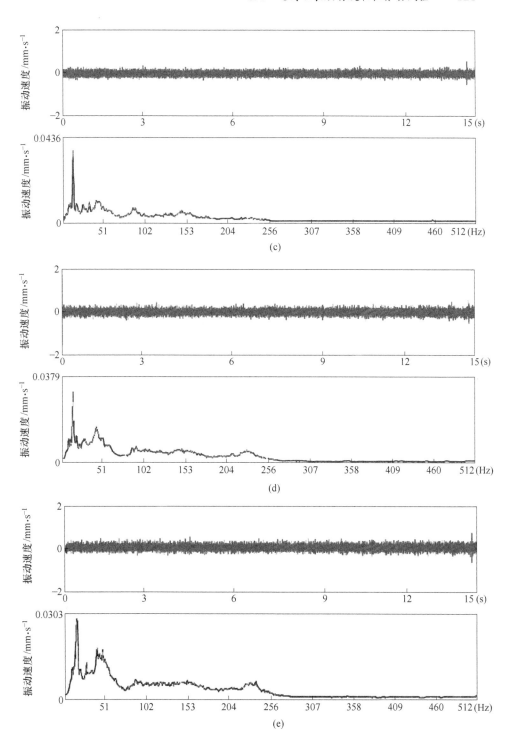

(c)

(d)

(e)

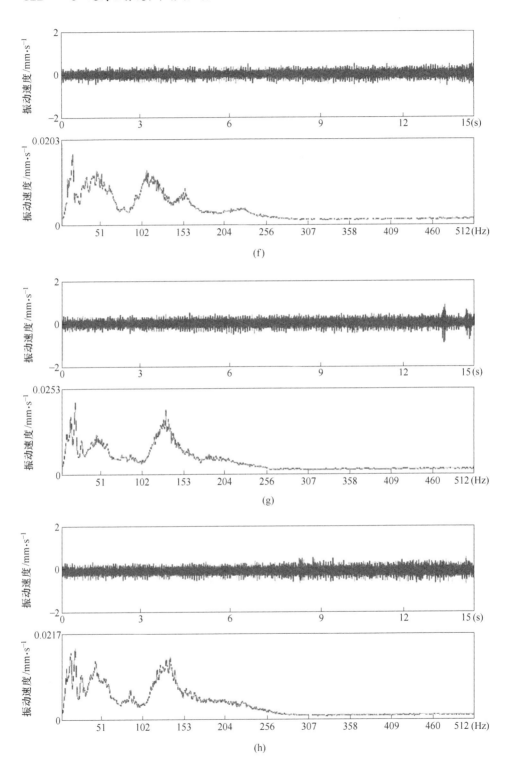

(f)

(g)

(h)

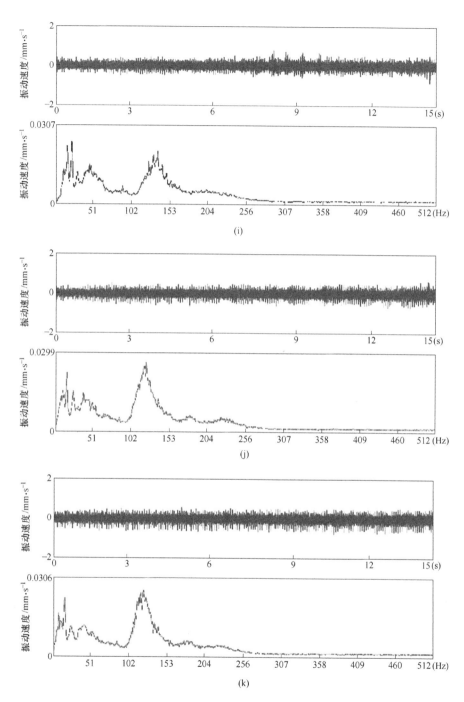

图 6-36 F3 轧机垂振与水口插入深度关系

(a) 190mm; (b) 185mm; (c) 180mm; (d) 175mm; (e) 170mm; (f) 165mm;

(g) 160mm; (h) 155mm; (i) 150mm; (j) 145mm; (k) 140mm

表 6-4　1580 热连轧 F3 轧机振动与水口插入深度关系统计

连铸坯序号	带钢成品厚度/mm	水口插入深度/mm	牌坊振动速度有效值/mm·s⁻¹
1		190	0.072
2		185	0.073
3		180	0.074
4		175	0.087
5		170	0.089
6	3.0	165	0.093
7		160	0.106
8		155	0.109
9		150	0.117
10		145	0.120
11		140	0.126

将表 6-4 制成图 6-37，可以明显看出，随着水口插入深度的降低，F3 轧机牌坊垂振速度逐渐降低，轧机振动得到一定程度的缓解。说明水口插入深度的变化对结晶器内钢液流场和液面波动有一定影响，导致连铸坯表层也发生了变化，最终在轧制过程使轧机振动发生变化。

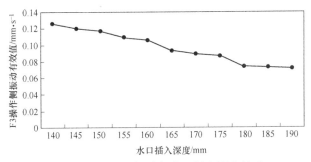

图 6-37　F3 轧机振动与水口插入深度关系

6.4.4　中间包振动试验研究

经过现场对中间包垂直振动速度测试，发现振动具有一定的规律，一般按照固有频率振动。为此，若改变其振动频率，需要修改中间包结构质量或改变支撑刚度，但费用高、周期长。若在较小范围改变固有频率，可通过改变中间包内钢液的液面高度来实现。

例如对某 1580 热连轧机配套的连铸机，在浇铸 Q235B 材质时，拉坯速度 0.9m/s、结晶器振动频率 126 次/min。从开浇到正常拉速生产过程中，中间包内钢液液位不断升高，最后达到所设定的高度并保持动态稳定状态，对中间包的这个过程振动频率进行了测试，其垂振速度信号如图 6-38 所示。

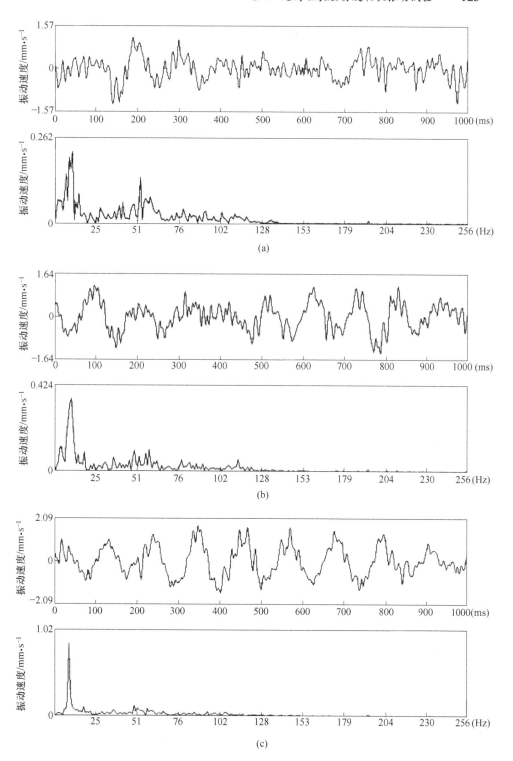

(a)

(b)

(c)

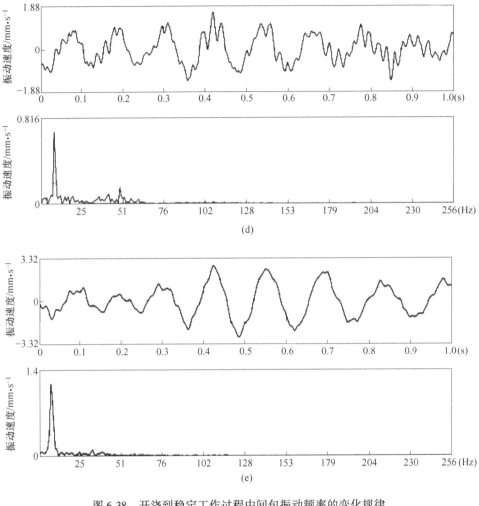

图 6-38   开浇到稳定工作过程中间包振动频率的变化规律
(a) 11Hz; (b) 10Hz; (c) 9Hz; (d) 8Hz; (e) 7Hz

从图中可以看出，中间包垂振频率从开浇时的 11Hz 一直降低到稳定浇铸时的 7Hz，降低了 4Hz，与 6.3.3 节中间包谐响应仿真结果相吻合。

6.4.5   塞棒调节控制试验研究

为了评定塞棒控制器参数对塞棒振动状态影响，在某 1580 热连轧配套的 2 号连铸机 3 流上进行 7 号和 10 号振动曲线试验。使用 7 号曲线时，塞棒、结晶器和中间包的典型振动（$P=5$、$t=2ms$）如图 6-39 所示。

将塞棒的调器 P 值由 5 降一半调整至 2.5，t 值为原值 2ms，结果如图 6-40所示。

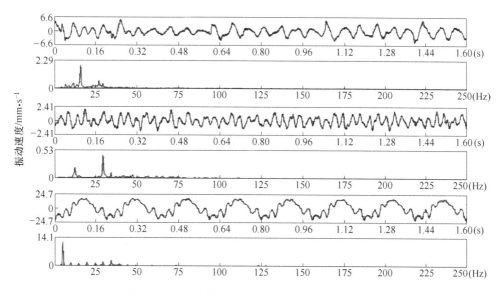

图 6-39　7 号曲线 $P=5$ 和 $t=2$ms 连铸机原始振动

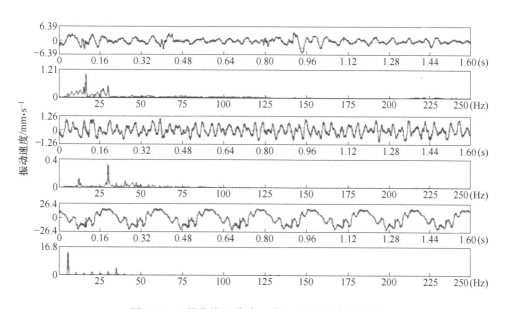

图 6-40　7 号曲线 P 值降一半和 t 不变连铸机振动

P 值由 2.5 调回原值 5，t 值增一倍调整至 4ms，结果如图 6-41 所示。

使用 10 号新振动曲线条件下，塞棒、中间包和结晶器振动如图 6-42 所示。

10 号振动曲线条件下 P 值由 5 降一半调整至 2.5，t 值为原值 2ms，结果如图 6-43 所示。

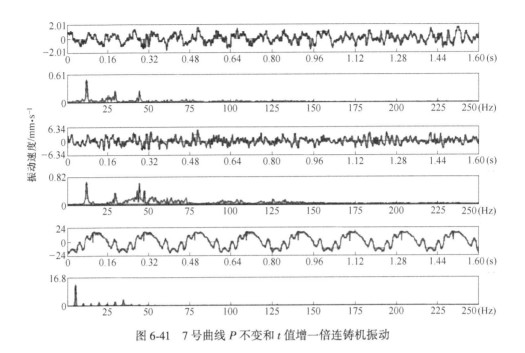

图 6-41 7 号曲线 P 不变和 t 值增一倍连铸机振动

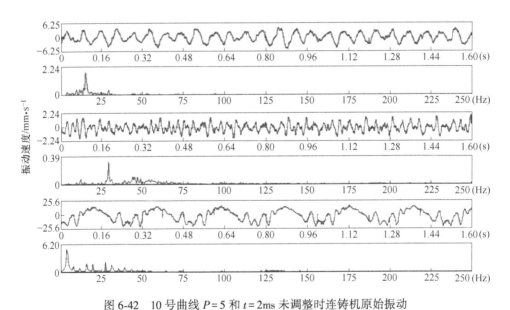

图 6-42 10 号曲线 $P=5$ 和 $t=2$ms 未调整时连铸机原始振动

10 号新振动曲线条件下 P 值由 2.5 调回原值 5，t 值增一倍调整至 4ms，结果如图 6-44 所示。

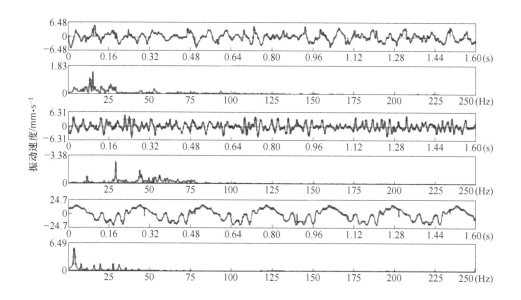

图 6-43 10 号曲线 P 降一半和 t 不变连铸机振动

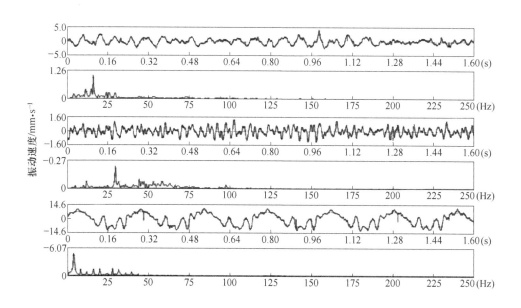

图 6-44 10 号曲线 P 不变 t 值增一倍连铸机振动

将图 6-39~图 6-44 数据进行统计，见表 6-5~表 6-7。

表 6-5 塞棒振动变化情况

曲线及调节器参数	优势频率/Hz	幅值/mm·s^{-1}	备 注
7 号曲线，$P=5$，$t=2ms$	16.25	2.29	未调整
10 号曲线，$P=5$，$t=2ms$	15.625	2.24	未调整
7 号曲线，$P=2.5$，$t=2ms$	16.25	1.21	调整 P 值
10 号曲线，$P=2.5$，$t=2ms$	15.625	1.53	调整 P 值
7 号曲线，$P=5.0$，$t=4ms$	11.875	0.84	调整 t 值
10 号曲线，$P=5.0$，$t=4ms$	10.923	1.31	调整 t 值

表 6-6 中间包振动变化情况

曲线及调节器参数	优势频率/Hz	幅值/mm·s^{-1}	备 注
7 号曲线，$P=5$，$t=2ms$	30	0.538	未调整
10 号曲线，$P=5$，$t=2ms$	30	0.396	未调整
7 号曲线，$P=2.5$，$t=2ms$	30	0.463	调整 P 值
10 号曲线，$P=2.5$，$t=2ms$	30	0.304	调整 P 值
7 号曲线，$P=5.0$，$t=4ms$	11.875	0.619	调整 t 值
10 号曲线，$P=5.0$，$t=4ms$	10.923	0.276	调整 t 值

表 6-7 结晶器振动变化情况

曲线及调节器参数	优势频率/Hz	幅值/mm·s^{-1}	备 注
7 号曲线，$P=5$，$t=2ms$	5	16.8	未调整
10 号曲线，$P=5$，$t=2ms$	3.75	6.2	未调整
7 号曲线，$P=2.5$，$t=2ms$	5	16.8	调整 P 值
10 号曲线，$P=2.5$，$t=2ms$	3.75	6.49	调整 P 值
7 号曲线，$P=5.0$，$t=4ms$	5	16.8	调整 t 值
10 号曲线，$P=5.0$，$t=5ms$	3.75	6.57	调整 t 值

为了清晰起见，将表 6-5 进行柱形图分析。

（1）调整 P 值频域峰值，对比结果如图 6-45～图 6-47 所示。

由图中可以看出：P 值由原值 5 降为 2.5 之后，分别使用 7 号曲线和 10 号曲线时，塞棒和中间包振动呈现不同程度的下降，但结晶器振动基本不变。

（2）调整 t 值（$P=5$）时域有效值对比结果如图 6-48~图 6-50 所示。

由图 6-48~图 6-50 可以看出：t 值由原值 2ms 升为 4ms 之后，分别使用 7 号曲线和 10 号曲线时塞棒和中间包振动呈现不同程度的下降，而结晶器振动也几乎不变。

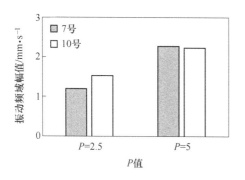

图 6-45　塞棒振动频域峰值对比

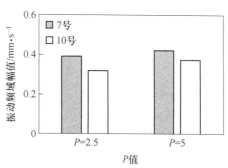

图 6-46　中间包振动频域峰值对比

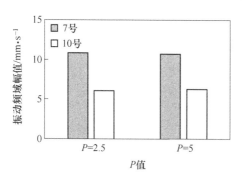

图 6-47　结晶器振动频域峰值对比

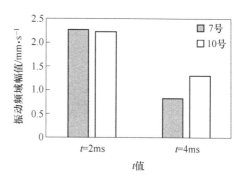

图 6-48　塞棒振动频域峰值对比

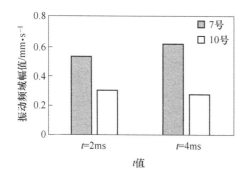

图 6-49　中间包振动频域峰值对比

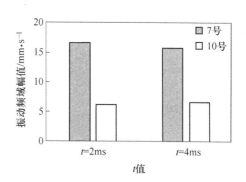

图 6-50　结晶器振动频域峰值对比

（3）结晶器液面数据对比如图 6-51 和图 6-52 所示。

调整 P 和 t 值时，利用现场 ibaPDA 过程检测系统获得液面波动幅值。从图中可以看出 P 和 t 值调整前后，分别使用 7 号和 10 号曲线液面波动幅值未出现明显变化。

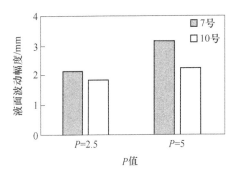
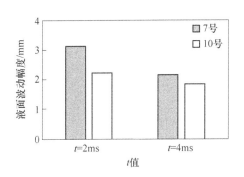

图 6-51　调整 P 值（$t=2$ms）液面波动幅度对比　　图 6-52　调整 t 值（$P=5$）液面波动幅值对比

综上所述，P 值由原值 5 调为 2.5 后，使用 7 号和 10 号曲线时塞棒、中间包振动均呈下降趋势，结晶器的振动基本不变。t 值由原值 2ms 调为 4ms，结论同上。

因此，应用 $P=2.5$、$t=4$ms 时，塞棒和中间包振动都变小，液面波动幅值也有所降低。

为了验证这一结论，在另外一台连铸机也做了同样的试验，结果略有不同。因此参数调节是否合适，需要通过试验获得最佳值。

6.4.6　板坯表层状态诱发轧机振动研究

板坯表层状态由多参数影响因素生成的，例如钢水材质、液面波动、结晶器冷却参数、结晶器振动、中间包自振、塞棒控制、拉坯振动、保护渣性能、水口·结构及深度、吹氩参数和二冷区冷却状态等有关。

若将板坯表层状态比喻成"路"，轧机比喻成"车"，那么车的振动即与车本身减振性能有关，也与路有密切关系。因此，为了使车上的人乘坐舒适，买价格高减振好的车和上高速公路上行驶成为最佳的选择，这是最朴素的理解。当然轧机由于牌坊的存在和系统的差别，其振动远比车的振动更加复杂。

为了验证板坯表层质量对热连轧机振动的影响进行了试验。选择材质为 SPA-H 板坯扒皮 2mm 后，使用硬度计测量扒皮前和扒皮后连铸坯表层硬度见表 6-8、图 6-53 和图 6-54 所示。

表 6-8 铸坯扒皮前后表层硬度测量结果

测试间距 /mm	第 1 次测量		第 2 次测量	
	扒皮前硬度（HBS）	扒皮后硬度（HBS）	扒皮前硬度（HBS）	扒皮后硬度（HBS）
0	42.9	33.1	43.1	35.2
4	32.0	30.4	44.3	35.2
8	30.4	36.2	40.8	33.1
12	43.4	35.9	32.7	36.2
16	30.3	30.8	30.2	34.6
20	31.3	38.9	42.5	34.3
24	32.2	30.4	35.3	30.9
28	41.7	36.0	39.3	37.4
32	36.6	31.6	30.9	38.5
36	42.5	36.5	31.1	33.5
40	32.4	36.0	35.4	31.8
44	33.2	34.9	41.5	35.0
48	35.5	36.1	35.1	32.1
52	34.3	33.1	40.9	34.3
56	39.2	34.1	35.8	30.6
60	39.9	33.1	43.8	36.2
64	40.3	31.3	39.4	34.9
68	37.3	37.1	32.7	35.2
72	41.8	36.1	48.6	34.3
76	39.4	32.1	30.4	35.9
80	32.8	32.2	41.6	32.1
84	31.6	31.1	40.3	35.9
88	41.4	33.2	41.2	32
92	36.0	35.8	39	35
96	38.1	34.2	40	31
平均值	36.66	34.01	38.24	34.21
降低值		降低 7.23%		10.54%

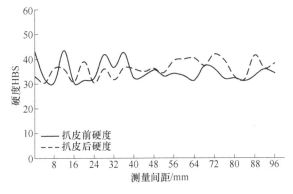

图 6-53　连铸坯扒皮前后硬度波动对比试验 1　　　扫一扫查看彩图

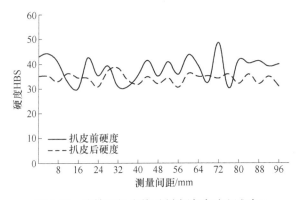

图 6-54　连铸坯扒皮前后硬度波动对比试验 2　　　扫一扫查看彩图

从图 6-53 和图 6-54 中可见，扒皮 2mm 后的平均硬度低于没有扒皮的平均硬度，而且扒皮后硬度波动减小。由此可见：连铸坯经过扒皮降低了平均硬度和硬度波动值。扒皮深度越深，硬度波动逐渐降低。

将扒皮前和扒皮后的连铸坯经过加热炉送到 1580 热连轧机进行振动比较（成品 1200mm×2.0mm）。连铸坯未扒皮前 F3 轧机牌坊垂直振动速度典型波形如图 6-55 所示，其振动主频为 60Hz。连铸坯扒皮 2mm 后 F3 轧机牌坊垂直振动速度典型波形如图 6-56 所示。

从图中可以看出，连铸坯扒皮后，F3 轧机牌坊垂振得到缓解，说明板坯表层对轧机振动影响很大。进一步分析，连铸坯表层状态对轧机振动影响可以从表层形貌和表层硬度两方面来解释。表层形貌从宏观上看振痕比较明显，振痕间距主要由结晶器振动频率决定，其深度还受到材质收缩率、结晶器冷却强度、钢液表面波动和水口插入深度等影响。而硬度波动通过检测发现在振痕波峰较大、波谷处偏小，进一步从金相组织上看，波峰处组织致密、波谷处组织疏松，从而验证了硬度波动的原因。硬度波动和厚度波动相位有时比较接近，有时也有较小差别。因此，可以近似理解为厚度波动和硬度波动重合并叠加。送到轧机轧制，由于厚度波动和硬度波动导致轧制力微小波动，一般为总轧制力的 0.5%~2%，若轧制力波动的频率与轧机某固有频率吻合，将使振动放大，主传动电机和液压压下提供振动能量并进一步放大，因此连铸坯表层性能波动成为诱发轧机振动最主要的根源。

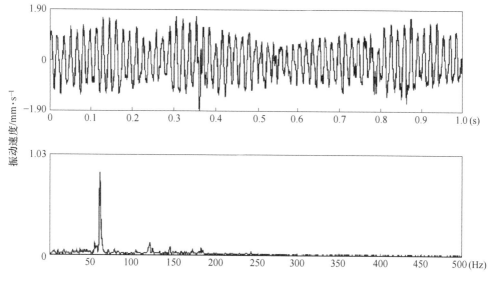

图 6-55 扒皮前 F3 轧机牌坊典型垂振速度

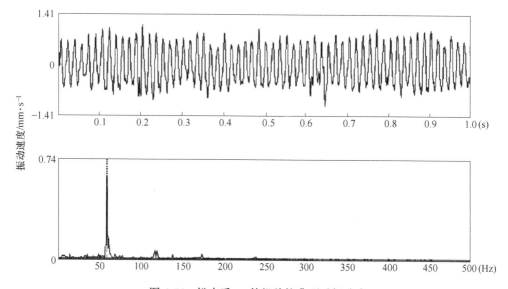

图 6-56 扒皮后 F3 轧机牌坊典型垂振速度

6.5 本 章 小 结

通过对连铸坯扒皮（2mm）试验获得了可使轧机振动降低的结论。从宏观上看，连铸坯扒皮后表面状态发生了变化，扒掉了表层振痕（激冷层的一部分），对轧机的激励也随之改变。扒皮后连铸坯表面硬度的波动也降低，轧制时轧机表现轧制力波动幅度下降，进而对轧机的激励变小，使轧机振动得到改善。因此，得出连铸坯表层状态是诱发热连轧机振动最主要的根源，其中理论研究正在进一步深化。

7 热连轧机机电液界耦合振动研究

轧机振动早期致力于单因素研究，随着轧机装备的复杂性越来越高，轧机振动表现出多种耦合振动状态。因此，许多专家和学者及工程技术人员研究轧机振动的方向也朝着多参数、强耦合和非线性展开，成为轧机研究的重点和难点。

由于高强薄带钢的需求和产量骤增，轧机振动变大，导致带钢表面出现振痕已成为当今薄带钢表面质量的突出问题。同时轧辊振痕的出现，又加剧轧机的振动，严重影响轧机生产的安全性和稳定性。从而进一步加大轧机的动载，而轧机动载的加大又进一步引起带钢表面质量变差。作者将轧机和连铸坯耦合概念引入到轧机振动研究中是一个多学科相互交叉的动力学问题，具有重要的理论意义和工程实用价值。

现场试验研究发现：随着轧制速度的变化，轧机振动会出现峰值和耦合振动现象。说明轧制速度的变化激励轧机的频率也在变化。当激励频率与多自由度轧机系统的某阶固有频率吻合时，轧机系统会产生强烈振动。一般情况下，随着轧制速度的提高，轧机的稳定性也变差。

机电液界耦合动力学的研究已取得了一些成果，其研究方法和研究思路有很大的启发和借鉴作用。如何把符合实际振动状况的轧机模型与带钢模型有机结合起来，是一个充满挑战而且亟待解决的难题。

本书课题组经过 15 年承担 25 套轧机机组振动研究，认识和总结出轧机振动的机制如图 7-1 所示。传统的研究内容主要集中在求解轧机固有频率、减小机械磨损间隙、改变轧制规程、调整辊缝润滑、提高磨辊精度和频繁换辊等。实际上，热连轧机在轧制连铸坯时，由于连铸坯厚度和硬度波动激励轧机产生微小振动，经过主传动转速波动反馈控制将振动放大，同理厚度波动也经过液压压下控制系统反馈得到放大，此时耦合振动频率与轧机某阶固有频率吻合时将产生更强烈的振动。

由此，也给我们启示，轧机振动可以从振动能量角度进行研究与控制，即控制主传动电机和液压压下系统对振动不提供能量或少提供能量，这样振动就会消失或消减。基于此，可以提出和寻找抑制轧机振动的手段及途径。

由于轧机装备的复杂性，建立全局模型十分困难，在现有仿真软件和技术条件下，只能拆解成垂扭耦合振动、机电耦合振动、弯扭耦合振动、液机耦合振动和界面耦合振动等来进行探讨和分析，期望从理论上解释轧机振动一些现象。

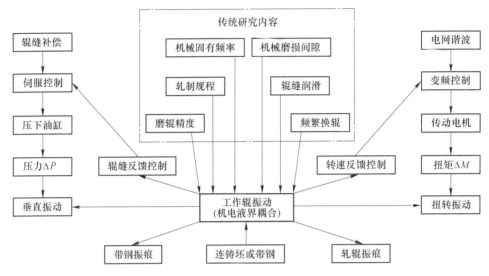

图 7-1 轧机机电液界多态耦合振动机制示意图

7.1 轧机垂扭耦合振动研究

随着轧机振动的形式日趋复杂和多样化，对轧机振动的研究也越来越深入，发现热连轧机这样一个复杂的机电液系统，其振动是以扭振为主的多种振动耦合结果。

7.1.1 轧机垂扭耦合振动现象

经过大量现场测试，捕捉到了轧机发生异常振动时的数据，其扭矩波形出现了明显"葫芦"状的拍振现象（见图 7-2），通过频谱分析得知某 CSP 轧机 F3 机架主传动系统扭振中心频率主要集中在 42.5Hz，同时也发现垂直系统也含有 42.75Hz 的振动信号（见图 7-3）。因此，轧机在发生扭振的同时，垂直系统也有明显的振动现象，似乎扭振与垂振存在某种耦合关系。因此，利用仿真手段模拟这一过程以解释轧机振动现象。

7.1.2 垂扭耦合振动仿真研究

为了分析扭振对垂直振动的影响，首先利用 ANSYS 软件建立某 CSP 轧机振动严重的 F3 机架有限元模型，如图 7-4 所示。

为了研究扭振对于垂振的影响，首先在电机侧施加激振扭矩，其值依据现场

测试可近似为

$$M = M_0 + \Delta M \sin 2\pi f t \tag{7-1}$$

式中 M_0——扭矩稳定值；

　　　　ΔM——扭振幅值；

　　　　f——激励频率。

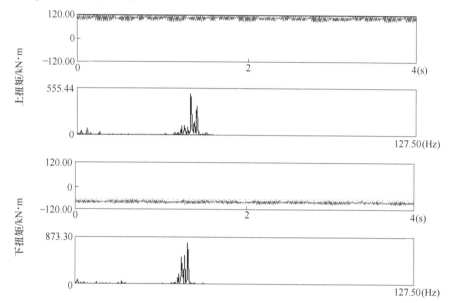

图 7-2　主传动上下接轴扭矩

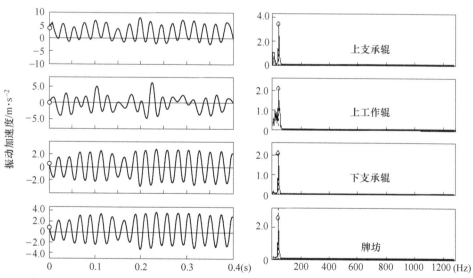

图 7-3　辊系和牌坊垂直振动

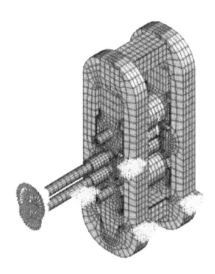

图 7-4　F3 轧机有限元模型

然后，研究在该激振扭矩作用下辊系轴承座的垂振响应。利用 ANSYS 中的谐响应分析模块求得辊系轴承座的幅频特性曲线。分别对 40.25Hz、40.5Hz、40.75Hz、41Hz、41.25Hz、41.5Hz、41.75Hz、42Hz、42.25Hz、42.5Hz、42.75Hz、43Hz、43.25Hz、43.5Hz、43.75Hz 和 44Hz 16 个激振频率求解辊系轴承座垂直谐响应结果，如图 7-5~图 7-8 所示。

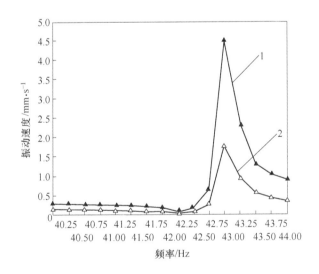

图 7-5　下支撑辊幅频特性曲线
1—水平方向；2—垂直方向

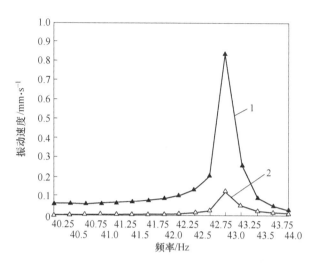

图 7-6 上支撑辊幅频特性曲线
1—水平方向；2—垂直方向

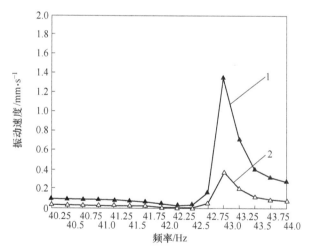

图 7-7 下工作辊幅频特性曲线
1—水平方向；2—垂直方向

从幅频特性曲线可以看出，辊系对不同频率的激振扭矩产生了不同的响应，水平方向明显比垂直方向大一些，但在 42.75Hz 都出现了峰值。因此，当扭矩的激振力频率在 42.75Hz 附近的时候就会激发起辊系水平和垂直方向较大振动，出现了垂扭耦合振动现象。

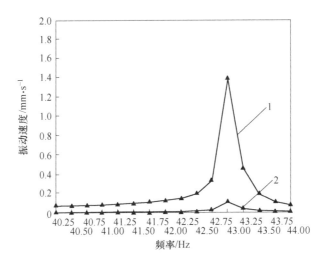

图 7-8　上工作辊幅频特性曲线

1—水平方向；2—垂直方向

7.2　轧机机电耦合振动研究

轧机主传动机电耦合主要有直接耦合、谐波耦合和控制耦合等。主传动电机主回路电流谐波诱发的主动扭振，经过转速反馈回路进入变频控制系统，通过调节器放大后再作用于主传动系统。现场测试发现，它对主传动的影响比谐波电流直接耦合产生的影响还要大。

利用自行研制的扭矩遥测系统获得轧机主传动扭振波形及频谱中普遍存在典型的强或弱两种振动特征。同时发现轧机在轧制过程中电机电流和扭矩存在谐波成分，当谐波频率与传动系统某固有频率接近时将诱发较大的振动。研究表明：随着谐波激励特征的变化，主传动扭振呈现多态变化及耦合振动现象。

7.2.1　轧机机电耦合振动现象

某 CSP 轧机 F3 机架典型较弱的扭振如图 7-9（a）所示，振动中心频率为 41.5Hz，同时含有 18Hz 及 49.5Hz 的频率，同一时刻主传动电机电流及轧制力主频也有 49.6Hz，如图 7-9（b）所示。另外一种典型较强烈的拍振中心频率也为 41.5Hz，如图 7-10（a）所示，同一时刻电机电流及轧制力主频都为 41.9Hz，如图 7-10（b）所示。初步认为：主传动扭振现象与主传动两端的激励频率紧密相关。为了说明这一现象，试图用仿真分析来解释。

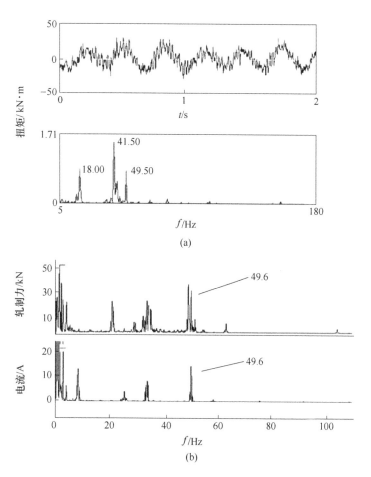

图 7-9 弱耦合时信号特征

（a）F3 主传动扭矩；（b）F3 电流和轧制力

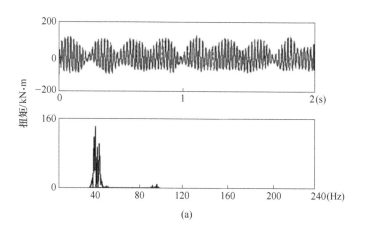

（a）

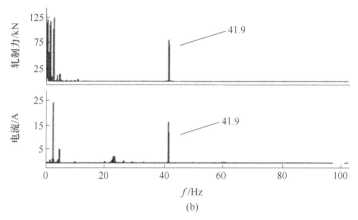

图 7-10　强耦合时信号特征

（a）F3 主传动扭矩；（b）F3 电流和轧制力

7.2.2　电流谐波与主传动机械系统耦合振动机制

针对某 CSP 轧机 F3 的交-交变频供电系统，利用 Matlab/Simulink 中 SimPower-Systems 模块建立三相交流输入、单相交流输出的交-交变频模型，如图 7-11 所示。模型中两组三相桥式整流正组和逆组反并联连接，两个触发模块触发脉冲 1 和触发脉冲 2 的同步信号来自同步变压器。模型中两组三相桥采用逻辑无环流控制方式，逻辑控制器的输出信号分别连接触发器的 block 端，逻辑控制器根据给定信号和实际反馈电流信号极性确定两组整流器的工作状态。给定信号经绝对值变换和移相控制后连接触发器的 alpha-deg 端，改变正弦交流给定信号的频率和幅值，

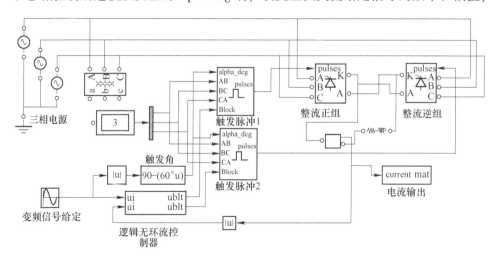

图 7-11　单相交-交变频器模型

交-交变频器的输出电流频率和幅值作相应的变化。这里根据现场轧制速度选取变频器输出频率为 7Hz 进行仿真，输出电流波形如图 7-12 所示。可见在输出电流频谱中除基频以外还产生谐波分量。

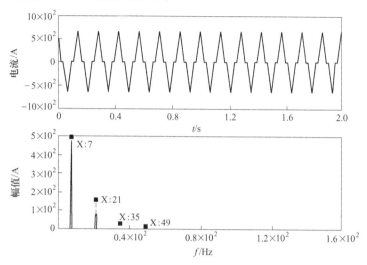

图 7-12　变频器输出电流波形及频谱

为了分析含谐波分量的输出电流通过同步电机的磁场耦合会产生怎样的电机输出力矩，依据现场提供的资料，建立了三相交-交变频器和电动机联合模型如图 7-13 所示，电机采用电励磁凸极同步电动机，三组交-交变频分别给同步电机

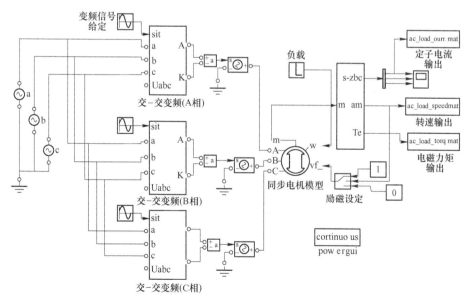

图 7-13　三相变频器与电动机联合模型

的三相供电，根据国外供应商提供的参数，仿真输出的电机定子电流和电磁力矩波形如图 7-14 和图 7-15 所示。

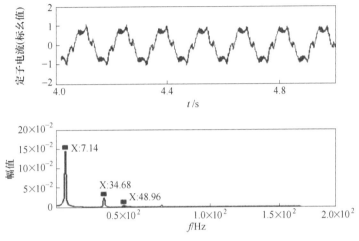

图 7-14　定子电流波形和频谱图

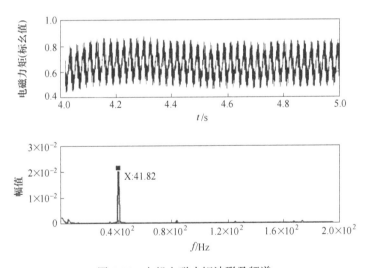

图 7-15　电机电磁力矩波形及频谱

从仿真波形上看出电动机在交-交变频器控制运行时的定子电流除基频 7Hz（由工作辊转速决定）外还有 35Hz（5 次）和 49Hz（7 次）谐波分量，电磁力矩信号中含有 42Hz 频率。初步确定变频谐波是产生电动机输出轴扭振波动的一个主要原因。实际上当谐波电流流过定子线圈绕组时，在绕组内感应出交变的磁势，三相绕组流过三相交流电就会在电动机磁场空间产生相同频率的谐波磁势，5 次负序谐波电流在空间产生反向的旋转磁势，相对于同步电动机基波磁场的旋

转频率为 $-6f = -5f - f$，f 为同步电机磁场旋转频率，即同步电机的工作转频。7 次正序谐波电流在空间产生与基波磁场同向磁势，其旋转频率相对于基波磁场为 $6f = 7f - f$。由此可见 5 次和 7 次谐波电流在同步电动机中相对于基波磁场的旋转频率相同。当其和转子基波磁场作用就会产生 6 倍基频（42Hz）的电磁转矩，只是两者方向相反。这一谐波转矩叠加在同步电动机基波磁场产生的稳态转矩之上就造成了电动机输出扭振，图 7-15 中频率 42Hz 恰好为变频器输出基频 7Hz 的 6 倍，因此它可能是由变频谐波电流和电动机基波磁场作用产生的谐波扭振频率。

可以推测如果这一谐波频率和轧机主传动机械系统某阶固有频率耦合会诱发强烈振动。也就是说谐波力矩频率越靠近主传动机械系统某阶固有频率，耦合振动越强，远离固有频率，振动就会减弱。因此，改变激振频率远离固有频率，可消减轧机振动。

7.2.3 轧制力谐波与主传动机械系统耦合振动机制

轧机液压压下系统是一个控制模型复杂、轧制力高、扰动参数众多、控制精度高和响应速度快的系统，它的主要功能是在一定轧制力下来控制带钢纵向的厚度。由于液压压下电液伺服阀本身的非线性特征，使得系统响应含有谐波分量。根据某 CSP 轧机压下液压缸及伺服阀等相关参数建立液压压下系统模型，如图 7-16 所示。图中伺服阀采用喷嘴挡板式二级控制电液伺服阀，通过它驱动轧机压下液压缸，压下缸活塞杆和轧机牌坊横梁固定在一起，液压缸底座直接作用在轧机支撑辊轴承座上，轧机辊系以等效质量、刚度及阻尼代替。改变伺服阀的信号给定，在液压压力的作用下，液压缸输出的作用力来改变轧机辊缝大小，达到调节带钢厚度的目的。假设 F3 轧机液压压下调节频率为 6Hz（现场测试热连轧机液压压下调节频率一般为 5~7Hz），仿真获得液压缸作用力（轧制力）波形及频谱如图 7-17 所示，从图中可以看出除 6Hz 以外，还含有因系统非线性产生的谐波分量。理论和实测表明轧制力的变化会引起主传动系统扭矩的同频变化。在轧制过程中，由于液压压下的非线性变化产生的谐波分量通过轧制界面耦合到主传动扭矩中，从传动系统的扭矩波形看：电动机在交-交变频器控制运行时的定子电流，除基频 7Hz 外还有 35Hz（5 次）和 49Hz（7 次）谐波分量，电磁力矩信号中含有 42Hz 扭振频率与主传动机械某固有频率相近的谐波分量，诱发了轧机传动系统的机电耦合振动，远离系统某阶固有频率，振动就会消减。

7.2.4 电流谐波和轧制力谐波协同诱发多态耦合振动机制

为了同时研究电流谐波和轧制力谐波对主传动扭振的影响，通过 Matlab/Simulink 中的 Simscape 相关模块构建某 CSP 轧机 F3 机架主传动模型，如图 7-18

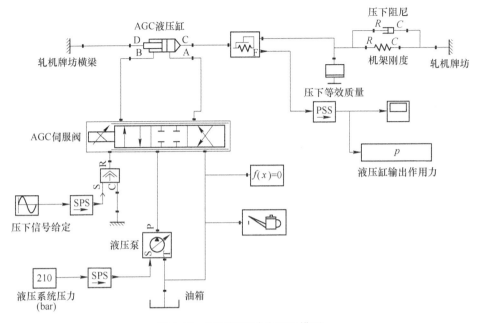

图 7-16   伺服阀驱动液压缸模型

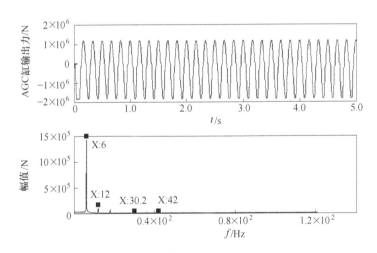

图 7-17   液压缸输出力波形及频谱

所示。在轧制过程中，随着轧制速度的变化，主传动电机电流谐波频率和轧制力谐波也会发生相应变化，这里分别以 49Hz 和 42Hz 两种特定谐波激励来进行研究。通常情况下，轧制同种材质轧机轧制力增加，意味着轧制扭矩增加，相应的轧机传动电机的电流也会增加，由上述的耦合机制可知：电流和轧制力谐波最终通过工作辊耦合在一起。

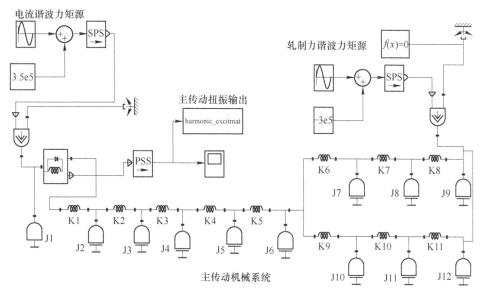

图 7-18 传动系统谐波激励仿真模型

J1—电机的转动惯量；J2—联轴器的转动惯量；J3—减速机齿轮副转动惯量；J4—减速机中间轴转动惯量；
J5—齿轮座中间轴端转动惯量；J6—齿轮座齿轮副转动惯量；J7, J8, J10, J11—万向接轴转动惯量；
J9, J12—轧辊的转动惯量（含工作辊和支撑辊）；K1—电机输出轴的扭转刚度；K2—减速机输入轴
的扭转刚度；K3—减速机输出轴的扭转刚度；K4—中间轴的扭转刚度；K5—齿轮座输入轴的扭转刚度；
K6, K9—齿轮输出轴的扭转刚度；K7, K10—万向接轴扭转刚度；K8, K11—工作辊与扁头之间扭转刚度。

7.2.4.1 谐波频率远离固有频率时现象

为了模拟现场测试结果，建立模型如图 7-18 所示，设两个谐波信号频率都为 49Hz，将主传动电机电流谐波扭矩和轧制力产生的谐波扭矩按照测试的实际值作为两个激励源施加在主传动系统上，仿真结果如图 7-19 所示。

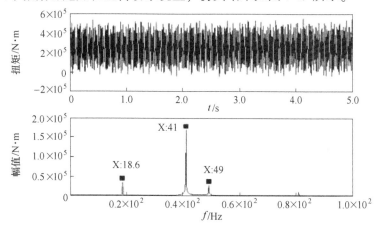

图 7-19 主传动轴扭振仿真输出波形及频谱

7.2.4.2 谐波频率接近固有频率振动现象

参考现场测试参数值，设定两个谐波源激励频率为42Hz，同样将主传动电机电流谐波扭矩和轧制力产生的谐波扭矩作为两个激励源施加在主传动系统两端，仿真得到主传动轴扭振响应，如图7-20所示。

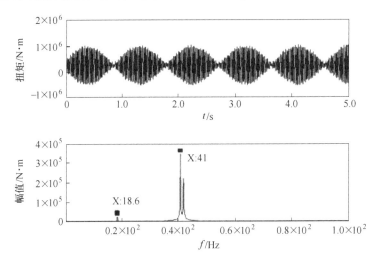

图 7-20   主传动轴扭振仿真输出波形及频谱

从以上分析可见，当传动系统两个谐波激励频率远离主传动系统固有频率时，主传动系统振动较弱，出现了含有一阶和二阶及激励频率的多态耦合振动现象。而当谐波激励频率和机械系统某固有频率相近，主传动系统将发生强烈振动，仿真得到的结论与现场实际测试结果相吻合。

综上所述，轧机主传动系统同时承受电流谐波产生的电磁扭矩谐波和液压压下谐波产生的轧制力生成的谐波扭矩同时激励下，主传动系统呈现多态耦合振动特征。主传动系统的多态耦合振动特征主要取决于谐波源的激励频率。在实际生产中，随着轧制速度的变化，两种谐波源的频率也跟随发生变化，在不同工况下会呈现强耦合和弱耦合状态。因此，抑制轧机振动可以从抑制谐波角度来开展工作，将强耦合状态降低到弱耦合状态，可以大大降低振动能量和振动现象。

7.3   轧机弯扭耦合振动研究

轧机主传动系统主要振动形式是扭转振动。许多学者对扭振做了大量的研究工作，取得了一些成果，但涉及弯曲振动的研究却很少。随着研究轧机振动理论的不断深入和轧机出现的多种振动现象，研究扭转振动和弯曲振动的耦合成为解释轧机振动现象的重要任务之一。事实上，由于万向接轴跨度较大，而且存在倾角使这两种振动在一定的条件下同时存在并且相互耦合，呈现出复杂的动力学特性。因此，从弯扭耦合的角度来研究万向接轴的振动，对认识轧机的振动现象和了解其振动规律具有重要意义。

7.3.1 轧机弯扭耦合振动现象

利用遥测系统对某 CSP 轧机 F3 的上下万向接轴的扭矩和弯矩进行测试，如图 7-21 所示，测试结果如图 7-22 和图 7-23 所示。从图中可以看出：咬钢后轧机

图 7-21   CSP 轧机 F3 上下万向接轴扭矩和弯矩测试   扫一扫查看彩图

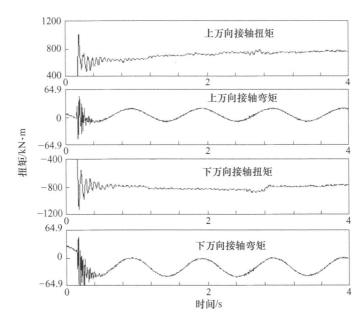

图 7-22   F3 轧机咬钢和正常轧制时，弯矩和扭矩波形

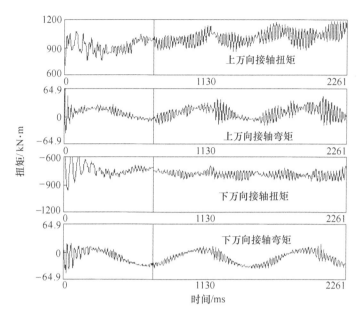

图 7-23　F3 轧机咬钢和振动时，弯矩和扭矩波形

没有产生振动时，上下接轴扭矩波形都比较平滑，波动较小。弯矩波形反映了万向接轴重力所产生的弯矩，转一周一次，呈现比较规则的简谐波；当轧机出现振动时，上下万向接轴的弯矩和扭矩均有明显的变化，波动幅度很大并呈现拍振现象。此时弯矩的频率不再单一，包括形状波频率和细节波频率两部分。经过频谱分析，上、下万向接轴的扭振频率和弯振频率一致，说明具有耦合振动关系，下面从理论上给予解释。

7.3.2　微元轴段扭振微分方程

对万向接轴按一般微元轴段处理，考虑质量偏心、自重、接轴倾角以及阻尼的影响，建立弯扭耦合振动方程。取接轴上任意等直径的微元轴段作为研究对象，建立直角坐标系 $oxyz$，坐标原点取在变形前的微元轴段中心，x 轴与万向接轴未发生弯曲变形时的轴线重合，指向万向接轴一端，y 轴和 z 轴分别沿垂直和水平方向（见图 7-24）。

由于重力作用，微元轴段的几何中心 o' 不再与 x 轴重合（见图 7-25），微元的质量中心在 c 点，与几何中心相距为 e。假设轴为各向同性，支承均为刚性，变形符合平面变形的假设，质量偏心

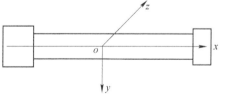

图 7-24　连续分布质量万向接轴坐标系

距 e 相对于轴段是固定的。设轴旋转的角速度为 Ω ，$t=0$ 时刻 $o'c$ 与 y 轴正方向的夹角为 ϕ ，则 t 时 c 点相对于 o' 点的转角为

$$\varphi = \phi + \Omega t + \theta \tag{7-2}$$

式中　θ ——微元轴段的扭转角。

取微元轴段 $\mathrm{d}x$ ，由于万向接轴存在倾角 α ，即它的 x 轴与水平方向、y 轴与竖直方向的夹角均为 α （见图 7-26）。重力作用在万向接轴上为均布载荷，设单位长度上的重力为 $q(x)$ ，通过微元轴段力和力矩的平衡关系来建立弯扭耦合振动微分方程。

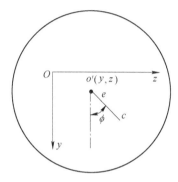

图 7-25　微元轴段横截面示意图

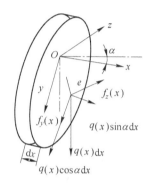

图 7-26　考虑倾角微元轴段的受力图

根据理论力学，刚体对定轴的转动惯量与角加速度的乘积等于作用在刚体上的主动力系对该轴的扭矩。该扭矩包括微元轴段扭矩 M_1 、阻力矩 M_2 以及由重力和偏心所产生的惯性力对应的扭矩 M_3 。各扭矩如图 7-27 所示，其大小计算如下。

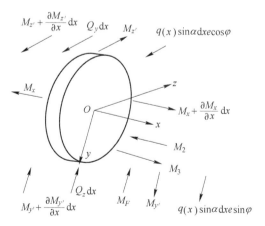

图 7-27　微元轴段所受扭矩

7.3.2.1 微元轴段所受扭矩

$$M_1 = M_x + \frac{\partial M_x}{\partial x}\mathrm{d}x - M_x = \frac{\partial M_x}{\partial x}\mathrm{d}x = GI_P\frac{\partial^2\theta}{\partial x^2}\mathrm{d}x \tag{7-3}$$

式中　M_x——截面扭矩，依据材料力学 $M_x = GI_P\dfrac{\partial\theta}{\partial x}$；

　　　G——材料的剪切模量；

　　　I_P——截面对形心的极惯性矩。

7.3.2.2 微元轴段阻力矩

$$M_2 = c\frac{\partial\varphi}{\partial t}\mathrm{d}x \tag{7-4}$$

式中　c——单位轴向长度旋转阻尼系数。

7.3.2.3 微元轴段重力和惯性力产生的扭矩

由图 7-25 可得质心 c 的坐标为

$$y_c = y + e\cos\varphi \tag{7-5}$$

$$z_c = z + e\sin\varphi \tag{7-6}$$

式中　e——偏心距。

以上两式对时间求一阶导数为

$$\frac{\partial y_c}{\partial t} = \frac{\partial y}{\partial t} - e\frac{\partial\varphi}{\partial t}\sin\varphi \tag{7-7}$$

$$\frac{\partial z_c}{\partial t} = \frac{\partial z}{\partial t} + e\frac{\partial\varphi}{\partial t}\cos\varphi \tag{7-8}$$

求二阶导数可得

$$\frac{\partial^2 y_c}{\partial t^2} = \frac{\partial^2 y}{\partial t^2} - e\frac{\partial^2\varphi}{\partial t^2}\sin\varphi - e\left(\frac{\partial\varphi}{\partial t}\right)^2\cos\varphi \tag{7-9}$$

$$\frac{\partial^2 z_c}{\partial t^2} = \frac{\partial^2 z}{\partial t^2} + e\frac{\partial^2\varphi}{\partial t^2}\cos\varphi - e\left(\frac{\partial\varphi}{\partial t}\right)^2\sin\varphi \tag{7-10}$$

由于质量偏心所产生的惯性力为

$$f_y(x) = \rho A\frac{\partial^2 y_c}{\partial t^2}\mathrm{d}x \tag{7-11}$$

$$f_z(x) = \rho A\frac{\partial^2 z_c}{\partial t^2}\mathrm{d}x \tag{7-12}$$

式中　ρ——轴的密度；

　　　A——轴段的截面积。

重力与惯性力所产生的扭矩之和为：

$$M_3 = [f_y(x) + q(x)\mathrm{d}x\cos\alpha]e\sin\varphi - f_z(x)e\cos\varphi \qquad (7\text{-}13)$$

将式（7-9）~式（7-12）代入式（7-13）中并化简得

$$M_3 = \left[\rho A e\left(\frac{\partial^2 y}{\partial t^2}\sin\varphi - \frac{\partial^2 z}{\partial t^2}\cos\varphi\right) - \rho A e^2\frac{\partial^2 \varphi}{\partial t^2} + q(x)e\cos\alpha\sin\varphi\right]\mathrm{d}x \qquad (7\text{-}14)$$

由刚体定轴转动微分方程可以得到

$$J_P\frac{\partial^2 \varphi}{\partial t^2} = M_1 - M_2 + M_3 \qquad (7\text{-}15)$$

式中，$J_P = \rho I_P \mathrm{d}x$，为微元轴段对形心的转动惯量。

将式（7-3）、式（7-4）和式（7-14）代入式（7-15）可得

$$\rho(I_P + Ae^2)\frac{\partial^2 \varphi}{\partial t^2} - GI_P\frac{\partial^2 \theta}{\partial x^2} - \rho A e\left(\frac{\partial^2 y}{\partial t^2}\sin\varphi - \frac{\partial^2 z}{\partial t^2}\cos\varphi\right) - q(x)e\cos\alpha\sin\varphi + c\frac{\partial \varphi}{\partial t} = 0$$

$$(7\text{-}16)$$

式（7-16）即为微元轴段扭转振动微分方程。

7.3.3 微元轴段弯振微分方程

微元轴段 y、z 两个方向的受力如图 7-28 所示。

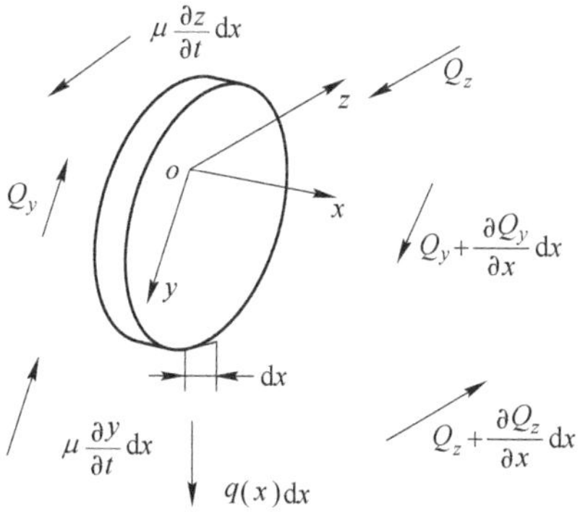

以微元轴段质心 c 为研究对象，y 方向的动力学方程为

$$\rho A\mathrm{d}x\frac{\partial^2 y_c}{\partial t^2} = \left(Q_y + \frac{\partial Q_y}{\partial x}\mathrm{d}x\right) - Q_y +$$

$$q(x)\cos\alpha\mathrm{d}x - \mu\frac{\partial y}{\partial t}\mathrm{d}x$$

$$(7\text{-}17)$$

图 7-28 微元轴段力学模型

式中 Q_y——微元轴段所受单位剪力；

μ——单位轴向长度上弯曲振动阻尼系数。

由微元轴段对与 z 轴平行的形心轴转动的扭矩方程，可得到 y 方向剪力 Q_y 的表达式。微元轴段对形心轴的扭矩包括微元轴段截面所受弯矩 $M_{z'}$（根据材料力学可知 $M_{z'} = EI_d\frac{\partial^2 y}{\partial x^2}$，$I_d$ 为微元截面的直径惯性矩），由剪力而产生的弯矩 $Q_y\mathrm{d}x$，以及重力的分力而产生的扭矩。

因此扭矩方程为

$$M_{z'} - \left(M_{z'} + \frac{\partial M_{z'}}{\partial x}\mathrm{d}x\right) - Q_y\mathrm{d}x - q(x)\sin\alpha\mathrm{d}xe\cos\varphi = 0 \qquad (7\text{-}18)$$

由式（7-18）可以解出剪力 Q_y 为

$$Q_y = -EI_d \frac{\partial^3 y}{\partial x^3} - q(x)e\sin\alpha\cos\varphi \tag{7-19}$$

$$\frac{\partial Q_y}{\partial x} = -EI_d \frac{\partial^4 y}{\partial x^4} - \frac{dq(x)}{dx}e\sin\alpha\cos\varphi + q(x)e\sin\alpha\frac{\partial\varphi}{\partial x}\sin\varphi \tag{7-20}$$

将式 (7-9) 和式 (7-20) 代入式 (7-17) 即可得到 y 方向的振动微分方程为

$$\rho A \frac{\partial^2 y}{\partial t^2} - \rho Ae\left[\frac{\partial^2\varphi}{\partial t^2}\sin\varphi + \left(\frac{\partial\varphi}{\partial t}\right)^2\cos\varphi\right] + EI_d\frac{\partial^4 y}{\partial x^4} + \frac{dq(x)}{dx}e\sin\alpha\cos\varphi -$$

$$q(x)e\sin\alpha\frac{\partial\varphi}{\partial x}\sin\varphi - q(x)\cos\alpha + \mu\frac{\partial y}{\partial t} = 0 \tag{7-21}$$

上式即为微元轴段 y 方向弯曲振动微分方程。

仍以质心 c 为研究对象，与 y 方向相比，沿 z 方向没有重力，但存在由接轴倾角 α 而产生的附加弯矩为

$$M_F = M_1\tan\alpha = GI_P\frac{\partial^2\theta}{\partial x^2}dx\tan\alpha$$

其中各作用力的具体求解与 y 方向分析一致，最后得到 z 方向的振动微分方程为

$$\rho A \frac{\partial^2 z}{\partial t^2} + \rho Ae\left[\frac{\partial^2\varphi}{\partial t^2}\cos\varphi - \left(\frac{\partial\varphi}{\partial t}\right)^2\sin\varphi\right] + GI_P\frac{\partial^3\theta}{\partial x^3}\tan\alpha - EI_d\frac{\partial^4 z}{\partial x^4} -$$

$$\frac{dq(x)}{dx}e\sin\alpha\sin\varphi - q(x)e\sin\alpha\frac{\partial\varphi}{\partial x}\cos\varphi + \mu\frac{\partial z}{\partial t} = 0 \tag{7-22}$$

式 (7-22) 即为微元轴段 Z 方向弯曲振动微分方程。式 (7-16)、式 (7-21) 和式 (7-22) 即为弯扭耦合振动的微分方程组。

7.3.4 弯扭耦合振动讨论

从所得到的微分方程式 (7-16)、式 (7-21) 和式 (7-22) 可以看出，弯振和扭振之间存在着明显的耦合关系，并且方程组是非线性的。

(1) 当质量偏心不存在 ($e = 0$) 时，重力和惯性力所对应的扭矩 $M_3 = 0$，则扭振微分方程式 (7-16) 中不再含有与弯振有关的量，其微分方程组变为

$$\rho I_P \frac{\partial^2\varphi}{\partial t^2} - GI_P\frac{\partial^2\theta}{\partial x^2} + c\frac{\partial\varphi}{\partial t} = 0 \tag{7-23}$$

$$\rho A \frac{\partial^2 y}{\partial t^2} + EI_d\frac{\partial^4 y}{\partial x^4} - q(x)\cos\alpha + \mu\frac{\partial y}{\partial t} = 0 \tag{7-24}$$

$$\rho A \frac{\partial^2 z}{\partial t^2} + GI_P\frac{\partial^3\theta}{\partial x^3}\tan\alpha - EI_d\frac{\partial^4 z}{\partial x^4} + \mu\frac{\partial z}{\partial t} = 0 \tag{7-25}$$

从上面的方程组可以看出，当万向接轴没有质量偏心影响时，弯振对扭振没

有影响，扭振对弯振还有影响，但只对 z 方向有影响，体现在式（7-24）中的
$GI_P \dfrac{\partial^3 \theta}{\partial x^3} \tan\alpha$ 项。

（2）若不考虑万向接轴倾角，则附加弯矩不存在，方程式（7-24）和式（7-25）便可写成

$$\rho A \frac{\partial^2 y}{\partial t^2} + EI_d \frac{\partial^4 y}{\partial x^4} - q(x) + \mu \frac{\partial y}{\partial t} = 0 \tag{7-26}$$

$$\rho A \frac{\partial^2 z}{\partial t^2} - EI_d \frac{\partial^4 z}{\partial x^4} + \mu \frac{\partial z}{\partial t} = 0 \tag{7-27}$$

由方程式（7-23）、式（7-26）和式（7-27）可以看到，此时弯曲振动和扭转振动不再存在耦合关系。

综上所述，当轧机万向接轴存在倾角和由质量不平衡引起的偏心时，扭转振动与弯曲振动之间有很明显的相互耦合关系，而且是非线性的；当万向接轴无质量偏心影响时，弯曲振动对扭转振动没有影响，而扭转振动会对弯曲振动产生影响。当万向接轴无质量偏心并且倾角为零时，弯曲振动和扭转振动才不存在耦合关系，实际上，万向接轴即使已经做过良好的平衡，轴上总会存在一定程度的残余质量不平衡和存在较小的倾角，所以弯振和扭振之间在这种条件下存在着耦合关系。

若轧机出现扭振，扭振一小部分转变成弯振，弯振最终分解成轧辊水平力振动而诱发轧辊水平振动。热连轧机出现强烈振动时，一般水平振动比垂直振动大两倍以上。

7.4 轧机液机耦合振动研究

某 1580 热连轧机在生产过程中出现振动现象，对该机组进行了长期全面的振动监测，发现 F3 机架振动最为剧烈，振动主要频率为 53Hz。同时采集现场 ODG 系统提供的电气、液压和工艺相关信号，发现 F3 机架两侧伺服阀电流信号、开口度信号和辊系均存在相同频率的振动，说明热连轧机存在液机耦合振动特征。利用 AMESim 软件建立了热连轧机液机耦合振动仿真模型，发现液压压下系统的振动会传递至辊系。

7.4.1 热连轧机液机耦合振动概述

热连轧机液压压下伺服系统与垂直系统之间的耦合振动原理如图 7-29 所示，当连铸坯存在硬度和厚度波动时，会造成上下工作辊之间辊缝和轧制力波动，位置传感器将监测到的辊缝振动信号反馈至液压压下伺服控制系统，通过 PI 调节

器控制电液伺服阀的流量，进而控制液压缸的位移，液压压下油缸产生的压力波动通过上辊系和带钢传递至下辊系。当垂直系统出现振动现象时，会影响轧制力以及辊缝的波动状态，通过 PI 调节器控制会将振动放大，当激振频率与轧机某固有频率吻合时，形成了机械系统和液压系统的耦合强烈振动，简称液机耦合振动。

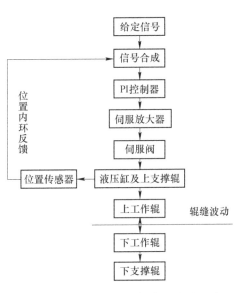

图 7-29 热连轧机液机耦合振动原理图

7.4.2 热连轧机垂直振动系统模型

7.4.2.1 1580 热连轧机垂直振动系统模型建立

对于轧机垂直系统建模的手段，主要有虚拟样机法、有限元法和集中质量法。集中质量法可以基于研究的精度和目的将垂直系统简化为不同自由度，热连轧机常常可以简化为 2 自由度、3 自由度、4 自由度和 6 自由度等系统。

某 1580 热连轧机 F3 四辊轧机振动最为剧烈，其机械结构参数决定了自身的固有特性。为此，利用弹簧-质量法求解轧机固有特性。轧机主要尺寸参数见表 7-1。

表 7-1 F3 轧机主要结构尺寸   （mm）

序　号	名　　称	数　值
1	牌坊高度	10330
2	牌坊宽度	3470
3	牌坊厚度	760
4	两牌坊间距	2000
5	支撑辊直径	1400~1550
6	支撑辊辊身长度	1580
7	支撑辊总长度	5310
8	工作辊直径	710~800
9	工作辊辊身长度	1880
10	工作辊总长度	5100

建立 F3 轧机三维模型如图 7-30 所示，简化为 6 自由度非对称系统的质量-弹

簧系统，如图 7-31 所示。

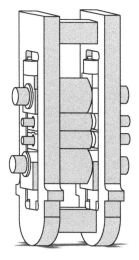

图 7-30 轧机三维模型

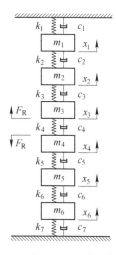

图 7-31 垂直系统 6 自由度模型

基于简化的模型，根据动力学理论，建立 6 自由度模型的动力学方程为

$$\begin{cases} m_1\ddot{x}_1 + c_1\dot{x}_1 - c_2(\dot{x}_2 - \dot{x}_1) + k_1x_1 - k_2(x_2 - x_1) = 0 \\ m_2\ddot{x}_2 + c_2(\dot{x}_2 - \dot{x}_1) - c_3(\dot{x}_3 - \dot{x}_2) + k_2(x_2 - x_1) - k_3(x_3 - x_2) = 0 \\ m_3\ddot{x}_3 + c_3(\dot{x}_3 - \dot{x}_2) - c_4(\dot{x}_4 - \dot{x}_3) + k_3(x_3 - x_2) - k_4(x_4 - x_3) = -F_R \\ m_4\ddot{x}_4 + c_4(\dot{x}_4 - \dot{x}_3) - c_4(\dot{x}_4 - \dot{x}_5) + k_4(x_4 - x_3) - k_4(x_4 - x_5) = F_R \\ m_5\ddot{x}_5 + c_5(\dot{x}_5 - \dot{x}_4) - c_5(\dot{x}_5 - \dot{x}_6) + k_5(x_5 - x_4) - k_5(x_5 - x_6) = 0 \\ m_6\ddot{x}_6 + c_6(\dot{x}_6 - \dot{x}_5) + c_7\dot{x}_6 + k_6(x_6 - x_5) + k_7x_6 = 0 \end{cases}$$

$$(7-28)$$

式中 m_1——牌坊立柱、上横梁和液压缸等效质量，kg；

      m_2——上支撑辊和上支撑辊轴承座等效质量，kg；

      m_3——上工作辊和上工作辊轴承座等效质量，kg；

      m_4——下工作辊和下工作辊轴承座等效质量，kg；

      m_5——下支撑辊和下支撑辊轴承座等效质量，kg；

      m_6——牌坊下横梁的等效质量，kg；

      k_1——上横梁与液压缸之间等效刚度，N/m；

      k_2——液压缸与上支撑辊之间等效刚度，N/m；

      k_3——上支撑辊与上工作辊之间等效刚度，N/m；

k_4 ——上工作辊与下工作辊之间等效刚度，N/m；

k_5 ——下工作辊与下支撑辊之间等效刚度，N/m；

k_6 ——下支撑辊与下横梁之间的等效刚度，N/m；

k_7 ——下横梁与地面之间等效刚度，N/m；

c_1 ——上横梁与液压缸之间等效阻尼，N·s/m；

c_2 ——液压缸与上支撑辊之间等效阻尼，N·s/m；

c_3 ——上支撑辊与上工作辊之间等效阻尼，N·s/m；

c_4 ——上工作辊与下工作辊之间等效阻尼，N·s/m；

c_5 ——下工作辊与下支撑辊之间等效阻尼，N·s/m；

c_6 ——下支撑辊与下横梁之间的等效阻尼，N·s/m；

c_7 ——下横梁与地面之间等效阻尼，N·s/m；

x_1 ——上牌坊立柱、上横梁和液压缸等效位移，mm；

x_2 ——上支撑辊等效位移，mm；

x_3 ——上工作辊等效位移，mm；

x_4 ——下工作辊等效位移，mm；

x_5 ——下支撑辊等效位移，mm；

x_6 ——下横梁等效位移，mm；

F_R ——垂直轧制力，kN。

F3 轧机垂直系统主要参数见表 7-2。

表 7-2　F3 轧机垂直系统主要参数

序　号	结构参数	数　值	单　位
1	m_1	1.05×10^4	kg
2	k_1	4×10^{10}	N/m
3	c_1	5×10^6	N·s/m
4	m_2	3.6×10^4	kg
5	k_2	8×10^9	N/m
6	c_2	2×10^6	N·s/m
7	m_3	2×10^4	kg
8	k_3	2×10^9	N/m
9	c_3	2×10^6	N·s/m
10	m_4	2×10^4	kg
11	k_4	4×10^{10}	N/m
12	c_4	2×10^6	N·s/m
13	m_5	3.5×10^4	kg

序　号	结构参数	数　值	单　位
14	k_5	4×10^9	N/m
15	c_5	1.05×10^4	N·s/m
16	m_6	1×10^4	kg
17	k_6	2×10^{10}	N/m
18	c_6	2×10^6	N·s/m
19	k_7	4×10^{10}	N/m
20	c_7	5×10^6	N·s/m

写成矩阵形式为

$$[M]\{\ddot{x}\} + [C]\{\dot{x}\} + [K]\{x\} = [F] \tag{7-29}$$

$$[M] = \begin{bmatrix} m_1 & & & & & \\ & m_2 & & & & \\ & & m_3 & & & \\ & & & m_4 & & \\ & & & & m_5 & \\ & & & & & m_6 \end{bmatrix} \tag{7-30}$$

$$[K] = \begin{bmatrix} (k_1 + k_2) & -k_2 & & & & \\ -k_2 & (k_2 + k_3) & -k_3 & & & \\ & -k_3 & (k_3 + k_4) & -k_4 & & \\ & & -k_4 & (k_4 + k_5) & -k_5 & \\ & & & -k_5 & (k_5 + k_6) & -k_6 \\ & & & & -k_6 & (k_6 + k_7) \end{bmatrix} \tag{7-31}$$

$$[C] = \begin{bmatrix} (c_1 + c_2) & -c_2 & & & & \\ -c_2 & (c_2 + c_3) & -c_3 & & & \\ & -c_3 & (c_3 + c_4) & -c_4 & & \\ & & -c_4 & (c_4 + c_5) & -c_5 & \\ & & & -c_5 & (c_5 + c_6) & -c_6 \\ & & & & -c_6 & (c_6 + c_7) \end{bmatrix} \tag{7-32}$$

$$[F] = \begin{bmatrix} -F_R \\ F_R \end{bmatrix} \tag{7-33}$$

式中 $\{\ddot{x}\}$ ——系统的加速度列向量；

$\{\dot{x}\}$ ——系统的速度列向量；

$\{x\}$ ——系统的位移列向量；

$[M]$ ——系统的质量矩阵；

$[C]$ ——系统的阻尼矩阵；

$[K]$ ——系统的刚度矩阵；

$[F]$ ——系统的激励矩阵。

在求解垂直系统的固有频率时不必考虑阻尼和激励的作用，式（7-29）可以简化为

$$[M]\{\ddot{x}\} + [K]\{x\} = 0 \tag{7-34}$$

根据振动理论知识对矩阵形式的多自由度振动微分方程进行求解，即可求得 6 自由度垂直系统的固有频率，因此式（7-34）可以写成

$$[K][A] = \omega^2 [M][A] \tag{7-35}$$

式中 $[A]$ ——垂直系统的主振型矩阵；

ω ——系统的固有频率。

式（7-35）可以写成

$$(K - \omega^2 M)A = 0 \tag{7-36}$$

$(KA - \omega^2 M)$ 为特征矩阵，于是可以得到系统的特征方程

$$|K - \omega^2 M| = 0 \tag{7-37}$$

进行求解即可确定 6 自由度固有频率。根据表 7-2 中 F3 轧机垂直系统主要结构参数，利用 MATLAB 对动力学方程进行求解，可以确定 6 自由度垂直系统的固有频率见表 7-3。

表 7-3 F3 轧机垂直系统固有频率   （Hz）

f_1	f_2	f_3	f_4	f_5	f_6
54.08	81.25	107.83	165.91	324.40	369.21

7.4.2.2 轧制力模型

轧制过程中上下工作辊与带钢产生轧制力，其大小受到带钢入口厚度、出口厚度、带钢宽度和硬度等多个因素的影响，带钢对上下工作辊的压力为

$$P = f(H、h、B、l^* \cdots) \tag{7-38}$$

式中　H——入口厚度，mm；

　　　　h——出口厚度，mm；

　　　　B——轧件宽度，mm；

　　　　l^*——接触弧长度，mm。

不考虑轧辊变形，带钢的平均单位压力为

$$q_{wb} = Q_\sigma K\sigma \tag{7-39}$$

式中　Q_σ——外摩擦影响系数；

　　　　K——平面变形阻力系数；

　　　　σ——塑性变形抗力。

根据孙一康公式可得外摩擦影响系数：

$$Q_\sigma = f(\varepsilon、l、h_{ave})$$

$$= 0.8049 - 0.3393\varepsilon + (0.2488 + 0.0393\varepsilon + 0.0732\varepsilon^2)\frac{l}{h_{ave}} \tag{7-40}$$

式中　ε——相对变形程度；

　　　　l——不考虑工作辊压扁时接触弧在水平方向的投影长度；

　　h_{ave}——带钢在轧制前后的平均厚度。

相对变形率：

$$\varepsilon = \frac{H - h}{H} \tag{7-41}$$

接触弧长度：

$$l = R\alpha \tag{7-42}$$

咬入角：

$$\alpha = \arccos\left(1 - \frac{H - h}{2R}\right) \tag{7-43}$$

因此，综合式（7-39）~式（7-43）可得轧制力 P。

7.4.3　液压压下系统单元模型

轧机的液压压下系统主要由 PI 调节器、伺服阀、非对称压下液压油缸和位置传感器等组成，其原理框图如图 7-32 所示。

7.4.3.1　PI 调节器控制模型

采用 PI 调节器，控制模型为

$$G(s) = K_p + \frac{K_i}{s} \tag{7-44}$$

式中　　K_p ——比例系数；

　　　　K_i ——积分系数。

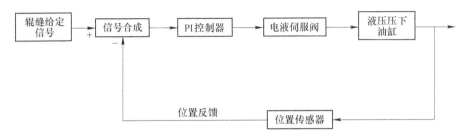

图 7-32　压下系统原理框图

　　AMESim 软件中有相应的 PI 控制模型，可直接调用，只需根据现场实际修改内部相关参数即可。

7.4.3.2　伺服阀模型

　　电液伺服阀在整个液压下系统中起到重要作用。图 7-33 为电液伺服阀框图，力矩马达是将输入的电信号转换成机械量输出的关键元件。液压放大器包含了先导级阀和功率级滑阀，可以把输入的机械量转化成液压量输出，在主阀两侧产生压力差，进而推动主阀发生位移。位置传感器作为反馈元件检测到主阀阀芯位移的变化，通过转化将位移信号反馈至力矩马达输入信号。

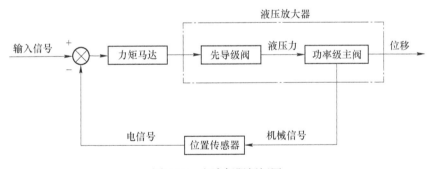

图 7-33　电液伺服阀框图

　　A　射流管式伺服阀结构原理

　　热连轧所用的电液伺服阀主要是 MOOG D661 系列射流管式伺服阀，其内部结构如图 7-34 所示，主要包括力矩马达、射流管、弹簧管、喷嘴、油液接收器、主阀阀芯和内部位移传感器，其中力矩马达、射流管和接收器组成射流管式先导级。

　　当力矩马达未通控制电流时射流管不发生偏转，因此喷嘴对称的位于油液接收器的上方，通过左右接收孔的油量相同，主阀左右两腔的压力相等，因此主阀

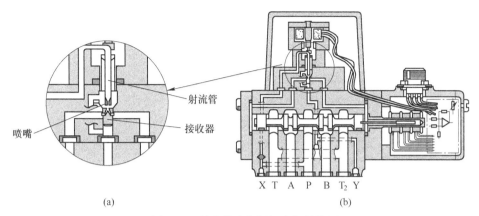

图 7-34 射流管式伺服阀内部结构图

(a) 射流管阀放大图；(b) 伺服阀整体结构图

不发生运动。当接通控制电流时力矩马达产生电磁力矩，射流管和喷嘴发生偏转，假设射流管向右发生偏转，通过接收器右孔进入滑阀右腔的油液流量多于左腔的油液流量，阀芯左右两腔产生压力差，从而使得滑阀向左发生运动。同理，当射流管向左发生偏转时，滑阀向右运动。伺服阀的输出流量与控制电流信号成正比，也就是阀芯位移与控制电流信号成正比，内部位移传感器检测到阀芯位移的变化，通过调理和放大电路将位移信号转化为电信号反馈至伺服阀给定的输入信号。

电液伺服阀的性能与系统的工况有很大的关系。根据伺服阀相关资料，当射流管式伺服阀先导级的输入油压压力为 21MPa、油液黏度为 $32mm^2/s$ 时，射流管式伺服阀的基本技术参数见表 7-4。

表 7-4 F3 伺服阀基本技术参数

名　称	参　数
额定流量/L·min⁻¹	80
最大控制压力/MPa	28
最高工作压力/MPa	35
响应时间/ms	14
主阀芯行程/mm	±2.0
主阀芯驱动面积/cm²	1.35
工作电压/V	24
幅频宽/Hz	53
相频宽/Hz	73

B 射流管式伺服阀各组件建模

a 力矩马达数学模型

力矩马达可以将输入的控制电流信号放大并转换为机械运动,其组成结构如图 7-35 所示,主要包括永久磁铁、衔铁、线圈和导磁体组件等部分,其中线圈绕在衔铁上,导磁体组件与衔铁构成两个工作气隙,力矩马达根据电磁原理进行工作。当接通的输入信号发生改变时,两个气隙之间的磁场强度也会随之变化,进而控制衔铁的受力使得射流管发生偏转。

当衔铁处于中位时,每个气隙处的磁阻为

$$R_g = \frac{g}{\mu_0 A_g} \tag{7-45}$$

式中　g ——中位时气隙长度,mm;

　　　A_g ——气隙面积,mm^2;

　　　μ_0 ——磁导率,Wb/(A·m)。

当力矩马达接通电信号时,衔铁受到电磁力的作用力偏离中位,工作气隙 1 和 2 的磁阻为

$$R_1 = \frac{g - x}{\mu_0 A_g} = \frac{g}{\mu_0 A_g}\left(1 - \frac{x}{g}\right) = R_g\left(1 - \frac{x}{g}\right) \tag{7-46}$$

$$R_2 = \frac{g + x}{\mu_0 A_g} = \frac{g}{\mu_0 A_g}\left(1 + \frac{x}{g}\right) = R_g\left(1 + \frac{x}{g}\right) \tag{7-47}$$

式中　x ——衔铁底端偏离位移,mm。

根据力矩马达结构图和上述分析,简化磁路如图 7-36 所示。

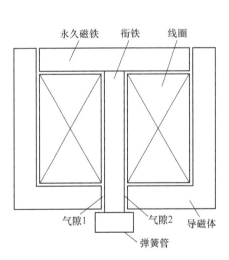

图 7-35　力矩马达结构示意图

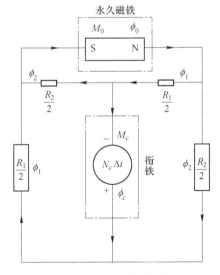

图 7-36　磁路简化图

根据基尔霍夫第二定律可得

$$M_0 + N_c \Delta i = \phi_1 R_1 \tag{7-48}$$

$$M_0 - N_c \Delta i = \phi_2 R_2 \tag{7-49}$$

由式（7-48）和式（7-49）可得磁通量

$$\phi_1 = \frac{M_0 + N_c \Delta i}{R_1} = \frac{\phi_g + \phi_c}{1 - \dfrac{x}{g}} \tag{7-50}$$

$$\phi_2 = \frac{M_0 - N_c \Delta i}{R_2} = \frac{\phi_g - \phi_c}{1 + \dfrac{x}{g}} \tag{7-51}$$

$$\phi_g = \frac{M_0}{R_g} \tag{7-52}$$

$$\phi_c = \frac{N_c \Delta i}{R_g} \tag{7-53}$$

式中　M_0 ——永久磁铁的总电动势，V；

　　　　N_c ——线圈的匝数；

　　　　Δi ——线圈电流，A；

　　　　ϕ_g ——衔铁中位时的固定磁通，Wb；

　　　　ϕ_c ——衔铁中位时的控制磁通，Wb。

平行导磁体间的电磁吸力：

$$F = \frac{\phi^2}{2\mu_0 A_g} \tag{7-54}$$

式中　ϕ ——磁通，Wb。

根据式（7-54）电磁吸力公式，两个气隙处的电磁吸力可以表示为

$$F_1 = \frac{\phi_1^2}{2\mu_0 A_g} \tag{7-55}$$

$$F_2 = \frac{\phi_2^2}{2\mu_0 A_g} \tag{7-56}$$

因此可以求得作用在衔铁上的电磁力矩为

$$T_d = a(F_1 - F_2) \tag{7-57}$$

式中　a ——电磁力矩的力臂，mm。

根据几何关系可以得到

$$\tan\theta = \frac{x}{a} \tag{7-58}$$

式中 θ ——衔铁的偏转角度，rad。

因为偏转角度很小，所以 $\tan\theta \approx \theta$ ，故有 $x = a\theta$ 。

联立以上几式化简，可得电磁力矩表达式为

$$T_d = K_t \Delta i + K_m \theta \tag{7-59}$$

式中 K_t ——力矩常数，$N \cdot m/A$；

K_m ——马达弹簧刚度，$N \cdot m/rad$。

b 衔铁组件模型

衔铁组件主要由衔铁、弹簧管、射流管和喷嘴等组成，作为伺服阀的核心组件，衔铁组件的受力状况对伺服阀的性能起着关键作用。工作时，受到电磁力矩、阻尼力矩、弹簧管力矩和其他负载力矩的作用，受力方程为

$$T_d = J_a \frac{d^2\theta}{dt^2} + B_a \frac{d\theta}{dt} + K_a \theta + T_b \tag{7-60}$$

式中 J_a ——衔铁转动惯量，$kg \cdot m^2$；

B_a ——黏性阻尼系数，$N \cdot m \cdot min/rev$；

T_b ——其他负载力矩，$N \cdot m$；

K_a ——弹簧管刚度，$N \cdot m/rad$。

根据式（7-60）衔铁组件的受力方程，在 AMESim 中建立衔铁组件模型，θ 表示衔铁转动角度，X_j 表示衔铁转动位移如图 7-37 所示。

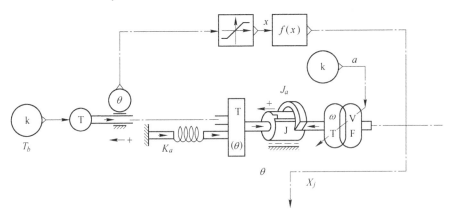

图 7-37 衔铁组件 AMESim 模型

c 前置级数学模型

射流管式伺服阀的先导阀也称为射流管前置级，包括射流管和接收器，在整个伺服阀系统中起着关键的作用。当力矩马达工作时，射流管喷嘴受到衔铁偏转

作用而发生偏转，使得通过左接收孔和右接收孔的油液压力大小不一致，从而使得功率级滑阀两腔产生压力差，进而导致驱动功率级滑阀产生位移，射流管喷嘴偏转位移方程可表示为

$$x_j = r_0 \sin\theta \tag{7-61}$$

式中　r_0——射流管喷转半径，mm。

射流管输出流量为

$$Q_L = K_q x_j - K_c P_L \tag{7-62}$$

$$Q_L = A_v \frac{\mathrm{d}x_v}{\mathrm{d}t} \tag{7-63}$$

式中　K_q——流量增益，$\mathrm{m}^3 \cdot \mathrm{m/s}$；

K_c——流量-压力系数，$\mathrm{m}^3 \cdot \mathrm{Pa/s}$；

P_L——射流管输出压力，MPa；

A_v——功率级滑阀阀芯面积，mm^2；

x_v——功率级滑阀阀芯位移，mm。

假定射流管喷嘴受电磁力矩作用向左发生偏转，则左接收孔和右接收孔的油液压力可分别为

$$P_l = \frac{P_s + P_L}{2} \tag{7-64}$$

$$P_r = \frac{P_s - P_L}{2} \tag{7-65}$$

式中　P_s——供油压力，MPa。

射流管阀的流量增益 K_q 和流量-压力系数 K_c 与伺服阀的内部结构参数和系统的油压有关，可以表示为

$$K_{qr} = f(d_n,\ d_r,\ h,\ \alpha,\ \beta,\ b,\ P_s,\ P_L) \tag{7-66}$$

$$K_{cr} = f(d_n,\ d_r,\ h,\ \alpha,\ \beta,\ b,\ P_s,\ P_L) \tag{7-67}$$

式中　d_n——射流管喷嘴直径，mm；

d_r——接收器接收孔直径，mm；

h——喷嘴至接收器的距离，mm；

α——喷嘴锥角，(°)；

β——接收孔倾角，(°)；

b——尖劈间距，mm。

联合式（7-62）、式（7-64）和式（7-65）进行推导，可以得到左接收孔的油液压力和右接收孔的油液压力为

$$P_l = \frac{1}{2}\left[P_s + \frac{1}{K_c}(Q_L - K_q x_j)\right] \tag{7-68}$$

$$P_r = \frac{1}{2}\left[P_s - \frac{1}{K_c}(Q_L - K_q x_j)\right]$$ (7-69)

先导级流场中流体的流动状态十分复杂，难以用传统的理论方程建立其数学模型。为了获得射流管阀前置级的相关特性，在此利用 Fluent 软件对其流场状况进行分析。

射流管前置级的特性包括压力特性、流量特性和压力-流量特性。压力特性通常是指未连通负载时，左右接收孔之间的压力差值与射流管偏转位移的关系；流量特性通常是指负载压力为零，左右接收孔之间的流量与射流管偏转位移的关系，此时可认为功率级滑阀两端相互连通；压力-流量特性是指阀芯运动时，流经左右接收孔之间负载流量和负载压力之间的关系。

利用 Solidworks 三维软件分别建立射流管的压力特性和流量特性的简化模型，如图 7-38 所示。相关射流管前置级的主要结构参数见表 7-5。

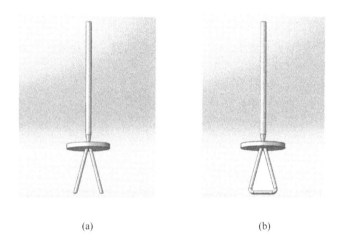

(a)   (b)

图 7-38 射流管前置级流场模型

（a）恢复压力三维模型；（b）恢复流量三维模型

表 7-5 衔铁组件主要结构参数

名　　称	参　　数
射流管喷嘴直径/mm	0.2
射流管长度/mm	12
喷嘴至接收器距离/mm	0.4
接收器左右接收孔直径/mm	0.3

名　称	参　数
喷嘴锥角/(°)	20
尖劈间距/mm	0.025
接收孔倾角/(°)	30

利用 Fluent 进行流场仿真时，射流管进口压力为 21MPa，出口压力为 0MPa。实际上射流管喷嘴的偏转位移非常小，偏转位移为 -0.1~0.1mm。由于射流管前置级在结构上是左右对称的，因此在本次仿真分析过程中，设定射流管向右发生偏转，图 7-39~图 7-44 分别对应偏转位移为 0mm、0.02mm、0.04mm、0.06mm、0.08mm 和 0.1mm 时前置级的压力云图。

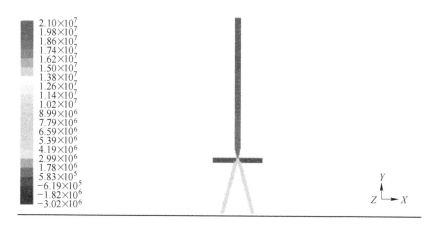

图 7-39　偏转位移为 0mm 的压力云图

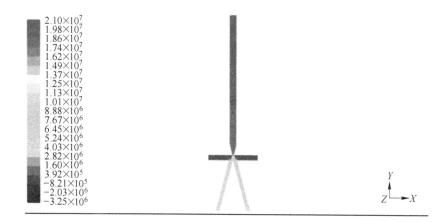

图 7-40　偏转位移为 0.02mm 的压力云图

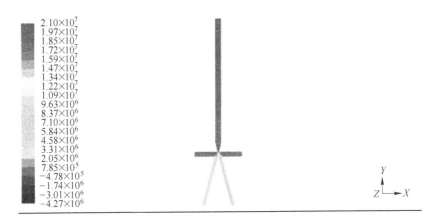

图 7-41　偏转位移为 0.04mm 的压力云图

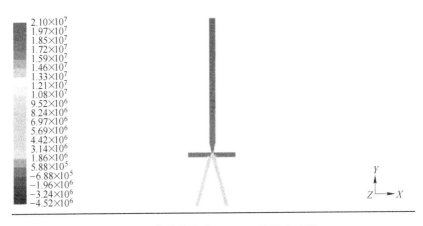

图 7-42　偏转位移为 0.06mm 的压力云图

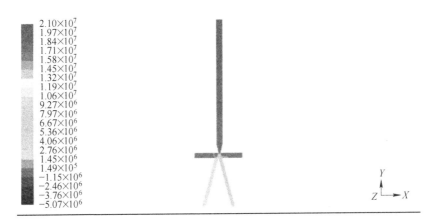

图 7-43　偏转位移为 0.08mm 的压力云图

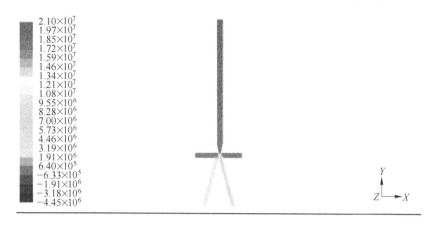

图 7-44　偏转位移为 0.1mm 的压力云图

分析以上的仿真结果，可以得到射流管喷嘴在不同偏转位移下，流经油液接收器左接收孔和右接收孔的压力与两者间的压力差值见表 7-6。

表 7-6　不同偏转位移下的压力值

偏转位移/mm	左侧压力/MPa	右侧压力/MPa	压力差值/MPa
0.00	5.428026	5.453850	0.025824
0.02	4.591942	6.195099	1.603157
0.04	3.823106	6.795258	2.972152
0.06	3.084456	7.137395	4.052939
0.08	2.365327	7.307103	4.941776
0.10	1.938065	7.539854	5.601789

根据表 7-6 以喷嘴偏转位移为横坐标、压力值为纵坐标建立左接收孔和右接收孔压力值以及压力差值在不同喷嘴偏转位移下的关系曲线，如图 7-45 所示。

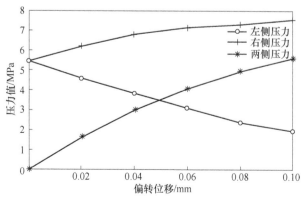

图 7-45　不同喷嘴偏转位移下压力特性曲线

从图 7-45 可知，左侧接收孔压力、右侧接收孔压力和压力差值存在明显的非线性化趋势，对压力差值曲线做二次曲线拟合可得

$$p = -290.5x^2 + 84.731x + 0.0282 \tag{7-70}$$

式中　　x ——射流管喷嘴偏转位移，mm。

将建立的流量特性模型导入 Fluent 软件中，进行流量特性分析，得到射流管前置级的流场流量云图，图 7-46 ~ 图 7-51 分别对应偏转位移为 0mm、0.02mm、0.04mm、0.06mm、0.08mm 和 0.1mm 的流量云图。

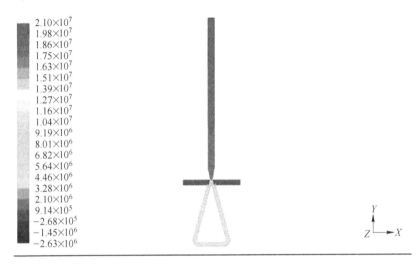

图 7-46　偏转位移为 0mm 的流量云图

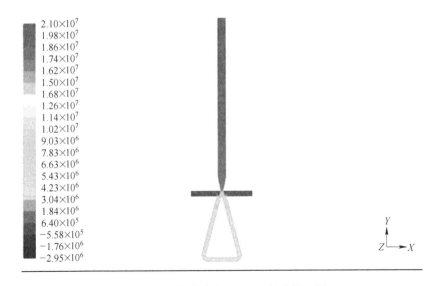

图 7-47　偏转位移为 0.02mm 的流量云图

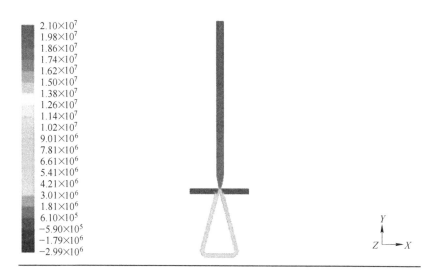

图 7-48 偏转位移为 0.04mm 的流量云图

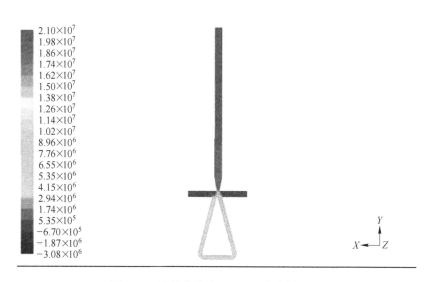

图 7-49 偏转位移为 0.06mm 的流量云图

分析上述的仿真结果，可以得到射流管在不同偏转位移下，通过油液接收器左接收孔和右接收孔之间的流量值见表 7-7。

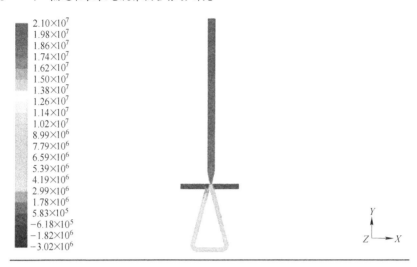

2.10×10⁷
1.98×10⁷
1.86×10⁷
1.74×10⁷
1.62×10⁷
1.50×10⁷
1.38×10⁷
1.26×10⁷
1.14×10⁷
1.02×10⁷
8.99×10⁶
7.79×10⁶
6.59×10⁶
5.39×10⁶
4.19×10⁶
2.99×10⁶
1.78×10⁶
5.83×10⁵
−6.18×10⁵
−1.82×10⁶
−3.02×10⁶

图 7-50　偏转位移为 0.08mm 的流量云图

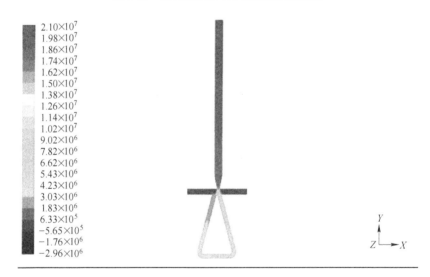

2.10×10⁷
1.98×10⁷
1.86×10⁷
1.74×10⁷
1.62×10⁷
1.50×10⁷
1.38×10⁷
1.26×10⁷
1.14×10⁷
1.02×10⁷
9.02×10⁶
7.82×10⁶
6.62×10⁶
5.43×10⁶
4.23×10⁶
3.03×10⁶
1.83×10⁶
6.33×10⁵
−5.65×10⁵
−1.76×10⁶
−2.96×10⁶

图 7-51　偏转位移为 0.1mm 的流量云图

表 7-7　不同偏转位移下的流量值

偏转位移/mm	流量/L·min⁻¹
0	0
0.02	0.0825
0.04	0.1469
0.06	0.1956
0.08	0.2340
0.10	0.2581

根据表 7-7 左右接收孔的流量值，以喷嘴偏转位移为横坐标、流量值为纵坐标建立流量值与不同喷嘴偏转位移下的关系曲线如图 7-52 所示。

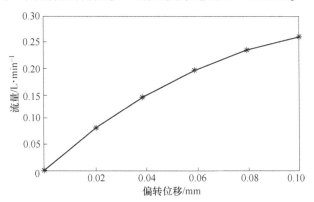

图 7-52　不同喷嘴偏转位移下流量特性曲线

根据图 7-52 流量特性曲线，对流量值与不同射流管喷嘴偏转位移进行线性拟合得

$$q = 2.561x + 0.0248 \tag{7-71}$$

式中　x——射流管喷嘴偏转位移，mm。

根据式（7-69）和式（7-70）可以得到射流管式伺服阀的流量增益、压力和流量系数为

$$K_q = 0.0427 \ (\mathrm{m^3 \cdot m/s})$$
$$K_p = 8.4731 \times 10^{10} \ (\mathrm{Pa/m})$$
$$K_c = 5.04 \times 10^{-13}$$

结合式（7-68）和式（7-69），在 AMESim 软件中建立射流管-接收器模型，如图 7-53 所示。x_j 为射流管喷嘴偏转位移，P_l 为接收器左侧输入压力，P_r 为接收器右侧输入压力。

d　功率级滑阀数学模型

功率级滑阀的受力方程为

$$A_v P_L = m_v \frac{\mathrm{d}^2 x_v}{\mathrm{d}t^2} + B_v \frac{\mathrm{d}x_v}{\mathrm{d}t} + 0.43 w P_s x_v \tag{7-72}$$

式中　m_v——阀芯质量，kg；

　　　B_v——滑阀运动黏性阻尼，N·s/m；

　　　w——面积梯度，m。

根据功率级滑阀的受力方程，在 AMESim 软件中利用液压元件设计库，建立功率级滑阀模型如图 7-54 所示。

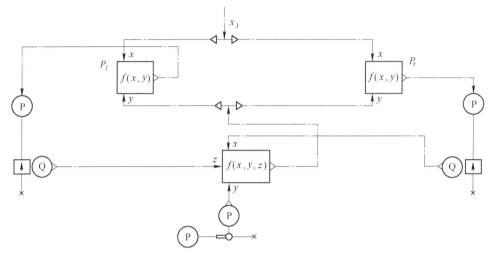

图 7-53 射流管-接收器 AMESim 模型

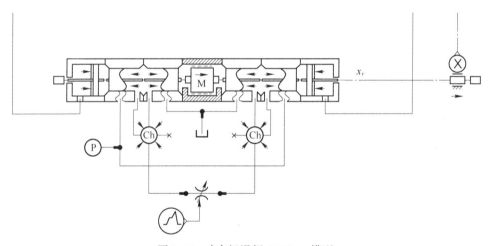

图 7-54 功率级滑阀 AMESim 模型

e 位移传感器数学模型

采用线性化差动变压器式传感器，用于检测阀芯位移信号的变化，并通过调理电路转换成电流信号反馈至输入信号，从而调整射流管组件回到零位，数学模型表示为

$$K_I I_c = x_c - K_v x_v \tag{7-73}$$

式中 K_I ——电流增益系数；

I_c ——输入电流信号；

K_v ——主阀芯位移增益；

x_c ——给定信号的输出位移。

在 AMESim 软件的控制信号库中有相应的元件，因此直接调用进行建模分析，只需在参数模式下修改相关的增益参数即可，在此不做赘述。

7.4.3.3 射流管式伺服阀整体 AMESim 模型

根据上述对射流管式伺服阀的力矩马达模型、前置级模型、功率级滑阀模型和位移传感器模型的结构，建立整体的射流管式伺服阀 AMESim 模型如图 7-55 所示。

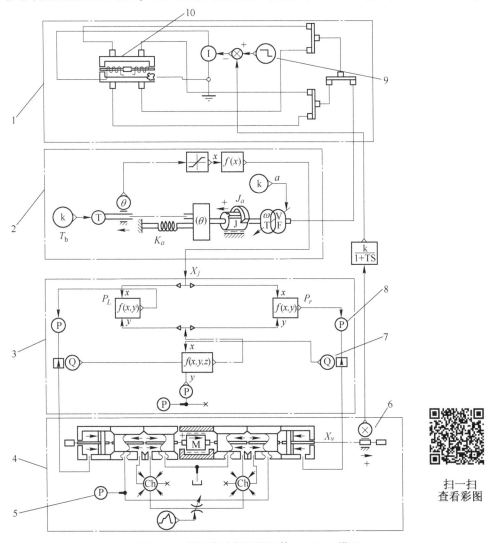

扫一扫
查看彩图

图 7-55 射流管式伺服阀整体 AMESim 模型

1—力矩马达模型；2—衔铁组件模型；3—射流管-接收器模型；4—功率级滑阀模型；

5—液压油恒压源；6—位移传感器；7—流量传感器；8—压力传感器；9—电流信号；10—力矩挡圈；

T_b—其他负载力矩；J_a—衔铁转动惯量；K_a—弹簧管刚度；a—衔铁转动中心至磁极面中心的距离；

θ—衔铁偏转角度；X_j—衔铁偏转位移；P_L—接收孔左侧输入压力；P_r—接收孔右侧输入压力；X_v—阀芯位移

其中射流管式伺服阀各组件相关参数的设定见表7-8。

表7-8　射流管式伺服阀仿真模型参数

名　称	参　数
线圈匝数	3000
衔铁力臂/mm	16
气隙面积/mm²	25
气隙厚度/mm	0.3
空气磁导率/H·m⁻¹	1.25×10^{-6}
零位固定磁通/Wb	1.25×10^{-6}
衔铁转动惯量/kg·m²	1.05×10^{-6}
弹簧管刚度/N·m·rad⁻¹	31
衔铁阻尼系数/N·m·min·rev⁻¹	0.0021
功率级滑阀质量/kg	0.02
功率级滑阀黏性阻尼/N·s·m⁻¹	15
供油压力/MPa	21

图7-56为单一频率给定信号下阀芯位移的响应关系，当输入53Hz的电流信号时，阀芯位移有比较好的跟随响应，并且伺服阀具有比较好的近似线性输出。图7-57为伺服阀功率级滑阀输出流量与输入电流信号的关系，输出流量与输入信号近似呈线性关系，由于力矩马达存在磁滞现象，因此两条曲线并不重合。

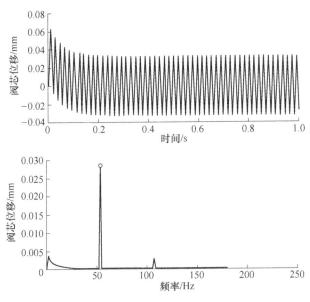

图7-56　单一频率给定信号下阀芯位移的响应

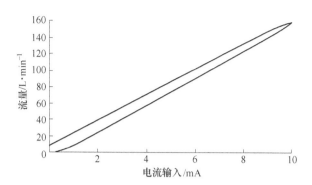

图 7-57　功率级主阀输出流量与电流输入信号的关系

7.4.3.4　非对称液压缸模型

液压缸是液压压下系统中的动力执行元件，主要由缸筒、缸盖、活塞、活塞杆以及密封元件组成，是典型的非对称液压缸，无杆腔由三通阀控制，有杆腔通有设定恒定的低压液压油。

当阀芯向右运动时，伺服阀右侧控制口打开，液压油进入无杆腔，压下缸向下运动；同理，当阀芯向左运动时，伺服阀左侧控制口打开，压下缸向上运动。根据伯努利方程可得

$$Q_1 = C_d w x_v \sqrt{\frac{2}{\rho}(p_s - p_0)} \quad (x_v \geqslant 0)$$

$$Q_2 = C_d w x_v \sqrt{\frac{2}{\rho}p_0} \quad (x_v < 0) \tag{7-74}$$

式中　Q_1——无杆腔流入流量，L/min；

$\quad\quad Q_2$——有杆腔流入流量，L/min；

$\quad\quad C_d$——伺服阀流量系数；

$\quad\quad \rho$——油液密度，kg/m³；

$\quad\quad p_s$——伺服阀供油压力，MPa；

$\quad\quad p_0$——伺服阀出口压力，MPa。

在液压压下系统中，通过伺服阀出口的液压油推动活塞缸运动，同时考虑无杆腔和有杆腔内液压油压缩的影响，根据连续性方程可得

$$Q_1 - Q_0 = \frac{\mathrm{d}V}{\mathrm{d}t} + \frac{V}{\beta} \cdot \frac{\mathrm{d}p}{\mathrm{d}t} \tag{7-75}$$

式中　Q_1——流入液压缸总流量，L/min；

$\quad\quad Q_0$——流出液压缸总流量，L/min；

$\quad\quad V$——油液总体积，m³；

$\quad\quad \beta$——液压油弹性模量，MPa。

考虑液压缸的内泄漏和外泄漏可得

$$Q_1 = Q_0 \tag{7-76}$$

$$Q_0 = C_{ep}P_s + C_{ip}(P_s + P_0) \tag{7-77}$$

将式 (7-77) 代入式 (7-76)，整理可得

$$Q_1 = C_{ep}P_s + C_{ip}(P_s - P_0) + \frac{V}{\beta} \cdot \frac{dP_0}{dt} + A_p \frac{dx_p}{dt} \tag{7-78}$$

式中　Q_1——液压缸入口流量，L/min；

P_0——有杆腔低压油压，MPa；

C_{ep}——外泄漏系数，L/(min·Pa)；

C_{ip}——内泄漏系数，L/(min·Pa)；

A_p——液压缸活塞面积，m²；

x_p——液压缸位移，m。

液压缸输出的压下力除了驱动负载，还将与系统中的质量惯性力、摩擦力和其他外力负载相平衡，受力方程表示为

$$F_L = A_p P_1 - A_0 P_0 \tag{7-79}$$

$$F_L = m_t \frac{d^2 x_p}{dt^2} + B_t \frac{dx_p}{dt} + k_t x_t + F_w \tag{7-80}$$

式中　A_0——有杆腔活塞面积，m²；

m_t——活塞负载等效质量，kg；

B_t——活塞黏性阻尼，N·s/m；

k_t——活塞等效刚度，N/m；

F_w——外负载力，N。

在 AMESim 软件用液压设计元件库的基本模块建立图 7-58 所示的液压缸模

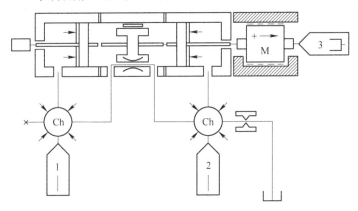

图 7-58　压下液压油缸模型图

型，接口 1 处为无杆腔进油口，接口 2 为有杆腔进油口，接口 3 与外部负载相连。

根据现场图纸和资料，液压缸模型主要参数见表 7-9。

表 7-9　液压缸的主要结构参数

序号	名　称	数　值
1	无杆腔直径/mm	1050
2	活塞杆直径/mm	970
3	液压缸行程/mm	130
4	液压缸等效质量/kg	3000
5	活塞初始位移/mm	0
6	上、下限位移/mm	130、0

7.4.3.5　反馈模型

液压压下系统的反馈模型主要包括辊缝位置反馈模型和轧制力反馈模型。位置反馈是通过液压缸的位移传感器将测得辊缝的变化信号与给定信号差值作为 PI 调节器的输入，其输出控制伺服阀和油缸位置如图 7-59 所示。

图 7-59　压下系统控制框图

考虑到轧机运行过程中响应时间常数，可将位置传感器简化为一阶惯性环节：

$$\frac{U_p}{x_p} = \frac{K_s}{T_x s + 1} \tag{7-81}$$

式中　U_p ——位移传感器输出电压，V；

　　　K_s ——位移传感器放大系数，V/m；

T_x ——位移传感器时间常数。

轧制力的变化会导致轧机发生变形，进而影响辊缝的变化。通过压力传感器测得轧制力信号，压力反馈将该信号加入给定信号的输入，与给定信号合成后控制液压缸的位置达到辊缝目标值，轧制力反馈作为压下系统的外环控制。压力传感器信号转化成电信号，通常简化成比例环节为

$$\frac{U_f}{F_L} = K_f \tag{7-82}$$

式中　　U_f ——压力传感器输出电压，V；

K_f ——压力传感器放大系数，V/m。

7.4.4　热连轧机液机耦合仿真模型

根据建立的电液伺服阀模型和轧机 6 自由度垂直系统模型、PI 控制调节器模型、非对称液压缸模型和总轧制力模型，在 AMESim 软件中建立热连轧机液机耦合振动仿真模型，为了使得仿真模型系统更加直观和便于理解，利用 AMESim 软件中的超级元件工具将轧制力模型压缩-打包成一个超元件。最终可得热连轧机液机耦合振动仿真模型，如图 7-60 所示。

7.4.5　热连轧机液机耦合仿真研究

7.4.5.1　仿真模型频域特性分析

液机耦合振动仿真模型的参数按照现场资料进行设定。分析耦合振动仿真模型的动态响应特性，系统给定输入信号作为控制量，上工作辊振动速度作为观测量，可以得到仿真模型系统的 Bode 图如图 7-61 所示。

7.4.5.2　谐波激励下振动特征分析

现场某 1580 热连轧机 F3 机架液压压下系统伺服阀操作侧和传动侧给定的电流中均存在 4Hz、18Hz、36Hz、53Hz 和 87Hz 左右的优势频率，可以看作是多个正弦信号的叠加，在此将这些信号作为给定信号输入至液机耦合振动仿真模型中，可得轧机上工作辊的振动速度响应如图 7-62 所示。

由图中可知，系统给定信号的频率在上工作辊的振动速度信号中也同时出现，其中 53Hz 和 87Hz 振动频率幅值相对来说比较大，这与现场在轧制高强度薄规格带钢时 F3 机架出现 53Hz 的振动频率相吻合。也就是说，给定的信号振动频率通过伺服阀、压下油缸、上支撑辊传递至上工作辊等，说明液压压下系统给定信号的状态将影响轧机垂直系统的振动状态。

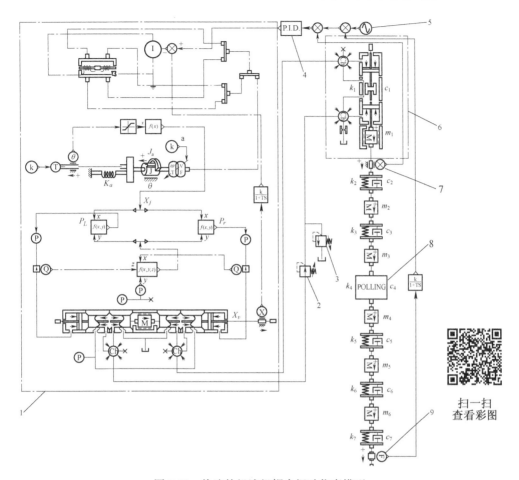

图 7-60　热连轧机液机耦合振动仿真模型

1—射流管式伺服阀模型；2—减压阀模型；3—溢流阀模型；4—PID 控制器模型；5—给定输入信号；

6—液压压下油缸模型；7—位移传感器模型；8—轧制力模型；9—力传感器模型；

J_a—衔铁转动惯量；K_a—弹簧管刚度；a—衔铁转动中心至磁极面中心距离；θ—衔铁偏转角度；X_j—衔铁偏转位移；P_L—接收器左侧输入压力；P_r—接收器右侧输入压力；m_1—牌坊立柱、上横梁和液压缸等效质量；k_1—上横梁与液压缸之间等效刚度；c_1—上横梁与液压缸之间等效阻尼；m_2—上支撑辊和上支撑辊轴承座等效质量；k_2—液压缸与上支撑辊之间等效刚度；c_2—液压缸与上支撑辊之间等效阻尼；m_3—上工作辊和上工作辊轴承座等效质量；k_3—上支撑辊与上工作辊之间等效刚度；c_3—上支撑辊与上工作辊之间等效阻尼；m_4—下工作辊和下工作辊轴承座等效质量；k_4—上工作辊与下工作辊之间等效刚度；c_4—上工作辊与下工作辊之间等效阻尼；m_5—下支撑辊和下支撑辊轴承座等效质量；k_5—下工作辊与下支撑辊之间等效刚度；c_5—下工作辊与下支撑辊之间等效阻尼；m_6—牌坊下横梁等效质量；k_6—下支撑辊与下横梁之间等效刚度；c_6—下支撑辊与下横梁之间等效阻尼；k_7—下横梁与地面之间等效刚度；c_7—下横梁与地面之间等效阻尼

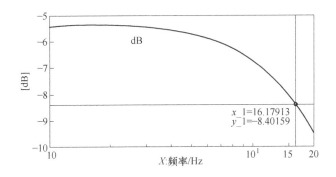

图 7-61　热连轧机液机耦合仿真模型 Bode 图

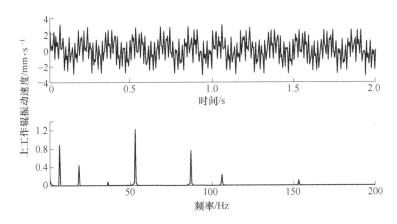

图 7-62　上工作辊垂直方向振动速度时域与频域波形

7.5　轧制界面连铸坯激励轧机振动研究

连铸机的振动等原因导致连铸坯表层呈现厚度波动和硬度波动。利用轧机垂振动力学模型，仿真分析连铸坯硬度和厚度波动诱发热轧机振动的规律。

7.5.1　轧机垂振动力学方程

为了简单起见，轧机结构动力学简化模型如图 7-63 所示。在模型中只考虑了参数的动态部分。根据振动和流体力学理论，轧机结构的动力学方程为

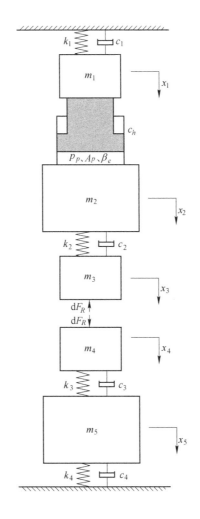

图 7-63　轧机结构示意图

m_1，x_1 —牌坊横梁和立柱的等效质量和位移；m_2，x_2 —上支撑辊和轴承座的等效质量和位移；

m_3，x_3 —上工作辊和轴承座的等效质量和位移；m_4，x_4 —下工作辊和轴承座的等效质量和位移；

m_5，x_5 —下支撑辊和轴承座的等效质量和位移；k_1，c_1 —牌坊横梁和立柱和下横梁之间的等效刚度和阻尼；

k_2，c_2 —上工作辊和上支撑辊之间的等效刚度和阻尼；k_3，c_3 —下工作辊和下支撑辊之间的等效刚度和阻尼；

k_4，c_4 —下支撑辊和牌坊下横梁之间的等效刚度和阻尼；

A_p，p_p，c_h —液压缸活塞侧的面积、压力和圆柱体的内部泄漏系数；

β_e —液体的弹性模量；$\mathrm{d}F_R$ —轧制力的动态部分

$$\begin{cases} m_1 \dfrac{\mathrm{d}^2 x_1}{\mathrm{d}t^2} + c_1 \dfrac{\mathrm{d}x_1}{\mathrm{d}t} + k_1 x_1 = -p_p A_p \\[2mm] A_p \left(\dfrac{\mathrm{d}x_2}{\mathrm{d}t} - \dfrac{\mathrm{d}x_1}{\mathrm{d}t} \right) + \dfrac{V_p}{\beta_e} \dfrac{\mathrm{d}p_p}{\mathrm{d}t} + c_h p_p = 0 \\[2mm] m_2 \dfrac{\mathrm{d}^2 x_2}{\mathrm{d}t^2} + c_2 \left(\dfrac{\mathrm{d}x_2}{\mathrm{d}t} - \dfrac{\mathrm{d}x_3}{\mathrm{d}t} \right) + k_2 (x_2 - x_3) = p_p A_p \\[2mm] m_3 \dfrac{\mathrm{d}^2 x_3}{\mathrm{d}t^2} + c_2 \left(\dfrac{\mathrm{d}x_3}{\mathrm{d}t} - \dfrac{\mathrm{d}x_2}{\mathrm{d}t} \right) + k_2 (x_3 - x_2) = -\mathrm{d}F_R \\[2mm] m_4 \dfrac{\mathrm{d}^2 x_4}{\mathrm{d}t^2} + c_3 \left(\dfrac{\mathrm{d}x_4}{\mathrm{d}t} - \dfrac{\mathrm{d}x_5}{\mathrm{d}t} \right) + k_3 (x_4 - x_5) = \mathrm{d}F_R \\[2mm] m_5 \dfrac{\mathrm{d}^2 x_5}{\mathrm{d}t^2} + c_3 \left(\dfrac{\mathrm{d}x_5}{\mathrm{d}t} - \dfrac{\mathrm{d}x_4}{\mathrm{d}t} \right) + k_3 (x_5 - x_4) + c_4 \dfrac{\mathrm{d}x_5}{\mathrm{d}t} + k_4 x_5 = 0 \end{cases} \tag{7-83}$$

7.5.2 轧制过程动力学模型

基于西姆斯轧制力方程，推导一种动态轧制过程的动力学模型。振动的轧辊咬入带钢后几何形状如图 7-64 所示。

轧制力导致工作辊变形，根据 Hitchcock 方程，变形半径为

$$R' = R \left[1 + \frac{8(1 - \nu^2) F_R}{\pi E (h_1 - h_2)} \right] \tag{7-84}$$

式中 R ——工作辊未变形半径，m；

ν ——泊松比；

E ——弹性模量，N/m^2；

F_R ——轧制力，N。

在轧辊咬钢后，辊面通常假设为抛物线，任意横截面的带钢厚度为

$$h_n = h_c + \frac{x^2}{R'} \tag{7-85}$$

且 $x_1 = R' \sin \phi_1$，$\sin \phi_1 \approx \phi_1$，带钢入口角度为

$$\phi_1 = \sqrt{\frac{h_1 - h_c}{R'}} \tag{7-86}$$

依据质量守恒，任意横截面的秒流量为

$$uh = u_1 h_1 - (x_1 - x) \dot{h}_c \tag{7-87}$$

出口位置和中性点位置的质量守恒方程为

$$\begin{cases} u_2 h_2 = u_1 h_1 - (x_1 - x_2) \dot{h}_c \\ u_n h_n = u_1 h_1 - (x_1 - x_n) \dot{h}_c \end{cases} \tag{7-88}$$

出口角度为

$$\phi_2 \approx \tan\phi_2 = \frac{\dot{h}_c}{2u_2} \tag{7-89}$$

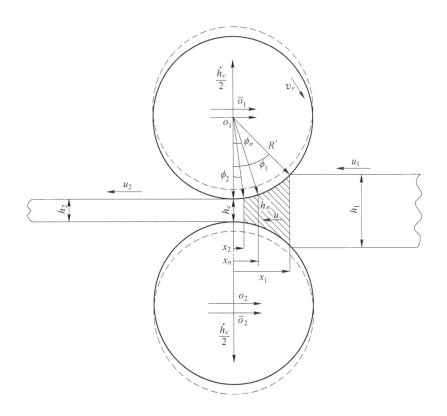

图 7-64 振动的工作辊带钢咬入几何形状

$\bar{o}_1$，$\bar{o}_2$—原始工作辊中心；o_1，o_2—振动时工作辊的中心；

h_1，h_2，h_n—带钢入口厚度、出口厚度和中性角带钢厚度；

x_1，x_2，x_n—带钢入口位置、出口位置和中性点位置；

R'—工作辊的变形半径；u_1，u_2—入口和出口速度；

ϕ_1，ϕ_2，ϕ_n—咬入角、出口角和中性角；v_r—轧辊速度；

h_c—工作辊中心线的辊缝；$\dot{h}_c$—工作辊中心线处辊缝的变化速率

联立式 (7-86)~式 (7-88)，带钢出口角为

$$\phi_2 = \frac{h_c \dot{h}_c}{2(v_r h_c + v_r x_n^2/R' - x_n \dot{h}_c)} \tag{7-90}$$

热连轧机机架间采用微张力控制，可以忽略。辊隙中应力分布如图 7-65 所示。圆周方向的单位厚度对应角度为 $\mathrm{d}\phi$、作用于横截面的水平合力为 Q、工作辊正压力为 p_ϕ、剪应力为 τ_ϕ 和表面角度为 ϕ。

根据西姆斯方程，可以导出水平力平衡方程为

$$\frac{\mathrm{d}}{\mathrm{d}\phi}\left(\frac{p_\phi}{k} - \frac{\pi}{4}\right) = \frac{R'\pi\phi}{2(h_c + R'\phi^2)} \pm \frac{R'}{h_c + R'\phi^2} \tag{7-91}$$

式中　k——接触弧的变形阻力。

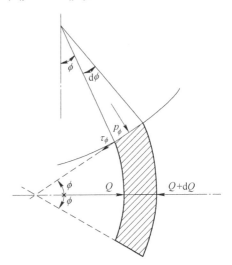

图 7-65　作用于辊隙中的应力分布

出口位置和中性点位置之间的轧制压力为

$$p_\phi = k\left[\frac{\pi}{4}\ln\left(\frac{h_\phi}{h_2}\right) + \frac{\pi}{4} + \sqrt{\frac{R'}{h_c}}\tan^{-1}\left(\sqrt{\frac{R'}{h_c}}\phi\right) - \sqrt{\frac{R'}{h_c}}\tan^{-1}\left(\sqrt{\frac{R'}{h_c}}\phi_2\right)\right] \tag{7-92}$$

入口位置和中性点位置之间的轧制力。

$$p_\phi = k\left[\frac{\pi}{4}\ln\left(\frac{h_\phi}{h_1}\right) + \frac{\pi}{4} + \sqrt{\frac{R'}{h_c}}\tan^{-1}\left(\sqrt{\frac{R'}{h_c}}\phi_1\right) - \sqrt{\frac{R'}{h_c}}\tan^{-1}\left(\sqrt{\frac{R'}{h_c}}\phi\right)\right] \tag{7-93}$$

由中性点处正压力相等，令式 (7-92) 和式 (7-93) 相等，中性角为

$$\phi_n = \sqrt{\frac{h_c}{R'}}\tan\left[\frac{\pi}{8}\sqrt{\frac{h_c}{R'}}\ln\left(\frac{h_2}{h_1}\right) + \frac{1}{2}\tan^{-1}\left(\sqrt{\frac{R'}{h_c}}\phi_1\right) + \frac{1}{2}\tan^{-1}\left(\sqrt{\frac{R'}{h_c}}\phi_2\right)\right] \tag{7-94}$$

值得注意的是由于 ϕ 角小，轧制力和垂直压力之间的差异可以忽略不计，轧制力为

$$F_R = R'\int_{\phi_2}^{\phi_1} p_\phi \mathrm{d}\phi \tag{7-95}$$

由式（7-91）~式（7-94），得到轧制力为

$$F_R = R'k\left[\frac{\pi}{4}(\phi_2 - \phi_1) + \frac{\pi}{2}\sqrt{\frac{h_c}{R'}}\tan^{-1}\left(\sqrt{\frac{R'}{h_c}}\phi_1\right) - \right.$$

$$\left. \frac{\pi}{2}\sqrt{\frac{h_c}{R'}}\tan^{-1}\left(\sqrt{\frac{R'}{h_c}}\phi_2\right) + \frac{1}{2}\ln\left(\frac{h_1}{h_2}\right) + \ln\left(\frac{h_2}{h_n}\right)\right] \tag{7-96}$$

由于振动是动态的，因此系统参数的变化是很重要的。通过一阶泰勒近似的线性化可以用来简化动态模型。

$\mathrm{d}h_1$ 为入口厚度的变化、$\mathrm{d}h_c$ 辊缝的变化和 $\mathrm{d}\dot{h}_c$ 辊缝的变化速率定义为输入，$\mathrm{d}F_R$ 轧制力的变化定义为输出：

$$\mathrm{d}F_R = \frac{\mathrm{d}F_R}{\mathrm{d}h_1}\mathrm{d}h_1 + \frac{\mathrm{d}F_R}{\mathrm{d}h_c}\mathrm{d}h_c + \frac{\mathrm{d}F_R}{\mathrm{d}\dot{h}_c}\mathrm{d}\dot{h}_c \tag{7-97}$$

其中：

$$\frac{\mathrm{d}F_R}{\mathrm{d}h_1} = \frac{\partial F_R}{\partial h_1} + \frac{\partial F_R}{\partial \phi_1}\frac{\partial \phi_1}{\partial h_1} + \frac{\partial F_R}{\partial h_n}\frac{\partial h_n}{\partial \phi_n}\left(\frac{\partial \phi_n}{\partial h_1} + \frac{\partial \phi_n}{\partial \phi_1}\frac{\partial \phi_1}{\partial h_1}\right) \tag{7-98}$$

$$\frac{\mathrm{d}F_R}{\mathrm{d}h_c} = \frac{\partial F_R}{\partial h_c} + \frac{\partial F_R}{\partial \phi_1}\frac{\partial \phi_1}{\partial h_c} + \frac{\partial F_R}{\partial h_2}\frac{\partial h_2}{\partial h_c} + \frac{\partial F_R}{\partial h_n}\left[\frac{\partial h_n}{\partial h_c} + \frac{\partial h_n}{\partial \phi_n}\left(\frac{\partial \phi_n}{\partial \phi_1}\frac{\partial \phi_1}{\partial h_c} + \frac{\partial \phi_n}{\partial h_2}\frac{\partial h_2}{\partial h_c} + \frac{\partial \phi_n}{\partial h_c}\right)\right]$$
$$\tag{7-99}$$

$$\frac{\mathrm{d}F_R}{\mathrm{d}\dot{h}_c} = \left[\frac{\partial F_R}{\partial \phi_2} + \frac{\partial F_R}{\partial h_2}\frac{\partial h_2}{\partial \phi_2} + \frac{\partial F_R}{\partial h_n}\frac{\partial h_n}{\partial \phi_n}\left(\frac{\partial \phi_n}{\partial \phi_2} + \frac{\partial \phi_n}{\partial h_2}\frac{\partial h_2}{\partial \phi_2}\right)\right]\frac{\partial \phi_2}{\partial \dot{h}_c} \tag{7-100}$$

7.5.3　板坯激励轧机振动仿真研究

轧制过程的动态轧制力作用于工作辊并使其振动。工作辊振动与动态辊缝的耦合关系如下

$$\begin{cases} h_c = x_4 - x_3 \\ \dot{h}_c = \dot{x}_4 - \dot{x}_3 \end{cases} \tag{7-101}$$

其状态空间方程的动态模型为

$$\dot{X} = M_1 X + M_2 \mathrm{d}h_1 \tag{7-102}$$

其中：

$$X = \begin{bmatrix} x_1 & \dot{x}_1 & p_p & x_2 & \dot{x}_2 & x_3 & \dot{x}_3 & x_4 & \dot{x}_4 & x_5 & \dot{x}_5 \end{bmatrix}^T$$

$$M_1 = \begin{bmatrix}
0 & 1 & 0 & 0 & 0 & 0 & 0 & 0 & 0 & 0 & 0 \\
-\dfrac{k_1}{m_1} & -\dfrac{c_1}{m_1} & -\dfrac{A_p}{m_1} & 0 & 0 & 0 & 0 & 0 & 0 & 0 & 0 \\
0 & \dfrac{\beta_e A_p}{V_p} & -\dfrac{\beta_e c_h}{V_p} & 0 & -\dfrac{\beta_e A_p}{V_p} & 0 & 0 & 0 & 0 & 0 & 0 \\
0 & 0 & 0 & 0 & 1 & 0 & 0 & 0 & 0 & 0 & 0 \\
0 & 0 & \dfrac{A_p}{m_2} & -\dfrac{k_2}{m_2} & -\dfrac{c_2}{m_2} & \dfrac{k_2}{m_2} & \dfrac{c_2}{m_2} & 0 & 0 & 0 & 0 \\
0 & 0 & 0 & 0 & 0 & 0 & 1 & 0 & 0 & 0 & 0 \\
0 & 0 & 0 & \dfrac{k_2}{m_3} & \dfrac{c_2}{m_3} & \dfrac{1}{m_3}\left(\dfrac{\mathrm{d}F_R}{\mathrm{d}h_c}-k_2\right) & \dfrac{1}{m_3}\left(\dfrac{\mathrm{d}F_R}{\mathrm{d}\dot{h}_c}-c_2\right) & -\dfrac{1}{m_3}\dfrac{\mathrm{d}F_R}{\mathrm{d}h_c} & -\dfrac{1}{m_3}\dfrac{\mathrm{d}F_R}{\mathrm{d}\dot{h}_c} & 0 & 0 \\
0 & 0 & 0 & 0 & 0 & 0 & 0 & 0 & 1 & 0 & 0 \\
0 & 0 & 0 & 0 & 0 & -\dfrac{1}{m_4}\dfrac{\mathrm{d}F_R}{\mathrm{d}h_c} & -\dfrac{1}{m_4}\dfrac{\mathrm{d}F_R}{\mathrm{d}\dot{h}_c} & \dfrac{1}{m_4}\left(\dfrac{\mathrm{d}F_R}{\mathrm{d}h_c}-k_3\right) & \dfrac{1}{m_4}\left(\dfrac{\mathrm{d}F_R}{\mathrm{d}\dot{h}_c}-c_3\right) & \dfrac{k_3}{m_4} & \dfrac{c_3}{m_4} \\
0 & 0 & 0 & 0 & 0 & 0 & 0 & 0 & 0 & 0 & 1 \\
0 & 0 & 0 & 0 & 0 & 0 & 0 & \dfrac{k_3}{m_5} & \dfrac{c_3}{m_5} & \dfrac{-k_3-k_4}{m_5} & \dfrac{-c_3-c_4}{m_5}
\end{bmatrix}$$

$$M_2 = \begin{bmatrix} 0 & 0 & 0 & 0 & 0 & 0 & -\dfrac{1}{m_3}\dfrac{\mathrm{d}F_R}{\mathrm{d}h_1} & 0 & \dfrac{1}{m_4}\dfrac{\mathrm{d}F_R}{\mathrm{d}h_1} & 0 & 0 \end{bmatrix}^{\mathrm{T}}$$

某 1580 热连轧机标准参数设置见表 7-10。利用能量守恒的原理计算了等效质量和等效刚度。假设等效阻尼为结构性的，且结构性阻尼与等效刚度成正比。

表 7-10　标准参数设置

参数	数　值	参数	数　值
R	0.375m	V_p	$3.46 \times 10^{-2}\mathrm{m}^3$
v_r	2.89m/s	c_h	$5 \times 10^{-14}\mathrm{m}^3/(\mathrm{s} \cdot \mathrm{Pa})$
E	$2.06 \times 10^{11}\mathrm{N/m}^2$	m_1	$1 \times 10^4\mathrm{kg}$
ν	0.3	m_2	$3.6 \times 10^4\mathrm{kg}$
h_1	16.62mm	m_3	$2 \times 10^4\mathrm{kg}$
h_2	8.17mm	m_4	$2 \times 10^4\mathrm{kg}$
k_1	$4 \times 10^9\mathrm{N/m}$	m_5	$3.5 \times 10^4\mathrm{kg}$
k_2	$2 \times 10^{10}\mathrm{N/m}$	c_1	$5 \times 10^6\mathrm{N} \cdot \mathrm{s/m}$
k_3	$2 \times 10^{10}\mathrm{N/m}$	c_2	$2 \times 10^6\mathrm{N} \cdot \mathrm{s/m}$
k_4	$4 \times 10^9\mathrm{N/m}$	c_3	$2 \times 10^6\mathrm{N} \cdot \mathrm{s/m}$
A_p	$0.8659\mathrm{m}^2$	c_4	$5 \times 10^6\mathrm{N} \cdot \mathrm{s/m}$
β_e	$1.4\times10^9\mathrm{Pa}$		

在轧制过程模型中，轧制力是最重要的参数。将 F2 的轧制力作为评估轧制过程模型的标准。对三种不同类型的产品，将试验数据与计算结果进行比较，见表 7-11。

表 7-11 试验数据与计算结果比较

参 数	钢 种		
	SPA-H	SPHC	FB60-P
测评厚度/mm	1.52	1.87	1.87
F2 入口厚度/mm	16.62	16.62	18.09
F2 出口厚度/mm	8.17	8.67	9.05
变形抗力/MPa	201.11	190.47	181.96
轧制线速度/m·s^{-1}	2.89	2.5	2.56
压下率/%	50.8	47.8	50
计算轧制力/kN	22373	19769	20051
实测轧制力/kN	23813	20390	21332
轧制力误差/%	-6.05	-3.05	-6

根据表 7-11，不同材质带钢的实际轧制力与计算轧制力之间的误差均小于 10%，表明轧制过程模型是有效的。

为了验证耦合振动模型的有效性，定义来料厚度波动作为系统输入激励，上工作辊振动速度作为系统输出。设定来料厚度波动是正弦波形式，幅值为 200μm、频率为 41Hz，利用上工作辊的振动速度用来评估轧机振动。

众所周知，许多轧制过程参数都对轧机振动起着一定的作用，但是在实际生产中进行单一因素试验是很难实现的，所以选取表 7-11 中轧制的三种带钢及规格与仿真模型计算结果对比。将仿真耦合模型中的参数录入 F2 轧机的参数设定，仿真计算结果如图 7-66 所示。利用振动速度传感器获取现场轧制这三种规格时的上工作辊振动数据如图 7-67 所示。

从图 7-66 中可见，在数值仿真计算结果中，轧制 SPA-H1.52mm、SPHC1.87mm 和 FB60-P1.87mm 时的振动速度幅值分别为 4.153×10^{-3}mm/s、3.825×10^{-3}mm/s 和 3.61×10^{-3}mm/s。从图 7-67 中可见，在实际采集的振动数据中，SPA-H1.52mm、SPHC1.87mm 和 FB60-P1.87mm 的振动速度幅值分别为 4.681×10^{-3}mm/s、4.129×10^{-3}mm/s 和 3.795×10^{-3}mm/s。为了方便观察，将仿真计算结果和实际采集的数据制成图 7-68，从图中可见，仿真与实测值相差 10% 左右，二者具有比较好的一致性。

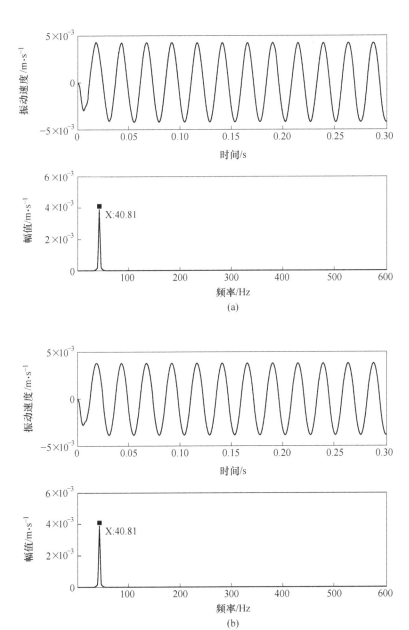

(a)

(b)

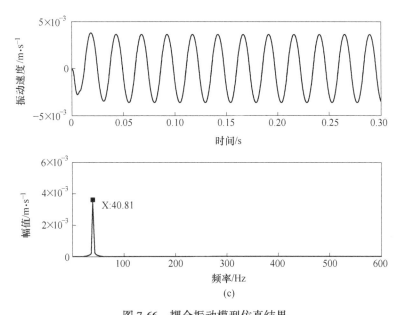

图 7-66　耦合振动模型仿真结果

（a）SAP-H（1150×1.52mm）；（b）SPHC（1150×1.87mm）；（c）FB60-P（1150×1.87mm）

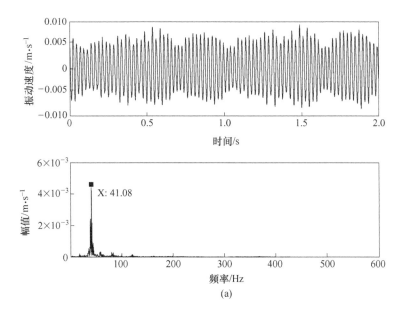

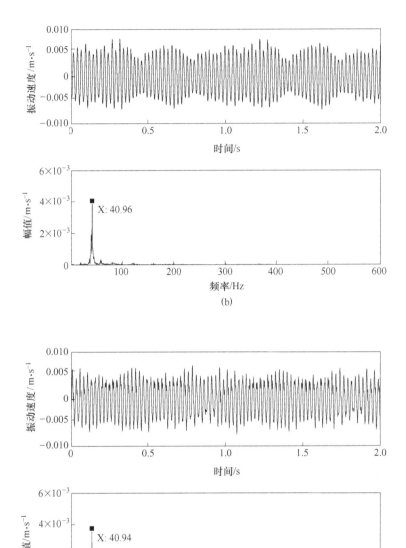

图 7-67   现场采集振动数据

（a）SAP-H（1150×1.52mm）；（b）SPHC（1150×1.87mm）；（c）FB60-P（1150×1.87mm）

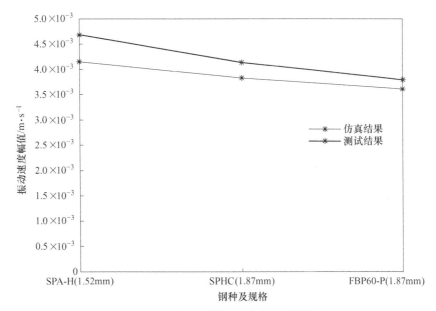

图 7-68　F2 轧机工作辊振动速度幅值统计

同理，依据带钢表面硬度波动也可获得同样的研究结果。

7.6　本　章　小　结

建立轧机机电液界整体模型十分困难，因此从轧机不同耦合振动角度展开研究，包括垂扭耦合振动、机电耦合振动、弯扭耦合振动、液机耦合振动和界面耦合振动等，获得了一些有益的结论，为抑制轧机振动措施提供了理论支撑。

8 轧机振动能量研究

振动功率流法经过半个多世纪的发展，已经形成了一套比较完善的理论，然而在工业方面的应用相对较少，目前仅有少量文献描述了振动功率流法在船舶和铁路上隔振器等方面的应用，在轧机振动领域尚未应用。因此，将振动功率流法引入轧机振动研究，从功率流理论、仿真与轧机功率流实测三个方面来探讨轧机振动现象。

8.1 振动功率流研究优势

在现场要获得振动功率流，比传统的位移、速度或加速度测试要更加烦琐和困难，而振动功率流比传统的单一振动参数能更全面反映现场轧机振动状况。

振动是一个动态过程，能量以动能的形式释放出来，用振动能量（功率）来表征振动状态如图 8-1 所示。

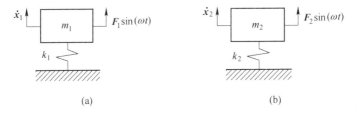

(a)　　　　　　　　　　　　　　(b)

图 8-1　不同刚度的弹簧质量模型

m_1，m_2—质量；k_1，k_2—刚度；$\dot{x}_1$，$\dot{x}_2$—振动速度；F_1，F_2—激振力；ω—激励频率

假设两个模型的质量、激励及振动速度完全一样，仅刚度不一样，且 $k_2 \gg k_1$，此时按照传统的振动研究方法认为这两个质量—弹簧模型的振动大小一样（因两者的振动速度一样），而从振动能量（功率）的角度来看，图 8-1（b）模型的振动能量（功率 $F \cdot \dot{x}$）远远大于图 8-1（a）模型，同样的振动速度时，振动能量差别却很大。

总的来说，功率流可将振动物体的运动以及受到的力合成一个单一量，并可通过这个单一量来描述振动的能量以及传递情况。同时功率流也考虑了力与速度的相位关系，比起简单的振动位移（速度或加速度）会有丰富的振动信息，更能准确地反映振动的本质。通过有限元功率流分析可以清晰获得振动能量在振动零部件之间的流动状况以及传递路径，有利于对振动的深入研究和理解。

8.2 振动功率流理论

功率流理论基本原理是通过描述系统的力与响应速度两个矢量的乘积来表征系统的能量。根据文献可知，系统在指定频率 ω 下，平均功率流描述为复功率的实部：

$$p_0(\omega) = \frac{1}{2}\mathrm{Re}\{\boldsymbol{v}^H\boldsymbol{f}\} = \frac{1}{2}\mathrm{Re}\{\boldsymbol{f}^H\boldsymbol{v}\} \tag{8-1}$$

式中，$\boldsymbol{f}$、$\boldsymbol{v}$ 为力与速度的复数形式，上标 H 为复数转置共轭算子，Re 表示实部。

可改写成

$$p_0(\omega) = \frac{1}{4}(\boldsymbol{f}^H\boldsymbol{v} + \boldsymbol{v}^H\boldsymbol{f}) \tag{8-2}$$

谐波状态下，其中 $\boldsymbol{v} = \mathrm{j}\omega\boldsymbol{x}$，$\boldsymbol{x}$ 是位移矢量，因此有

$$p_0(\omega) = \frac{\mathrm{j}\omega}{4}(\boldsymbol{f}^H\boldsymbol{x} + \boldsymbol{x}^H\boldsymbol{f}) \tag{8-3}$$

为了用系统参数来表达 $p_0(\omega)$，特引入动态柔度矩阵：

$$\boldsymbol{\Gamma}(\omega) = (-\omega^2\boldsymbol{M} + \mathrm{j}\omega\boldsymbol{C} + \boldsymbol{K})^{-1} \tag{8-4}$$

其中，$\boldsymbol{M}$、$\boldsymbol{C}$、$\boldsymbol{K}$ 分别代表质量矩阵（对称正定）、阻尼矩阵（对称半正定）和刚度矩阵（对称半正定）。将其代入式（8-4）得

$$p_0(\omega) = \frac{\mathrm{j}\omega}{4}\boldsymbol{f}^H(\boldsymbol{\Gamma}(\omega) - \boldsymbol{\Gamma}^H(\omega))\boldsymbol{f} \tag{8-5}$$

因此，平均功率流可用一个与动态柔度矩阵的虚部相关的二次式来表示：

$$p_0(\omega) = -\frac{\omega}{2}\boldsymbol{f}^H\mathrm{Im}\{\boldsymbol{\Gamma}(\omega)\}\boldsymbol{f} \tag{8-6}$$

由于平均功率流不小于零，以及 $\mathrm{Im}\{\boldsymbol{\Gamma}(\omega)\}$ 是实对称矩阵，能推出是非正定的，有

$$\mathrm{Im}\{\boldsymbol{\Gamma}(\omega)\} = \boldsymbol{\Psi}\boldsymbol{\Lambda}\boldsymbol{\Psi}^{\mathrm{T}} \tag{8-7}$$

式中 $\boldsymbol{\Lambda}$ —— $\mathrm{Im}\{\boldsymbol{\Gamma}(\omega)\}$ 特征值按从小到大排列的矩阵；

$\boldsymbol{\Psi}$ —— 对应特征值的特征向量经过归一化处理后组成的特征向量矩阵。

将式（8-7）代入式（8-6），得

$$P_0(\omega) = -\frac{\omega}{2}(\boldsymbol{\Psi}^H\boldsymbol{f})^H\boldsymbol{\Lambda}\boldsymbol{\Psi}^H\boldsymbol{f} = -\frac{\omega}{2}\boldsymbol{Q}^H\boldsymbol{\Lambda}\boldsymbol{Q} \tag{8-8}$$

其中，$\boldsymbol{Q} = \boldsymbol{\Psi}^H\boldsymbol{f}$ 可以看作是由力向量 $\boldsymbol{f}$ 被特征向量矩阵 $\boldsymbol{\Psi}^H$ 加权后的向量组成的矩阵，称为模态力矩阵。由此可知，系统的功率流可以以特征值矩阵 $\boldsymbol{\Lambda}$ 衡量其大小，以模态特征向量矩阵 $\boldsymbol{Q}$ 衡量其主要流通路径，而特征矩阵 $\boldsymbol{\Lambda}$ 与模态特征向

量矩阵 Q 均与 ω 相关，因此，功率流最终可通过不同频率下特征值大小与特征向量两个量来表示，称为系统的功率流模态。

对结构进行离散化，从而确定质量刚度矩阵 M 和 K。无阻尼系统的响应为

$$M\ddot{u} + Ku = f^u \tag{8-9}$$

式中 u ——节点自由度的矢量；

f^u ——相应节点力的矢量。

节点坐标 u_b 为全局坐标 u 的一个子集，两者关系为

$$u_b = S_b u \tag{8-10}$$

式中 S_b ——坐标转换矩阵。

有的全局坐标 u 只建立在一个子系统中，而有的建立在两个或更多的系统中（以耦合坐标的形式表示出来），有的子系统没有全局坐标，这仅仅与耦合自由度有关。如果响应已知，则子系统 b 与整个系统的势能和动能关系为

$$V = \frac{1}{2}u^T Ku; \quad T = \frac{1}{2}\dot{u}^T M\dot{u}; \quad V_b = \frac{1}{2}u_b^T K_b u_b; \quad T_b = \frac{1}{2}\dot{u}_b^T M\dot{u}_b \tag{8-11}$$

假设激励为时间谐波，因此有：$f^u = F^u \exp(iwt)$，F^u 为力幅值的矢量。此处大写字母用来表示简谐变量下的复幅值，其中谐波变量用小写字母表示。阻尼被折算在损耗因子 η 中，在系统中假设其为以常数。响应为

$$U = [K(1 + i\eta) - \omega^2 M]^{-1} F^u \tag{8-12}$$

时域平均总势能和动能为：

$$V = \frac{1}{2}\mathrm{Re}\left\{\frac{1}{2}U^H KU\right\} = \frac{1}{4}U^H KU \tag{8-13a}$$

$$T = \frac{1}{2}\mathrm{Re}\left\{\frac{1}{2}(i\omega U)^H M(i\omega U)\right\} = \frac{1}{4}\omega^2 U^H MU \tag{8-13b}$$

式中，上标 H 为共轭复数符号或者厄米特转置。子系统的表达式也类似，子系统 b 输入、耦合能量以及能量损耗为

$$P_{in} = \frac{1}{2}\mathrm{Re}\{i\omega F^H U\} \tag{8-14a}$$

$$P_{ab} = \frac{1}{2}\mathrm{Re}\{i\omega F_{ab}^H U_{ab}\} \tag{8-14b}$$

$$P_{diss,\,b} = \frac{1}{2}\omega\eta U_b^H K_b U_b = 2\omega\eta V_b \tag{8-14c}$$

其中，F_{ab} 和 U_{ab} 是 a、b 两个子系统耦合坐标下的内力和位移，耦合能量通过能量守恒很容易得到，尤其是当耦合能量未被单独定义，三个或者更多的子系统共用一个耦合坐标的时候。

尽管可以通过式（8-11）～式（8-14）来计算响应，但是在对式（8-11）中

的每一个频率做矩阵转换太费时。通过对整个系统的整体模型进行振型分解效率更高。然后，由于节点的数量非常多，因而节点坐标系数量也相应非常多，许多节点的作用经常被忽略。

模态分析包括固有频率 ω_j 和求解模态 ϕ_j，其中 $j = 1, \cdots, m$，其中 m 表示模态的数量。假设各阶模态为质量归一化，则其正交条件如下：

$$\boldsymbol{P}^\mathrm{T}\boldsymbol{M}\boldsymbol{P} = \boldsymbol{I};\ \boldsymbol{P}^\mathrm{T}\boldsymbol{K}\boldsymbol{P} = \mathrm{diag}(\omega_j^2);\ \boldsymbol{p} = [\boldsymbol{\phi}_1,\ \boldsymbol{\phi}_2,\ \cdots,\ \boldsymbol{\phi}_m] \tag{8-15}$$

式中 P ——模态矩阵。

模态力 $\boldsymbol{F}_j^y$ 和第 j 阶模态响应 Y_j 为

$$\boldsymbol{F}_j^\mathrm{y} = \boldsymbol{\phi}_j^\mathrm{T}\boldsymbol{F}^u,\ Y_j = \alpha_j \boldsymbol{F}_j^\mathrm{y};\ j = 1,\ \cdots,\ m \tag{8-16}$$

其中模态导纳为

$$\alpha_j = \frac{1}{\omega_j^2(1 + i\eta) - \omega^2} \tag{8-17}$$

其中式（8-11）中的响应，变为 $\boldsymbol{U} = \boldsymbol{P}\boldsymbol{Y}$，$\boldsymbol{Y}$ 为模态响应的矢量。整个系统的时间平均势能和动能为

$$V = \frac{1}{4}\sum_j \omega_j^2\ |\boldsymbol{Y}_j|^2;\ T = \frac{1}{4}\omega^2\sum_j\ |\boldsymbol{Y}_j|^2 \tag{8-18}$$

该式是对有关的所有节点的能量做叠加处理。如果模态振型在全局坐标系中做正交处理，而不在子系统中做正交处理，各个子系统的能量描述将要更加复杂。对 b 系统而言，其能量表达式为

$$V_b = \frac{1}{4}\boldsymbol{Y}^H\boldsymbol{\kappa}_b\boldsymbol{Y};\ T_b = \frac{1}{4}\omega^2\boldsymbol{Y}^H\boldsymbol{\mu}_b\boldsymbol{Y} \tag{8-19}$$

其中

$$\boldsymbol{\kappa}_b = \boldsymbol{P}^\mathrm{T}\boldsymbol{S}_b^\mathrm{T}\boldsymbol{K}_b\boldsymbol{S}_b\boldsymbol{P};\ \boldsymbol{\mu}_b = \boldsymbol{P}^\mathrm{T}\boldsymbol{S}_b^\mathrm{T}\boldsymbol{M}_b\boldsymbol{S}_b\boldsymbol{P} \tag{8-20}$$

两者均是实对称矩阵，被称为子系统 b 的刚度与质量分布矩阵，代表子系统 b 在全局坐标中的刚度与质量，以上便实现了振型的分解，接下来便做振型求解。当式（8-19）能用来计算子系统 b 的响应时，对该式重新排列后更方便计算。该式能写成基于全局模型 m 和 p 的交叉模态形式如下：

$$V_b = \frac{1}{4}\sum_{m,\ p} \boldsymbol{Y}_m^* \boldsymbol{Y}_p k_{b,\ mp} \tag{8-21}$$

其中模态响应为

$$\boldsymbol{Y}_p = \boldsymbol{\alpha}_p \boldsymbol{F}_p^\mathrm{y} = \boldsymbol{\alpha}_p \sum_k P_{kp} F_k^u \tag{8-22}$$

式中求和公式包括所有的激励节点。将 $\boldsymbol{Y}_p$ 和 $\boldsymbol{Y}_m^*$ 两者替代后如下：

$$V_b = \frac{1}{4}\sum_{m,\ p} \boldsymbol{\psi}_{a,\ mp} k_{b,\ mp} \boldsymbol{\alpha}_m^* \boldsymbol{\alpha}_p \tag{8-23}$$

其中：

$$\psi_{a,\ mp} = \sum_{m,\ p} P_{jm} P_{kp} F_j^{u\ *} F_k^u \tag{8-24}$$

将 m、p 阶的力分布与子系统 a 相联系。子系统 a 的力分布矩阵 $\boldsymbol{\psi}_a$，决定全局坐标中的载荷，其表达式为

$$\boldsymbol{\psi}_a = \boldsymbol{P}^T \boldsymbol{S}_a^T \boldsymbol{A} \boldsymbol{S}_a \boldsymbol{P};\ A_{jk} = F_j^{u\ *} F_k^u \tag{8-25}$$

式中，$\boldsymbol{A}$ 由不同模态力的大小和相位决定，重新排列后计算效率提高了是因为 $\boldsymbol{\psi}_{a,mp}$ 和 $\boldsymbol{k}_{b,mp}$ 以及相应的其他量只被赋值一次。

大多数随机宽频激励条件下的能量流方法，都会致力于研究其频率平均化激励响应的质量。然而，许多情况下激励的空间分布与频率无关，而激励的等级可能与频率有关。在这种条件下，A_{jk} 与节点力的能量谱密度有关，因此 $\boldsymbol{\psi}_a$ 能写成以下形式：

$$\boldsymbol{\psi}_a(\omega) = R^2(\omega) \boldsymbol{\psi}_a' \tag{8-26}$$

式中　$\boldsymbol{\psi}_a'$——通过将一些参考节点力统一后得到的；

　　　$R^2(\omega)$——频率变化。

激励的功率谱密度为 S_{ff}，因而 $R^2(\omega) = S_{ff}(\omega)\delta\omega$，$\delta\omega$ 为频率带宽，频率平均化响应可通在频带上进行平均化处理获得。当且仅当 α、ω 以及 S_{ff} 与频率有关时，求和运算与频率积分才能独立进行，这样能减少计算时间。比如带宽为 B 频带为 Ω 时：

$$\bar{T}_b = \frac{1}{4B} \sum_{m,\ p} (\boldsymbol{\psi}_{a,\ mp}' \boldsymbol{\mu}_{b,\ mp}) \left(\int_\Omega S_{ff} \omega^2 \boldsymbol{\alpha}_m^* \boldsymbol{\alpha}_p d\omega \right) \tag{8-27}$$

式（8-26）和式（8-27）能进行数值积分。然而，如果 S_{ff} 和 η 是常数，那么频率积分可以解析求解，这样能获得更佳的数值有效性，如果 η 是频率的函数，且阻尼很小 $\eta^2 \ll 1$ 时，在 $\boldsymbol{\alpha}_i(\omega)$ 中可以假设 $\eta_j = \eta(\omega_j)$，因而频率平均化过程如下：

$$\bar{V} = \left(\frac{s_{ff}}{4B} \right) \sum_m \omega_m^2 \boldsymbol{\psi}_{a,\ mm}' J_{1,\ m},\ J_{1,\ m} = \int_\Omega |\boldsymbol{\alpha}_m|^2 d\omega$$

$$T = \left(\frac{s_{ff}}{4B} \right) \sum_m \boldsymbol{\psi}_{a,\ mm}' J_{2,\ m},\ J_{2,\ m} = \int_\Omega \omega^2 |\boldsymbol{\alpha}_m|^2 d\omega$$

$$P_n = \left(\frac{s_{ff}}{2B} \right) \sum_m \boldsymbol{\psi}_{a,\ mm}' J_{3,\ m},\ J_{3,\ m} = \int_\Omega \mathrm{Re}\{i\omega \alpha_m\} d\omega$$

$$\bar{V}_b = \left(\frac{s_{ff}}{4B} \right) \sum_{m,\ p} \boldsymbol{\psi}_{a,\ mp}' \kappa_{b,\ mp} J_{4,\ mp},\ J_{4,\ mp} = \int_\Omega \boldsymbol{\alpha}_m^* \boldsymbol{\alpha}_p d\omega$$

$$T_b = \left(\frac{s_{ff}}{4B} \right) \sum_{m,\ p} \boldsymbol{\psi}_{a,\ mp}' \boldsymbol{\mu}_{b,\ mp} J_{5,\ mp},\ J_{5,\ mp} = \int_\Omega \omega^2 \boldsymbol{\alpha}_m^* \boldsymbol{\alpha}_p d\omega \tag{8-28}$$

频率积分 J 是可以完全积分，$J_{1,\ i}$、$J_{2,\ i}$ 和 $J_{3,\ i}$ 三者值很小，只有当模型 i 达到共振时才足够大，也就是如果 ω 处在 Ω 内，交叉模型耦合项 $J_{4,\ ij}$，$J_{5,\ ij}$ 一般情况也会比较小，当这些模型对处于或接近固有频率时，模态分离值比模态半功

率带宽要小，此时达到共振。因此，对模型进行交叉模态求和时避免接近固有频率，这样能节省计算。尽管非共振模型在有限元求和时占主导作用，但是在带宽 Ω 内仍然有部分共振模型。

如果阻尼比较小：$\eta^2 \ll 1$，那么 $\alpha_j(\omega)$ 和式（8-27）的积分由共振时所接近的固有频率 ω_j 决定。对在带宽 Ω 内共振的模型而言，其积分频率范围可取 $(0, \infty)$：

$$J_{1,j} \approx \frac{\pi}{2\eta_j\omega_j^3}, \quad J_{2,j} \approx \frac{\pi}{2\eta_j\omega_j}, \quad J_{3,j} \approx \frac{\pi}{2}; \quad \omega_j \in \Omega \tag{8-29}$$

对非共振模型（也就是 ω_j 不属于 Ω 范围内的模型），积分值接近 0，这些模型对整个响应作用很小。同样，积分 $J_{4,ij}$ 和 $J_{5,ij}$ 近似为

$$J_{4,ij} \approx \frac{\pi(\omega_i + \omega_j)^2[\eta_i(2\omega_i - \omega_j) + \eta_j(2\omega_j - \omega_i)]}{4\omega_i\omega_j[(\omega_i^2 - \omega_j^2)^2 + (\eta_i\omega_i^2 + \eta_j\omega_j^2)^2]} \tag{8-30a}$$

$$J_{5,ij} \approx \frac{\pi(\omega_i + \omega_j)^2[\eta_i\omega_i + \eta_j\omega_j]}{4[(\omega_i^2 - \omega_j^2)^2 + (\eta_i\omega_i^2 + \eta_j\omega_j^2)^2]} \tag{8-30b}$$

其中 ω_i，$\omega_i \in \Omega$，当模态分离量 $|\omega_i - \omega_j|$ 比平均模态带宽，$\Delta = (\eta_i\omega_i + \eta_j\omega_j)/2$，要小，也就是模型混叠，这些交叉模态项的值比较大。$k_{b,ij}$ 和 $\mu_{b,ij}$ 则表示 (i, j) 阶模态对子系统 b 的势能和动能的贡献程度。值得注意的是这些表达式非常相似（尤其是分母），同样，两个耦合振荡器间的耦合能量也非常相似。不同的是，耦合发生在两个振动的全局模型下，而非两个非耦合系统的模型。

因此，响应量减小至有效的模态项的求和。输入能量以及总能量由所有模型在频带下的激励决定，而子系统能量不仅依赖带宽 Ω 下所有模型的数量，还依赖于模态重叠，也就是，交叉模态项对 J_4 和 J_5 的作用。

比起用大量的模态自由度来描述系统响应，描述子系统模态响应更加有效。这形成了构建式模型综合（CMS）。子模型是通过依次对每一个子系统进行有限元分析，来求解许多小的问题而非一个大的整体。一个 CMS 模型非常适合后处理成能量流模型，结构全局自由度很容易被分为子系统的自由度。下一节将会用固定界面的 CMS 方法来描述系统的响应。与前面提到的表达式一样，下面的公式中也将会用到 ψ、k 及 μ，这些参数都属于子坐标系。

4 个不同的坐标系用来描述结构的响应：节点、非耦合分量模态、耦合分量模态及全局模态自由度。结构被划分为 n 个子系统，并得出每个子系统的有限元模型。节点自由度为向量 u，它包含不同子系统的自由度：

$$u = [u_1^T u_2^T \cdots u_n^T]^T \tag{8-31}$$

每一个分向量被进一步分解成内部耦合的自由度：

$$u_r = [u_i^T u_c^T]_r^T \tag{8-32}$$

耦合自由度属于两个或更多的子系统。无阻尼的动力学方程为

$$m^u \ddot{u} + k^u u = f^u \tag{8-33}$$

式中 m^u ，k^u ——分块对角矩阵。

第 r 阶子矩阵在对角矩阵中为

$$m_r^u = \begin{bmatrix} m_{ii} & m_{ic} \\ m_{ci} & m_{cc} \end{bmatrix}_r ; \quad k_r^u = \begin{bmatrix} k_{ii} & k_{ic} \\ k_{ci} & k_{cc} \end{bmatrix}_r \tag{8-34}$$

f^u 的第 r 阶子向量为

$$f_r^u = \begin{bmatrix} f_i \\ f_c \end{bmatrix}_r \tag{8-35}$$

每一个子系统的区域模态分析是在其耦合自由度被完全约束下执行的。节点的自由度 u 与一系列非耦合分量模态自由度有关，其转换关系为

$$u = Tq \tag{8-36}$$

对角矩阵 T 第 r 阶子矩阵为

$$T_r = \begin{bmatrix} P_r^q & X_r \\ 0 & I \end{bmatrix} \tag{8-37}$$

式中 P_r^q ——区域振型矩阵；

X_r 为约束模型矩阵为

$$X_r = -k^u{}_{ii,r}^{-1} k_{ic,r}^u ; \quad P_r^{qT} k_{ii,r}^u P_r^q = \omega_{n,r}^2 ; \quad P_r^{qT} m_{ii,r}^u P_r^q = I \tag{8-38}$$

当一个指定的耦合自由度以单元位移或者旋转的形式给出，同时所有其他耦合自由度保持固定时，约束的模型给出子系统的振型。CMS 的一个基本假设就是分量自由度比节点自由度要少。非耦合分量模态的质量与刚度矩阵为

$$m^q = T^T m^u T ; \quad k^q = T^T k^u T \tag{8-39}$$

其中对角矩阵 m^q 和 k^q 的第 r 阶子矩阵为

$$m_r^q = T_r^T m_r^u T_r ; \quad k_r^q = T_r^T k_r^u T_r \tag{8-40}$$

局部有限元模态通过不同耦合自由度强制相连，耦合在一起。结构的全局响应则用一系列耦合的分量模态坐标 x 来表示。非耦合分量模态坐标可通过转换矩阵 β 与之联系起来：

$$q = \beta x \tag{8-41}$$

第 r 阶子系统的非耦合分量模态坐标与一系列耦合的分量模型坐标可通过矩阵 β 的分量表示：

$$q_r = \beta_r X \tag{8-42}$$

无阻尼全局动力学方程为

$$m^x \ddot{x} + k^x x = f^x \tag{8-43}$$

全局质量与刚度矩阵以及全局力矢量为

$$m^x = \beta^T m^q \beta ; \quad k^x = \beta^T k^q \beta ; \quad f^x = \beta^T f^q \tag{8-44}$$

如果激励是时域谐波时间平均响应量能用非耦合分量模型坐标描述：

$$V_b = \frac{1}{4} Q_b^H k_b^q Q_b \; ; \quad T_b = \frac{1}{4} \omega^2 Q_b^H m_b^q Q_b \; ; \quad P_{in} = \frac{1}{2} \text{Re}\{i\omega \, F_a^{qH} Q_a\} \qquad (8\text{-}45)$$

式（8-45）能够通过矩阵求逆求解。例如，子系统 b 的非耦合分量模型响应为

$$Q_b = \beta_b \left[k^x (1 + i\eta) - \omega^2 m^x \right]^{-1} F^x \qquad (8\text{-}46)$$

然而，这种计算方法仍然很费时，尽管全局质量与刚度矩阵比全局有限元分析的要小很多。一种更加有效的方法是对其再一次做全局模态分析。这样能得到全局的固有频率 ω_j 以及全局振型 ϕ_j，其中 $j = 1, \cdots, m$。全局模型假设处于质量正交化状态为

$$P^T m^x P = I \; ; \quad P^T k^x P = \text{diag}(\omega_j^2) \; ; \quad P = \left[\phi_1 \phi_2 \cdots \phi_m \right] \qquad (8\text{-}47)$$

采用与上面同样的参数来标记全局模态自由度以及模态导纳。子系统 b 的非耦合分量模型响应为

$$Q_b = \beta_b P \text{diag}(\alpha_j) P^T F^x \qquad (8\text{-}48)$$

子系统 b 的刚度和质量分布矩阵为

$$k_b = P^T \beta_b^T k_b^q \beta_b P \; ; \quad P_b = P^T \beta_b^T m_b^q \beta_b P \qquad (8\text{-}49)$$

式中的分量模态自由度比节点自由度要少很多，比起式（8-19）而言，式（8-49）计算量小很多，势能为

$$V_b = \frac{1}{4} \sum_{m,\,p} Y_m^* \, Y_P k_{b,\,mp} \qquad (8\text{-}50)$$

使用转换矩阵，全局模态响应可用区域模态力为

$$Y_p = \alpha_p F_p^y = \alpha_p \sum_j P_{jp} F_j^x = \alpha_p \sum_j P_{jp} \sum_k \beta_{kj} F_k^q$$

$$= \alpha_p \sum_j P_{jp} \sum_k \beta_{kj} \sum_l T_{lk} F_l^u \qquad (8\text{-}51)$$

其中，j 包括了所有耦合的分量模态，k 包括所有非耦合分量模态，l 包括所有激励的节点。将其代入式（8-50），得

$$V_b = \frac{1}{4} \sum_{m,p} \alpha_m^* \alpha_p k_{b,mp} \sum_{j,r} P_{jm} P_{rp} \sum_{k,s} \beta_{kj} \beta_{sr} \sum_{l,t} T_{lk} T_{ts} F_l^{u\,*} F_t^u \qquad (8\text{-}52)$$

节点力分布矩阵为

$$A_{lt}^u = F_l^{u\,*} F_t^u \qquad (8\text{-}53)$$

子系统动能和势能为

$$V_b = \frac{1}{4} \sum_{m,p} \psi_{a,\,mp} \, \kappa_{b,mp} \alpha_m^* \alpha_p$$

$$T_b = \frac{1}{4} \omega^2 \sum_{m,p} \psi_{a,mp} \mu_{b,mp} \mu_{b,mp} \alpha_m^* \alpha_p \qquad (8\text{-}54)$$

其中全局力分布矩阵为

$$\psi_a = P^{\mathrm{T}}\beta_a^{\mathrm{T}} T_a^{\mathrm{T}} A_a^u T_a \beta_a P \tag{8-55}$$

输入能量为

$$p_{in} = \frac{1}{2}\mathrm{Re}\left\{i\omega \sum_m \psi_{a,mm}\alpha_m\right\} \tag{8-56}$$

对任意力分布而言,式(8-55)中 ψ_a 和前面一样也是复数形式。节点力分布矩阵 A_a^u 是实矩阵,且和节点质量矩阵呈比例关系。ψ_a 与式(8-32)质量分布矩阵 μ_a 相等。频率平均化同样能够通过对这些依赖频率项进行积分。

8.3 轧机振动有限元功率流研究

轧机振动的仿真研究一般要借助有限元软件来计算轧机的固有动力学特性,可模拟不同激励下轧机模型的响应,从而指导轧机设计和抑振控制。首先需要对轧机进行建模,然后将模型导入进行分析计算,在 ANSYS 中也有有限元功率流仿真功能,为研究轧机的振动功率流提供了强大的软件平台。

8.3.1 轧机振动模态及谐响应研究

依据图纸,采用 3D 建模软件(ProE/UG/Solidwork 等)对轧机建模,然后将模型导入到 ANSYS 中的 Workbench,经过参数设定、网格划分等,最后获取轧机模型的模态等。

8.3.1.1 轧机垂直振动模型简化

依据轧机图纸,对许多小细节做简化处理,这对仿真结果不会有较大的影响,建立的三维模型如图 8-2 所示。

8.3.1.2 轧机垂直振动模型网格划分

当轧机三维模型导入 ANSYS Workbench 中,在生成网格之前需要先设定轧机各个零部件之间的接触。其中支撑辊和工作辊与相应的轴承座的接触设置为绑定,各辊之间的接触设置为不分离,各部件定位面采用不分离,牌坊与上下连接梁之间的接触设置为绑定。

轧机模型部件接触设置好后,对模型做网格划分如图 8-2 所示。

值得注意的是,采用六面体网格划分,由于六面体属于高阶单元,四面体属于低阶单元,二者在单元及节点应力传递处理算法上不一样,六面体插值算法更全面一些,对于关键分析位置可以优先考虑六面体,对于非关键或者不满足六面体网格要求的,可以使用四面体,若四面体单元在关键分析位置,可以考虑四面体网格画细一些,同样可达到精度要求的。图 8-3 中网格尺寸是按 ANSYS Workbench 中设定的,在较大的牌坊上六面体单元相对较大,而牌坊上不规则处、过度圆角处以及与其他零部件接触位置的网格会自动细化。

图 8-2 轧机三维模型

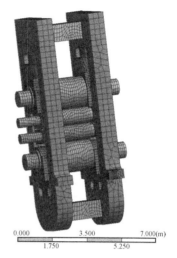

| 0.000 | | 3.500 | | 7.000(m) |
| | 1.750 | | 5.250 | |

图 8-3 轧机六面体网格划分

8.3.1.3 模态分析

轧机模型网格划分好以后，需要对模型进行边界条件的设定。轧机是通过牌坊地脚与基础相连，因此将轧机地脚底部的面设置为全约束如图 8-4 所示。

轧机在工作时会承受几千吨的轧制力，因此在分析其模态的时候需要对轧机施加预紧力，使得仿真时的状态更加接近实际。因此在 ANSYS Workbench 模态分析前需要先添加一个静力学分析模块，而后再运行模态分析，最后用谐响应分析模块进行动态响应分析。

图 8-4 轧机模型全约束

在静力学模块中，给定恒定轧制力设定为 $F_0 = 2 \times 10^4 \mathrm{kN}$，以分布力的形式施加在工作辊与带钢接触的部位上。

给轧机模型施加恒定轧制力载荷后计算其模态，由长期测试研究得知热连轧机振动的中心频率一般在几十赫兹。因此在计算的时候无须计算过多阶的模态，轧机模型在 ANSYS 中 Workbench 的前 12 阶模态云图如图 8-5 所示，各阶模态对应的频率值见表 8-1。

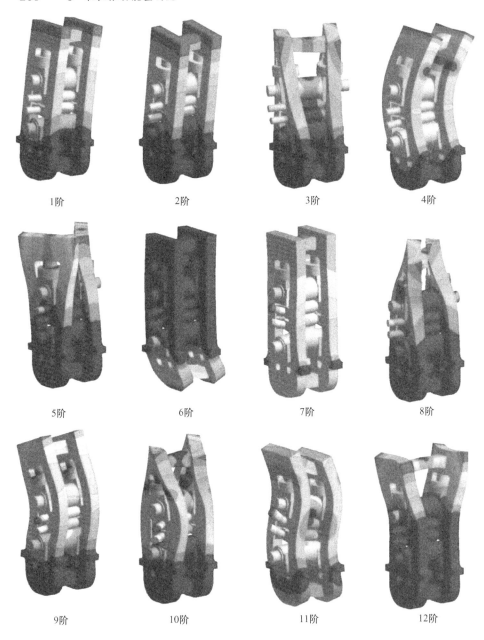

1阶　　　　　　2阶　　　　　　3阶　　　　　　4阶

5阶　　　　　　6阶　　　　　　7阶　　　　　　8阶

9阶　　　　　　10阶　　　　　　11阶　　　　　　12阶

图 8-5　轧机模型在 ANSYS Workbench 中的前 12 阶模态云图

扫一扫查看彩图

表 8-1 各阶模态频率

阶 数	频率/Hz	阶 数	频率/Hz
1	23.992	7	125.15
2	30.006	8	131.65
3	34.918	9	147.21
4	69.412	10	156.38
5	78.281	11	165.14
6	88.696	12	176.77

从图 8-5 可知，轧机第七阶模态为垂直振动，其大小约为 125Hz，该频率大小曾与现场实测的热轧机垂直振动频率接近。

8.3.1.4 谐响应分析

模态分析可以获取轧机固有属性，而谐响应分析则可以模拟轧机在承受指定的载荷激励时产生的幅频特性，同时 ANSYS 中 Workbench 后处理器还可以调取承受载荷后轧机模型的应力、应变和支反力等数据。轧机振动仿真研究时，往往选择静载荷与动载荷并施的形式，其静载荷在模态分析前已经施加，而在谐响应分析前需要施加轧机的动载荷。此处轧机动载荷指的是波动轧制力，其大小可根据现场获得的轧制力数据来确定，图 8-6 为某热轧机 F3 工作时轧制力曲线。

从图 8-6 可知，该轧机轧制时轧制力波动约为平均轧制力的 1/20，因此依据现场情况，仿真时设置的波动轧制力的幅值为稳定轧制力的 1/20，取 $\Delta F = 1 \times 10^6$N，在后处理中调取轧机辊系各辊的振动速度响应如图 8-7~图 8-10 所示。

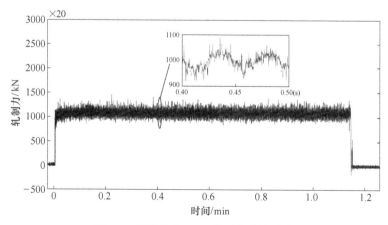

图 8-6 某热轧机 F3 工作时轧制力曲线

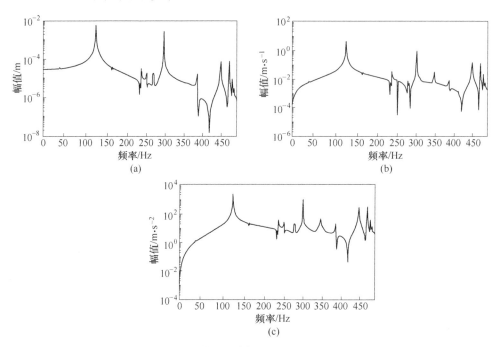

图 8-7　轧机上支撑辊振动幅频特性

（a）位移；（b）速度；（c）加速度

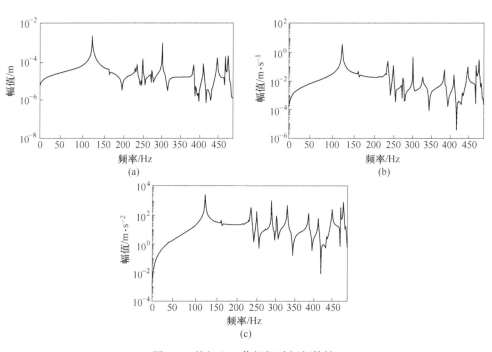

图 8-8　轧机上工作辊振动幅频特性

（a）位移；（b）速度；（c）加速度

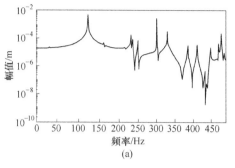
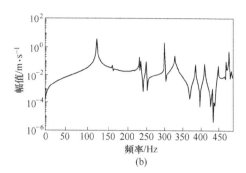
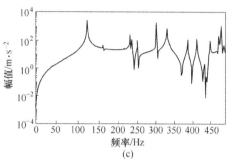

图 8-9　轧机下工作辊振动幅频特性

（a）位移；（b）速度；（c）加速度

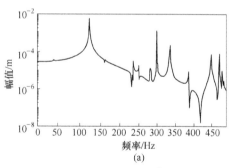
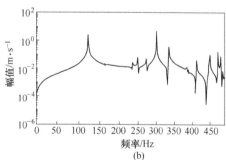
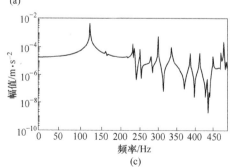

图 8-10　轧机下支撑辊振动幅频特性

（a）位移；（b）速度；（c）加速度

从图 8-7~图 8-10 可知，幅频特性图中最大优势频率为 125Hz 与 292Hz，上支撑辊与上工作辊在 125Hz 处的幅值最大，与图 8-5 中第七阶模态对应的频率基本一致。

8.3.2 轧机有限元功率流研究

轧机振动有限元分析主要以振动位移解（速度解或加速度解）来研究轧机模型，可以通过调取后处理各解来获得轧机振动的功率流。

8.3.2.1 垂直振动功率流模态分析

与传统的振动模态分析不同，基于功率流分析轧机振动时需考虑应力解，图 8-5 各阶振动模态对应的应力模态如图 8-11 所示。

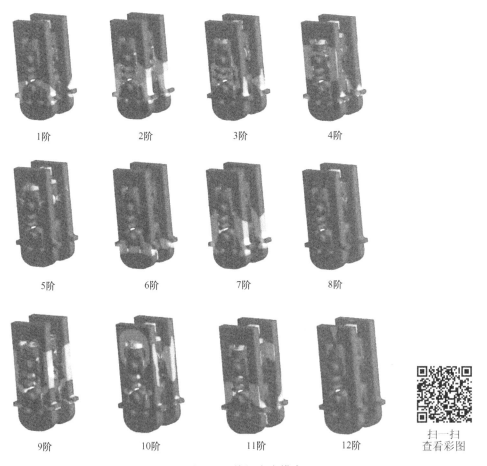

图 8-11 轧机应力模态

对比图 8-5 与图 8-11 各阶模态，发现轧机的应力模态与位移模态存在很大的差异，其应力最大值与位移最大值在同一阶模态上的位置不同。而从能量的角度来讲轧机振动的最大能量发生处不一定是振动位移最大处，还需要充分考虑其内部受到力的大小，因此在 ANSYS 中 Workbench 模态分析模块将其位移模态与应力模态调取做相乘处理，来获得能量模态，如图 8-12 所示。

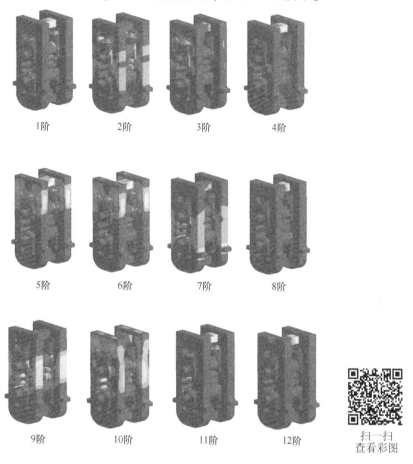

1阶   2阶   3阶   4阶

5阶   6阶   7阶   8阶

9阶   10阶   11阶   12阶

扫一扫
查看彩图

图 8-12　轧机能量模态

对比图 8-5（位移模态）、图 8-11（应力模态）和图 8-12（能量模态），发现能量模态与前两者存在差异，调取第七阶模态对比如图 8-13 所示。

从图 8-13 可知，轧机第七阶模态从位移模态来看轧机在垂直方向的位移从下至上依次增加，此时可以选择在轧机顶部安装传感器来获取轧机振动，然而从应力模态来看此时地脚附近的交变应力最大。轧机第七阶模态即使牌坊顶部显示振动幅值最大，但实际上轧机牌坊立柱下半部分的振动能量才是最大的，这与传统的轧机振动模态（位移模态）研究有很大的区别。

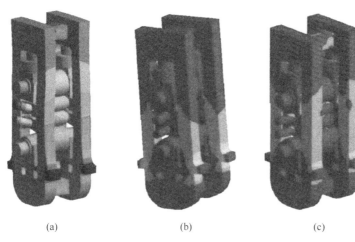

图 8-13　轧机第七阶模态对比

（a）位移模态；（b）应力模态；（c）能量模态

8.3.2.2　垂直振动功率流谐响应分析

轧机振动有限元功率流谐响应与通常的谐响应不同，在 ANSYS 中 Workbench 谐响应分析模块结果文件中，可以调取轧机任意部件基于扫描频率的速度谐响应，同时也可以调取其应力谐响应，可将数据导出后再做相乘后处理来获得功率流谐响应谱图如图 8-14~图 8-17 所示。

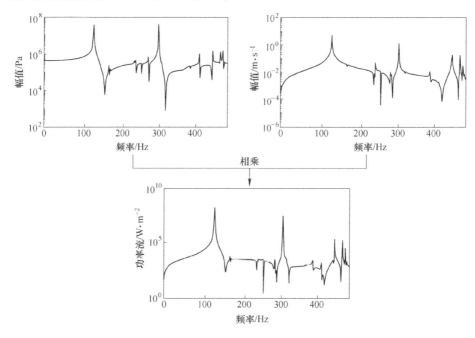

图 8-14　上支撑辊应力／速度／功率流幅频特性

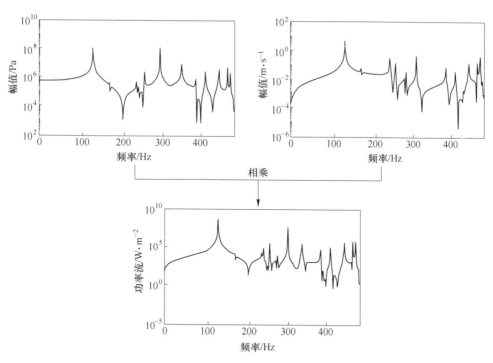

图 8-15 上工作辊应力/速度/功率流幅频特性

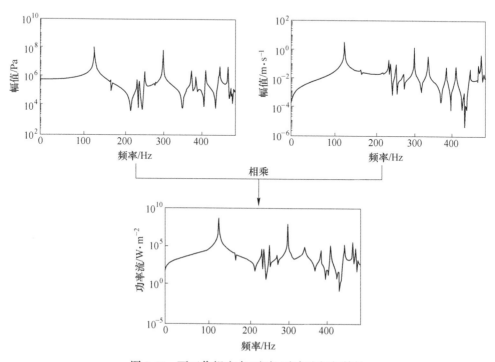

图 8-16 下工作辊应力/速度/功率流幅频特性

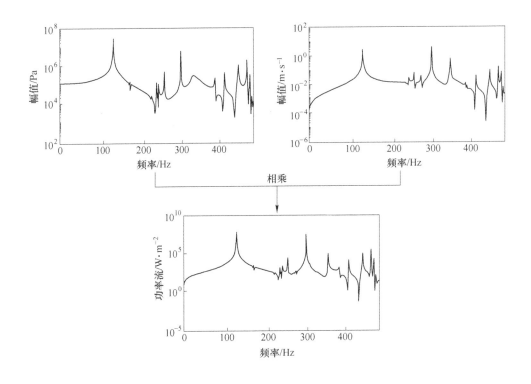

图 8-17　下支撑辊应力/速度/功率流幅频特性

从图 8-14～图 8-17 可以看出轧机位移谐响应与功率流谐响应存在差异：图 8-14 中在 100～150Hz 频段间速度谐响应谱图呈现平滑下降趋势，而其功率流谐响应则在 145Hz 处出现一个极小值，该极值是因为应力谐响应在该处也存在极小值，从而影响了功率流谐响应；同样在图 8-15 中 195Hz 处也存在一个功率流谐响应极小值；此外不论是速度谐响应、应力谐响应还是功率流谐响应，振动最大的两处均发生在 292Hz 与 125Hz 处。

8.3.3　振动功率流可视化研究

功率流传递途径的可视化能清晰地表达轧机内能量的分布、幅值大小以及流动的方向。

有限元分析后处理可知模型所有的节点在全局坐标下都存在 x 轴、y 轴和 z 轴三个方向的位移解，而该位移解能合成每个节点的位移矢量，进而获取整个模型的位移场。参考文献中给出了实体单元的功率流定义，以 8 节点六面正方体单元为例如图 8-18 所示。

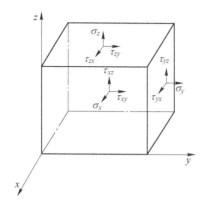

图 8-18 六面体单元

此处假设单元所处的全局坐标系为 x、y 和 z，则该单元在全局坐标下三个方向的功率流为

$$\begin{cases} P_x = -\dfrac{\omega}{2}\mathrm{Im}(\sigma_x v_x^* + \tau_{xy} v_y^* + \tau_{xz} v_z^*) \\[2mm] P_y = -\dfrac{\omega}{2}\mathrm{Im}(\tau_{xy} v_x^* + \sigma_y v_y^* + \tau_{yz} v_z^*) \\[2mm] P_z = -\dfrac{\omega}{2}\mathrm{Im}(\tau_{xz} v_x^* + \tau_{yz} v_y^* + \sigma_z v_z^*) \end{cases} \tag{8-57}$$

式中　　ω——激励频率；

σ_x，σ_y，σ_z——单元在三个方向上的应力；

τ_{xy}，τ_{yz}，τ_{xz}——单元在 xy、xz 和 yz 三个平面上的剪应力；

v_x^*，v_y^*，v_z^*——三个方向上的复速度共轭。

因此，单元的总功率为

$$P_0 = \sqrt{p_x^2 + p_y^2 + p_z^2} \tag{8-58}$$

为便于观察功率流流向，将各功率流矢量化，用粗体表示：

$$P_x = \begin{bmatrix} P_x & 0 & 0 \end{bmatrix}$$
$$P_y = \begin{bmatrix} 0 & P_y & 0 \end{bmatrix}$$
$$P_z = \begin{bmatrix} 0 & 0 & P_z \end{bmatrix}$$
$$P_0 = P_x + P_y + P_z \tag{8-59}$$

因此，任意模型通过有限元划分后，其整体功率流可视为各个单元功率流的组合。在 ANSYS 有限元分析中，可通过求解模型各个节点上的速度和应力来直接获取模型的功率流大小以及流向。

同样，可在 ANSYS 后处理器中调取各节点在三个方向的速度和应力解，并借助自主开发的 MATLAB 彩色矢量程序可以获得整个模型的功率流流场。依据式（8-59），从 ANSYS 后处理中调出轧机在 125Hz 激励下的数据，获取轧机功率流矢量图如图 8-19 与图 8-20 所示。

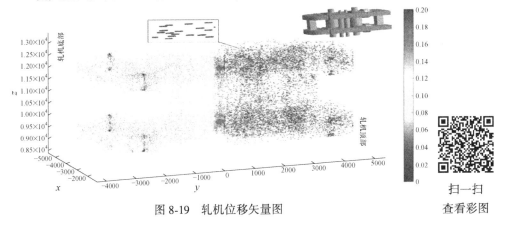

图 8-19　轧机位移矢量图

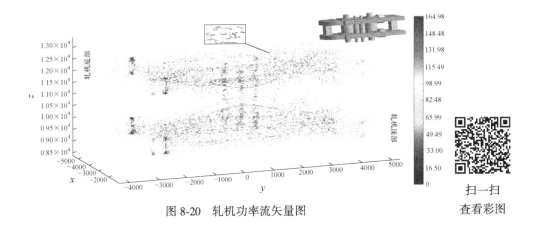

图 8-20　轧机功率流矢量图

　　从图 8-19 可以看出：在 125Hz 激励下轧机上的位移矢量从轧机底部（图中为左边）到顶部（图中为右边）逐渐增大，轧机上支撑辊以上部分位移矢量大小相近，从局部放大图可看出整个位移矢量是从轧机底部朝顶部流动。而其功率流矢量与位移矢量完全不同：分布在轧机工作辊与支撑辊处的功率流比其他部分的要大；功率流流动方向并非单一地从轧机底部往顶部流动，辊系处功率流呈现出类似双曲线的流动轨迹（见图 8-20 中标识线），而牌坊立柱功率流直接由轧机底部朝顶部流动。

　　以上辊系为研究对象，在 125Hz 下上辊系位移矢量图与功率流矢量图如图 8-21 与图 8-22 所示。

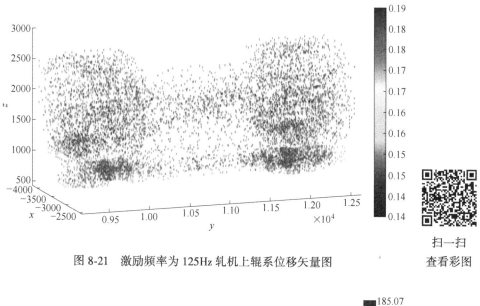

图 8-21 激励频率为 125Hz 轧机上辊系位移矢量图

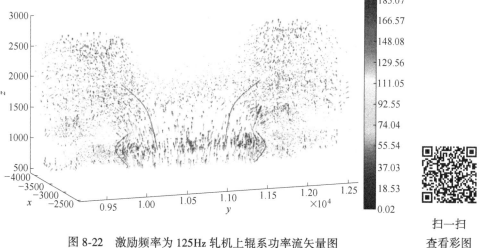

图 8-22 激励频率为 125Hz 轧机上辊系功率流矢量图

由图 8-21 中可知当激励频率为 125Hz 时,上辊系振动位移方向基本一致,全部为 Y 轴方向,工作辊和支撑辊的位移矢量幅值以支撑辊较大。而从图 8-22 可知,轧机模型功率流矢量与位移矢量存在很大的区别,功率流矢量能直接反应此时振动能量的大小与流动方向:工作辊辊身处功率流幅值要远大于支撑辊;两辊接触位置的功率流比其他部位更大,辊系之间呈线接触,接触线两端的功率流比中间大;各辊轴承座外端功率流幅值比轴承座内部大。功率流流向:在工作辊辊身处功率流由下垂直朝上,进入支撑辊后功率流逐渐向两端发散(大小逐渐减小）；工作辊辊身两侧的功率流曲向流动（见图 8-22 中标识线），工作辊下端母线两端功率流先朝外端流散，而后转向流向工作辊上端母线的两端，流入支撑辊后功率流矢量直接流向支撑辊两侧。

当激励频率为 292Hz 时，轧机上辊系位移矢量图与功率流矢量图如图 8-23 和图 8-24 所示。

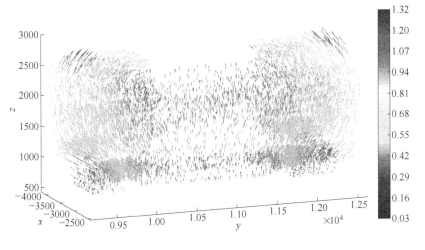

扫一扫
查看彩图

图 8-23　激励频率为 292Hz 轧机上辊系位移矢量图

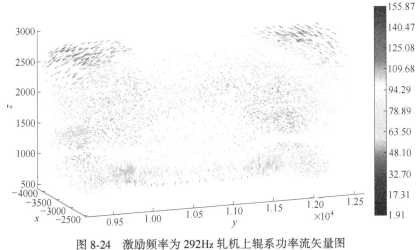

扫一扫
查看彩图

图 8-24　激励频率为 292Hz 轧机上辊系功率流矢量图

图 8-23 中位移矢量图中可以看到，292Hz 激励下工作辊和支撑辊辊身位移都很小，而图 8-24 功率流矢量图中显示工作辊此时的振动能量明显比支撑辊大，并且是竖直朝上传递。

8.4 基于界面的轧机振动功率流研究

界面是传递能量的中介，像管道截面一样，能体现能量流通的大小。现场实测时，振动传感器与被测设备也是通过界面相连，也就是说实测的振动是某一个界面的振动，而不是非被测物体的整体振动，因此分析界面的功率流有重要实用价值。

8.4.1 轧机界面功率流谐响应研究

轧机模型的界面如图 8-25 所示。

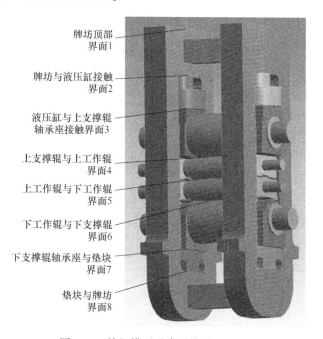

牌坊顶部
界面1

牌坊与液压缸接触
界面2

液压缸与上支撑辊
轴承座接触界面3

上支撑辊与上工作辊
界面4

上工作辊与下工作辊
界面5

下工作辊与下支撑辊
界面6

下支撑辊轴承座与垫块
界面7

垫块与牌坊
界面8

图 8-25 轧机模型垂直系统界面

图 8-25 中列出了轧机模型垂直方向的 8 个界面，其中界面 2 至界面 8 均为各零部件之间的接触面，也是轧机在工作时轧制力传递的界面，界面 1 为牌坊顶部表面（非接触面），由于轧机在线监测传感器往往安装在牌坊顶部，因此讨论该界面的功率流状况具有重要实用价值。

图 8-25 中各个界面的功率流谐响应可以在 ANSYS 中 Workbench 结果文件调取，如图 8-26 所示。

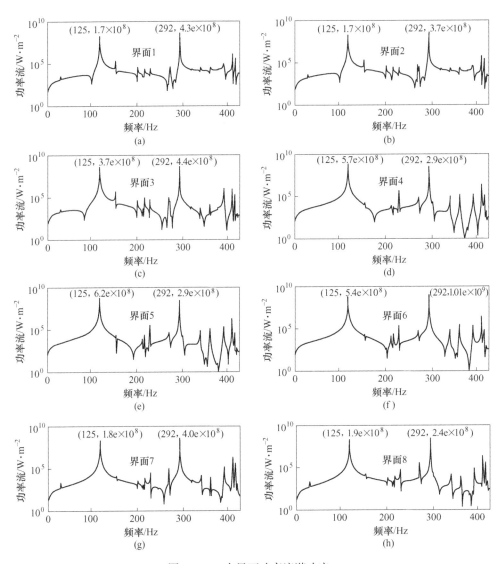

图 8-26 8个界面功率流谐响应

由图 8-26 可知，轧机操作侧各个界面均存在 125Hz 与 292Hz 峰值频率，其大小与该轧机有限元模型的第七阶固有频率基本一致。第一个峰值频率处，界面 5（轧机辊缝）处的振动功率流最大，上下轧辊与上下支撑辊辊缝接触界面（界面 4 和界面 6）次之。

8.4.2 轧机功率流传导率研究

界面振动功率流法可以用来描述零部件对指定振动的传导能力。零部件在指定频率下输出与输入界面的振动功率流幅值之比可以表征该零部件对指定频率的功率流传导能力，此处称为功率流传导率：

$$\chi(\omega) = \frac{A_{\text{out}}(\omega)}{A_{\text{in}}(\omega)} \times 100\% \tag{8-60}$$

式中，$A_{\text{in}}(\omega)$ 与 $A_{\text{out}}(\omega)$ 表示零部件输入界面与输出界面的振动功率流幅值。因此可以获取各零部件的传导率，如图 8-27 所示。

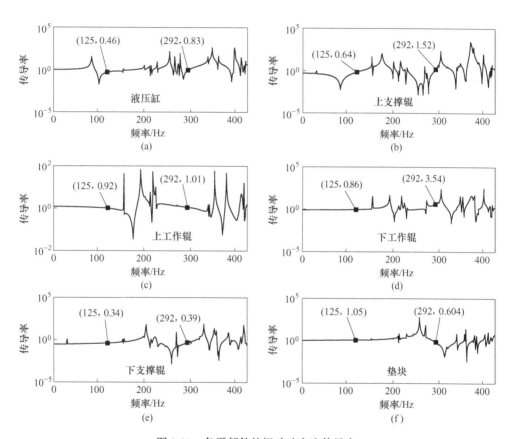

图 8-27　各零部件的振动功率流传导率

图中标注处坐标表示各零部件在功率流第一个峰值频率 125Hz 和功率流第二个峰值频率 292Hz 处的传导率。

8.4.2.1　刚度对振动功率流传导率的影响

功率流传导率，在零部件属性（比如刚度和质量等）发生变化时，也会发生变化。以液压缸为例：在配辊时辊径发生变化会使得无杆腔长度发生变化，因而其刚度也会发生变化，两者的关系如图 8-28 所示。

液压缸等效刚度变化，相应界面的功率流模态的频率值也会变化，因此该界面功率流谐响应也会发生变化。从式（8-60）可知功率流传导率也会发生变化。图 8-29 为 ANSYS Workbench 中获得的固有频率与液压缸刚度的关系。

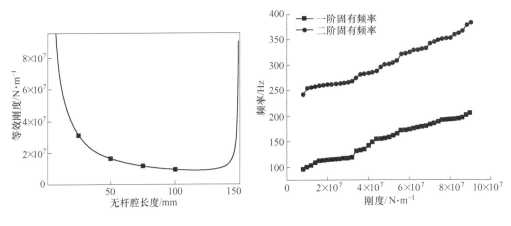

图 8-28　无杆腔长度与刚度的关系　　　　图 8-29　固有频率与液压缸刚度的关系

由图 8-29 可知，液压界面功率流第一个峰值固有频率与第二个峰值固有频率都会随着刚度的增大而增大。图 8-30 为不同无杆腔长度下的功率流传导率。

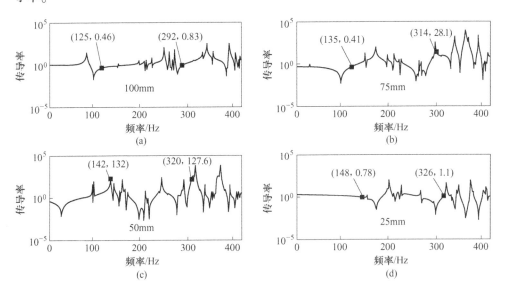

图 8-30　不同无杆腔长度下油缸功率流传导率

图 8-30 中标注的数组为液压缸第一个与第二个峰值频率对应的传导率，值

得注意的是由于无杆腔长度减小，相应的刚度增大。因此，第一个与第二个峰值频率的大小会变大。当无杆腔长度为 50mm 时，液压缸在第一个峰值频率 142Hz 与第二个峰值频率 320Hz 的功率流传导率分别为 132 和 127.6，此时液压缸的输入界面如果由接近第一峰值频率或第二峰值频率的激励流入液压缸，则液压缸会产生强烈的振动。图 8-31 为无杆腔长度与振动功率流传导率的关系。

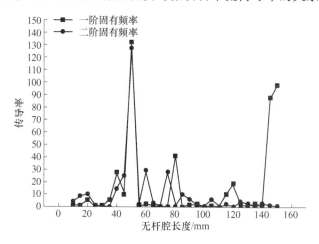

图 8-31　无杆腔长度与振动功率流传导率的关系

由图 8-31 可知，当无杆腔长度为 40mm、50mm、80mm、120mm、145mm 和 150mm 时，第一个峰值频率对应的功率流传导率非常大；而当无杆腔长度为 40mm、45mm、50mm、60mm 和 75mm 时，第二个峰值频率对应的功率流传导率非常大。如果输入界面有相应大小频率的振动流入液压缸则会被放大。

8.4.2.2　振动功率流传导率与振源的关系

众所周知，振动能量在传递过程中会逐渐被消耗，如果没有额外振动能量输入的话，振动能量总会从大的地方流向小的地方。对轧机而言，如若发生剧烈振动，则与振源最近的界面的振动功率流最大，然后逐步减弱，因此对比轧机各个界面的振动功率流可以找出相对最大的界面即可获得振源的信息。

同样以图 8-25 为例，由下至上以界面 8 为基准，可以依次求出垫块、下支撑辊、下工作辊、上工作辊、上支撑辊以及油缸相对界面 8 的传导率，此处称为绝对传导率，最大的零部件则为振源。

8.5　轧机振动功率流传导率实测

功率流传导率实测是通过获得现场轧机零部件输入输出界面处的振动参数后计算获得。

8.5.1 不同刚度下液压缸功率流传导率测量

当液压压下液压缸无杆腔长度接近某些特定值（50mm 或 100mm）时，液压缸振动异常剧烈，此时会引起液压系统的不稳定，对生产十分不利。根据现场测试，某 1580 热连轧机液压缸存在两种不同形式的剧烈振动：第一种是轧机辊系和液压缸以相同的频率振动，且两者的振动幅值相差不大；第二种是辊系振动相对较小，而液压缸的振动十分剧烈，两者振动频率也一致。此处将通过测量液压缸输入与输出界面的振动功率流来分析这种振动现象。

轧机各测点的振动速度可用振动速度传感器获取，轧制力信号则通过将现场信号投入自主研发的信号采集器中获得。液压缸输入与输出界面的振动功率流是通过后处理的振动速度与轧制力来获得，依据输入输出的功率流得到液压缸的振动传导率。图 8-32 为现场测试的测点照片。

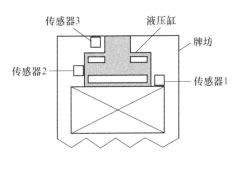

图 8-32 轧机功率流测点

图中传感器 1 安装在液压缸输入界面处、传感器 2 安装在液压缸上、传感器 3 安装在输出界面上。

当液压缸伸长为 100mm 时，轧机振动十分剧烈，振动功率流谱图以及液压缸的振动功率流传导率如图 8-33 所示。

从图 8-33 可知，功率流峰值频率为 125Hz，此时油缸输入界面的功率流最大。而此时油缸的振动功率流传导率为 0.625。

当液压缸无杆腔长度为 50mm 时，相应的刚度大小如图 8-28 所示，其输入界面与输出界面的功率流以及油缸的传导率如图 8-34 所示。

从图 8-34 可知，此时的峰值频率大小为 135Hz。与图 8-33 对比发现此时液压缸输入界面振动功率流幅值要小很多。然而由于此时油缸的振动功率流传导率

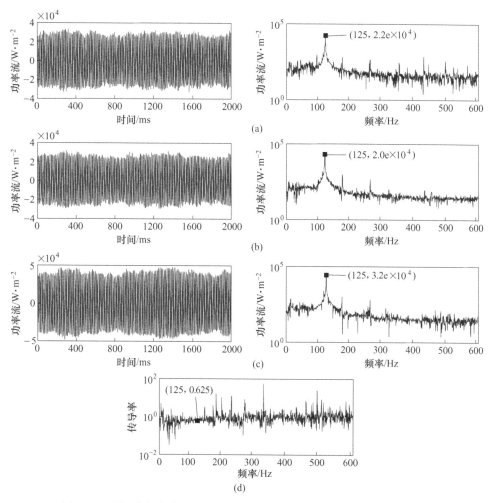

图 8-33　无杆腔长度为 100mm 时液压缸 3 个测点振动功率流以及传导率

（a）测点 1；（b）测点 2；（c）测点 3；（d）传导率

大小为 6.65，比前者（0.625）大许多，因此即便输入界面的振动功率流幅值很
小，液压缸本体振动的幅值也要比前者大很多，此时对液压系统的影响更大。

　　从图 8-33 与图 8-34 可知：现场发现的两种液压缸振动的现象可以通过测量
与分析液压缸界面的功率以及传导率来合理地解释。图 8-33 中液压缸的剧烈振
动（此时油缸无杆腔长度为 100mm）是由于输入振动功率流较大引起的，此时
由于传导率仅为 0.625，因此最后进入液压缸的振动有小幅度的减小；而图 8-34
中剧烈的振动（此时液压缸无杆腔长度为 50mm）则是由于液压缸较高的传导率
引起。

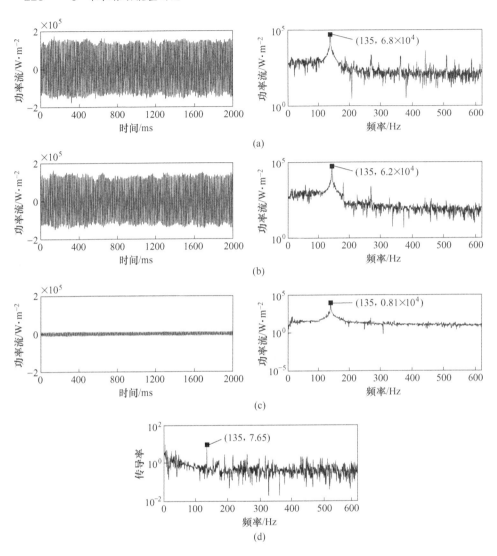

图 8-34　无杆腔长度为 50mm 时液压缸三个测点振动功率流以及传导率

（a）测点 1；（b）测点 2；（c）测点 3；（d）传导率

8.5.2　基于功率流传导率的振源探索

当轧机振动时，垂直系统各界面邻近区域安装振动速度传感器来获得振动速度，结合轧制力信号计算出各个界面上的振动功率流，以某一界面为基准获得其他界面的传导率，根据能量由大向小流动的特性可以知道振源发生在哪个零部件上。振动功率流传导率测试如图 8-35 所示。

图 8-35 中传感器 1 与传感器 2 测得的振动速度的平均值来表示界面 1 的振动

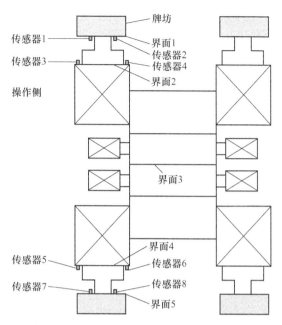

图 8-35 热轧机振动功率流传导率测试

速度；传感器 3 与传感器 4 测得的振动速度的平均值来表示界面 2 的振动速度；传感器 5 与传感器 6 测得的振动速度的平均值来表示界面 4 的振动速度；传感器 7 与传感器 8 测得的振动速度的平均值来表示界面 5 的振动速度。由于轧辊与轧辊接触界面无法实际测量其振动速度，因此利用轧机辊缝数据，对其求导后来表征界面 3 的振动速度。测得界面 1 至界面 5 的振动速度，结合轧制力信号以及各接触面的面积，依次获得轧机各个界面在振动优势频率下以界面 1 为基准的振动功率流传导率。

根据以上方法，获得轧机的振动功率流数据见表 8-2~表 8-7。

表 8-2 振动功率流测试数据一

界面编号	面积/m²	轧制力/kN	振动速度/mm·s⁻¹	振动功率流/W·m⁻²
1	0.508	10400	0.3250	6654
2	1.248	10400	0.9646	8038
3	0.012	10400	0.0051	4427
4	1.322	10400	0.2555	2010
5	0.502	10400	0.0386	800

表 8-3　振动功率流测试数据二

界面编号	面积/m²	轧制力/kN	振动速度/mm·s⁻¹	振动功率流/W·m⁻²
1	0.508	11234	0.3990	8823
2	1.248	11234	0.6845	6162
3	0.012	11234	0.0051	4800
4	1.322	11234	0.3086	2622
5	0.502	11234	0.0776	1736

表 8-4　振动功率流测试数据三

界面编号	面积/m²	轧制力/kN	振动速度/mm·s⁻¹	振动功率流/W·m⁻²
1	0.508	12150	0.2500	5979.33
2	1.248	12150	0.6785	6605.92
3	0.012	12150	0.0075	7593.75
4	1.322	12150	0.1562	1436.03
5	0.502	12150	0.0375	907.62

表 8-5　振动功率流测试数据四

界面编号	面积/m²	轧制力/kN	振动速度/mm·s⁻¹	振动功率流/W·m⁻²
1	0.508	11040	0.3129	6800
2	1.248	11040	0.9636	8524
3	0.012	11040	0.0087	8012
4	1.322	11040	0.3898	3255
5	0.502	11040	0.0459	1010

表 8-6　振动功率流测试数据五

界面编号	面积/m²	轧制力/kN	振动速度/mm·s⁻¹	振动功率流/W·m⁻²
1	0.508	9802	0.0526	1014
2	1.248	9802	0.3108	2441
3	0.012	9802	0.0073	5962
4	1.322	9802	1.0637	7887
5	0.502	9802	0.1753	3422

表 8-7 振动功率流测试数据六

界面编号	面积/m²	轧制力/kN	振动速度/mm·s⁻¹	振动功率流/W·m⁻²
1	0.508	10802	0.0989	2102
2	1.248	10802	0.4775	4133
3	0.012	10802	0.0089	8021
4	1.322	10802	0.7606	6215
5	0.502	10802	0.1457	3136

为方便对比，将表 8-2~表 8-7 中振动速度与振动功率流无量纲化，取界面一的数值为参考值 1，分别获得各个界面相对界面一的传导率，见表 8-8~表 8-13。

表 8-8 振动功率流相对测试数据一

界面编号	振动速度相对值	振动功率流相对值
1	1	1
2	2.9677	1.2080
3	0.0157	0.6653
4	0.7861	0.3021
5	0.1188	0.1202

表 8-9 振动功率流相对测试数据二

界面编号	振动速度相对值	振动功率流相对值
1	1	1
2	1.7158	0.6984
3	0.0129	0.5440
4	0.7734	0.2972
5	0.1944	0.1968

表 8-10 振动功率流相对测试数据三

界面编号	振动速度相对值	振动功率流相对值
1	1	1
2	2.7141	1.1048
3	0.0300	1.2700
4	0.6250	0.2402
5	0.1500	0.1518

表8-11   振动功率流相对测试数据四

界面编号	振动速度相对值	振动功率流相对值
1	1	1
2	3.0795	1.2535
3	0.0278	1.1782
4	1.2457	0.4787
5	0.1468	0.1485

表8-12   振动功率流相对测试数据五

界面编号	振动速度相对值	振动功率流相对值
1	1	1
2	5.9140	2.4073
3	0.1389	5.8797
4	20.2415	7.7781
5	3.3349	3.3748

表8-13   振动功率流相对测试数据六

界面编号	振动速度相对值	振动功率流相对值
1	1	1
2	4.8304	1.9662
3	0.0901	3.8159
4	7.6944	2.9567
5	1.4743	1.4919

为方便观察对比，将表8-8~表8-13转化为柱状图，如图8-36~图8-38所示。

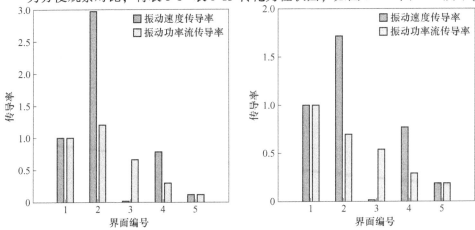

图 8-36   轧机振动零部件传导率一

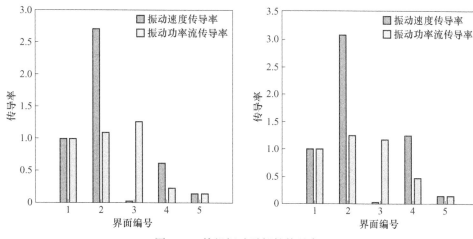

图 8-37　轧机振动零部件传导率二

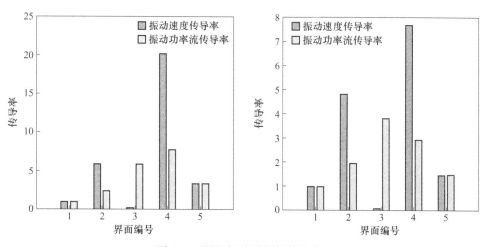

图 8-38　轧机振动零部件传导率三

图 8-36~图 8-38 中传导率即为轧机输出与输入界面振动速度的比值和功率流的比值。从图中可知，振动功率流传导率中最大的界面两侧的其他界面的功率流传导率逐渐减小，满足能量传递的规律。而最大振动功率流传导率与第二大传导率的界面之间对应的轧机零部件则为振动激励的发生点，例如图 8-36 中最大功率流传导率与第二大功率流传导率的两界面刚好为液压缸的两界面，图 8-37 中最大的两界面（界面 2 与界面 3）对应上辊系，图 8-38 中最大的两界面（界面 3 与界面 4）对应下辊系。而对比基于振动速度的传导率，并不符合传递呈递减规律，也无法准确判断振源位置。

由此可知通过测得的轧机界面功率流来获得界面传导率，根据传导率大小来判断振源是一种有效的方法，而单一的以振动速度获得振动速度传导率无法准确判断振源，这也是振动功率流相比通常振动研究方法的最大优势。

8.6 本 章 小 结

本章介绍了功率流能量法的优点和功率流理论，说明了利用功率流研究轧机振动的优势。通过功率流矢量化来实现轧机振动功率流的可视化，发现轧机模型功率流矢量分布与轧机位移矢量分布存在较大的差异。

提出以连接界面为研究对象来研究轧机振动。

通过 ANSYS 后处理模态数据获取了轧机各零部件接触界面的有限元功率流谐响应，并通过输出与输入界面获取了相应零部件的功率流传导率。

通过测得的界面振动功率流获得各零部件振动功率流传导率，可以依据传导率大小来判断振源。

9 热连轧机耦合振动抑振措施

9.1 轧机抑振控制概述

国内外轧机振动研究的重点主要集中在建立轧机系统的模型、分析系统的模型和寻求抑制轧机振动的措施，取得了一些成果，对解释轧机振动机理提供了理论基础。但是，不可否认，系统建模和分析曾经起到过积极的因素，但在依靠模型计算的结果来提出抑制轧机振动的措施却经常遇到了严峻的挑战，甚至成为"模型灾难"。严酷的现实不得不对抑制轧机振动的研究模式进行反思。

轧机固有动力学特性研究的重点是建立质量-弹簧模型或将连续体分割成有限单元来建立微分方程组求解轧机的固有频率和振型。由于模型的简化和处理方法的差别，使得计算结果与实际有一定的差别。这些仿真结果仅仅是知道了轧机的固有的"脾气"而已，即固有频率和振型。

轧机振动研究由过去研究线性系统到近年开展非线性系统研究。但是，借助机械振动理论来研究轧机振动过程中需要回答三个问题：一是阻尼大小如何确定；二是刚度如何计算更准确，特别是动态刚度计算；三是激振力如何给定。这三个问题一直困扰着轧机振动研究的学者们。为此，在求解的过程中不得不假设某些参数值，导致计算结果与实际有了偏差，甚至偏离很大，不能获得与实际相吻合的实际解。

另外一个研究方法就是从轧制变形区入手，依据卡尔曼微分方程或奥罗万微分方程，经过一定的假设和简化获得变形区动态特性。这里也有一些未考虑的因素，例如：液压压下系统动态特性和主传动系统的动态特性等对变形的影响。因此，建立轧机精确模型十分困难，甚至偏离实际动态过程，造成求解不精确甚至不可信，从而，很难依据仿真结果提出有效可行抑振方法。

可是，我们关心的问题不仅仅是轧机固有频率和振型及变形区动态特性问题，更重要的是如何降低轧机振动能量，降低到在轧制过程中不影响产品质量的程度上，成为国内外轧制领域 60 多年以来需要回答和解决的难题。

回顾研究轧机振动的历史，可以清楚地看出：轧机振动理论问题主要是从事机械或力学专业的学者来研究的，而钢铁企业现场机械技术人员除了降低或消除间隙、更换零部件以外，在其他抑制轧机振动现象方面却显得无能为力。同样企业现场工艺和电气人员也会通过调节某些工艺参数或电气参数来缓解轧机振动，在现场取得了一定的实用效果。尽管如此，轧机振动问题还频繁发生甚至出现不可控的状态，说明抑制轧机振动研究还有很远的路要走。

随着轧机装备水平的不断提高，轧机上应用了多项新的技术和成果，使轧机振动表现得越来越复杂。提供轧机振动的主要能量源由过去比较简单变得更加复杂化。例如：主传动系统从过去普通的交流电机驱动变为 G-D 机组、可控硅控制的直流电动机调速到近年变频控制交流电动机调速；压下系统由过去的电动压下发展到电动压下与 AGC 组合压下，再到 HGC+AGC 的全液压压下系统。这些先进控制手段的出现，无疑使轧机的控制水平和产品质量上了一个大的台阶。但是由于主传动变频控制、液压压下伺服系统和带钢的非线性导致在控制过程产生了许多谐波等扰动信号，致使轧机工作稳定性变差。因此，尽管在机械、电气、液压和界面方面提出了许多抑振方案，但还不够理想。

由于轧机振动表现出多参数、多耦合和非线性复杂的特征，从理论上来说常规的理论建模无法得到与实际吻合的理想模型，只能作为一般理论分析的基础。

回顾几百年机械振动的研究历程，重点要解决三种问题：

（1）已知激励和系统，求响应；

（2）已知激励和响应，求系统；

（3）已知系统和响应，求激励。

轧机振动研究就是上述（3）的问题，即轧机的响应可以从轧机振动测试信号中得到，系统也基本已知，主要的问题是寻求激振力，即振源。但现场测试的振动信号含有控制信号的响应、谐波干扰激励的响应和多种反馈的响应等叠加，因此该信号必须经过特殊处理，剔除控制信号、谐波信号和反馈等响应后才能得到振源激励的响应。面临如此复杂问题，需要多个专业深层次知识结构才能够正确辨别和分解信号，因此，具有很大的分辨难度。虽然系统基本已知，但其轧机装备的复杂性，所建立的系统模型都是局部的和近似的，因此，据此建立的模型进行求解只能是近似解，有时由于简化的不合理其计算结果甚至不可信。

现场亟须解决轧机振动问题，而理论研究又得不到精确解和抑制轧机振动的通用措施，成为轧机振动理论界和工程应用界研究的难点。

9.2 轧机振动抑振新思路

轧机振动研究最终目的是要解决现场轧机存在的严重振动现象。由于目前可用于现场的常规抑振措施一般都不能长期有效，例如改变轧制温度、机架间重新分配负荷、改变轧制速度、改善辊缝润滑状态、改变机架间冷却水强度、改变终轧温度和降低机械装配间隙等，在一定的工况下有时会起到一定的效果，但随着轧制材质、规格和工艺的变化,轧机又出现了新的振动问题和现象,因此迫切需要寻找通用的抑振措施,使得抑振措施长期有效。

经过大量现场测试和理论研究,得出轧机振动需要能量,而振动能量主要由主传动电机和液压压下缸来提供,其他如弯辊、窜辊、张力和平衡等由于作用力小,一般可以忽略。因此,抑制轧机振动的重点是如何在轧机振动时消减提供的振动能量和降低激励大小才能获得通用抑振措施。

经过深入探究,轧机轧制过程轧制力和扭矩都在波动,其波动具有一定的频率和幅值,当与固有频率相近或吻合振动速度达到一定值(一般为 1~2mm/s)时,轧机才开始出现振动现象。因此可以说,轧机振动是绝对的,不振是相对的,只要将轧机的轧制力和扭矩波动幅度降低到一定程度或改变振动频率,轧机就振不起来了。因此给我们一个启示,不管采取什么手段和方式,只要降低轧机的轧制力和扭矩波动幅值或改变激振频率都能消减轧机振动,这样就找到了抑制轧机振动通用措施。按照这一思路在现场进行了探讨与实践,取得了很好的效果。

9.3　连铸抑振措施及探究

热连轧机换辊后模拟轧制过程进行压靠试验时,轧机并未出现振动现象,而当轧制某种材质薄规格带钢时轧机却出现了振动现象。此时,将连铸坯进行扒皮再进行同规格轧制,发现轧机振动得到了较大的缓解,可以说轧机振动是由连铸坯诱发的。若模拟轧制压靠时,轧机出现了振动现象,证明这是轧机本身因素诱发的振动,应该查找诱发轧机振动的振源。

大量实践表明,连铸机表层状态会诱发轧机微小振动,轧机本身对这一振动提供振动能量并放大和遇上机械某固有频率使轧机振动变得更加强烈。因此,除了在轧机上实施相应的措施以外,也要对连铸坯表层进行控制,尽量减小激励。为此,在某 CSP 轧机上做了 SPA-H1200×1.8mm 钢种的 10 种工艺连铸参数组合抑振试验,将连铸过程的冷却强度、振动模式、保护渣种类、塞棒控制频率、拉坯速度、中间包液位高度和拉坯阻力等工艺参数进行优化和组合,获得不同的液面波动幅度及波动频率,改变了对轧机振动的激励,轧机振动抑振效果如表 9-1 和图 9-1 所示。

表 9-1　十种工艺参数组合对 CSP 轧机 F3 机架牌坊振动速度影响试验结果统计

连铸工艺参数组合种类	1	2	3	4	5	6	7	8	9	10
牌坊振动速度降低到	75%	33%	48%	90%	131%	52%	100%	45%	100%	75%

从图中看出 7 号工艺参数为原始状态,定义为100%;5 号工艺参数抑振效

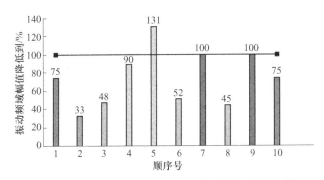

图 9-1　十种工艺参数组合对 CSP 轧机 F3 机架牌坊振动速度影响试验结果

果比原始状态还差，轧机振动增加了 31%；9 号工艺参数抑振效果与原始状态一样；其他工艺参数与原工艺参数相比，轧机振动速度都有所减小，其中 2 号抑制效果最好，实现了连铸机与轧机的协同控制，错开敏感频率，使轧机振动得到了很好的抑制。

　　通过上述措施实施及效果分析，发现连铸坯能够引发轧机振动的关键因素是多物理场耦合作用下复杂振痕形成的厚度波动和铸坯上下表层变形抗力的周期性波动。这些波动在轧机轧制过程中变成轧制力波动，成为轧机振动激励源，由于轧制过程多种非线性因素使其成为诱发热连轧机振动的重要原因。因此，从根源解决轧机振动问题，需要探寻铸坯表层的力学性能和形貌规律，找出能够对其进行有效调控、干预的主要措施。

　　针对连铸过程，以往的研究大多以结晶器内的钢液流场分布、保护渣覆盖下的液面波动、弯月面处的振痕形成机理和振痕处微观组织等问题为主，得出的结论侧重点一般在如何减少铸坯夹杂偏析和裂纹、改善结晶器内部流场和提高连铸坯表面质量等。但液面波动对铸坯表层形成过程的影响及流热力等多物理场耦合作用下坯壳成形规律尚无定量的理论解释。实际上，结晶器液面波动受结晶器振动模式、塞棒调节控制、水口插入深度、中间包振动、拉矫机振动、电磁搅拌、电磁制动、冷却强度、保护渣性能和钢水材质等多因素共同影响，因此，其液面波动规律不是一个简单的周期性波动，而是多因素共同作用下的结果，最终呈现出非线性的液面波动，进而对弯月面处坯壳初期形成产生影响，影响其表面形貌和微观组织的变化规律。由于结晶器的振动直接影响铸坯的脱坯，因此其振动模式也最为直接地体现在铸坯表面，即通常可以用肉眼观察到的铸坯表面周期性振痕。但同时由于其他因素的干扰，导致铸坯表面的振痕十分复杂，在大尺度上的周期性中还伴随着小尺度的非线性。

　　针对上述连铸过程生产的铸坯，即使经过加热炉加热、高温除鳞等工序，观察高温下板坯表面似乎平整，但其厚差、变形抗力的波动仍然遗传给了热连轧机等后面工序。由于测试环境的恶劣性和测试手段的局限性，导致直接验证其规律存在很大困难。尽管如此，但前面的扒皮试验也佐证了是诱发热连轧机振动最主要的根源。

为简要说明连铸过程与轧机振动关系，现假设铸坯表层变形抗力呈现周期性。在轧制过程中，通过各个轧机的质量秒流量为

$$V_i H_i = V_j H_j \tag{9-1}$$

式中　V_i ——i 架轧机轧制速度；

　　　H_i ——i 架轧机出口带钢厚度；

　　　V_j ——j 架轧机轧制速度；

　　　H_j ——j 架轧机出口带钢厚度。

假设进入第 i 架轧机的连铸坯振痕间距为 L_i，经过轧制后到第 j 架轧机的振痕间距为

$$L_j = \frac{L_i H_i}{H_j} \tag{9-2}$$

板坯对 j 架轧机的激振基频为

$$f_j = \frac{V_j}{L_j} = \frac{V_j H_j}{L_i H_i} \tag{9-3}$$

同理对 i 架轧机的激振基频为

$$f_i = \frac{V_i}{L_i} = \frac{V_i H_i}{L_j H_j} \tag{9-4}$$

轧制过程中单一振痕间距质量（体积）守恒：

$$L_i H_i = L_j H_j \tag{9-5}$$

由于质量秒流量相等、单一振痕间距质量守恒，有

$$\frac{V_j H_j}{L_i H_i} = \frac{V_i H_i}{L_j H_j} \tag{9-6}$$

则

$$f_i = f_j \tag{9-7}$$

也就是说，进入轧机的板坯对每架轧机激起的频率是相等的。然而上述推导只是在理想条件下进行的，实际工况还要复杂得多，是多频谐波激励的结果并引发"以低激高"的谐波共振。

总的来说，铸坯作为热连轧机的原料，作者提出了铸坯表层的性能成为诱发轧机振动的重要因素。对于多物理场耦合作用下铸坯表面形貌的成形规律、铸坯表层性能规律的测试手段、铸坯非线性激励轧机振动特征和铸坯引发轧机振动的深层次机理等还需要进一步探究。

9.4　主传动扭振抑振措施

针对某 CSP 轧机在工作过程中发生的传动系统第二阶扭转振动问题，进行了轧机的主传动系统尤其是电气控制部分的研究，仿真分析了现有的电机控制系统在抑制第二阶扭振方面的不足，然后设计出一种能够抑制第二阶扭振的抑振器，获得在加入抑振器之后电机控制系统对轧机主传动系统第二阶扭振的抑制效果。

国内外专家学者对轧机主传动系统扭转振动的研究已经有几十年的历史了。目前绝大部分的研究都集中在主传统系统第一阶扭振的测试和分析，涉及第二阶扭振却很少。但是，随着轧机生产能力的不断提高，轧机驱动功率和轧制力矩不断增加，轧机自动化程度和系统响应速度提高，这使得轧机扭转振动现象日趋复杂和多样化。

某 CSP 轧机 F3 机架在发生剧烈振动，从现场测试信号频谱图中观察到占主要成分的是轧机主传动系统的第二阶扭转振动频率。对此进行抑制研究，通过电机的控制系统来抑制轧机主传动系统的第二阶扭转振动。

9.4.1　轧机主传动扭振现象

对某 CSP 轧机 F3 主传动系统的接轴扭矩进行现场测试，得知轧机的主要振动形式为扭转振动，振动中心频率为 42.75Hz 左右。图 9-2 为现场测得的发生异常振动时轧机万向接轴的扭矩信号波形图和频谱图。

9.4.2　扭振抑振器设计与仿真分析

采用现代控制理论的状态反馈控制，可以实现闭环系统极点在根平面上的任意配置，取得稳定和快速的速度控制，是一种在实际应用中很有发展前景的控制方案。想要抑制轧机主传动系统第二阶扭转振动，就必须使抑振器能够观测到第二阶扭振频率而又足够简单，因此，将轧机主传动系统简化为具有三个集中质量的模型，作为抑振器的设计基础。调整模型使其扭振频率等于原系统的前两阶固有频率：19.8Hz 和 42.75Hz。

9.4.2.1　轧机主传动系统三个集中质量简化模型的状态方程

取模型的转动惯量和扭转刚度系数为

电机 $J_M = 85748 \text{kg} \cdot \text{m}^2$，传动 $J_C = 15196 \text{kg} \cdot \text{m}^2$，轧辊 $J_L = 5200 \text{kg} \cdot \text{m}^2$，$K_1 = 7.9587 \times 10^8 \text{N} \cdot \text{m/rad}$，$K_2 = 8.4823 \times 10^7 \text{N} \cdot \text{m/rad}$。

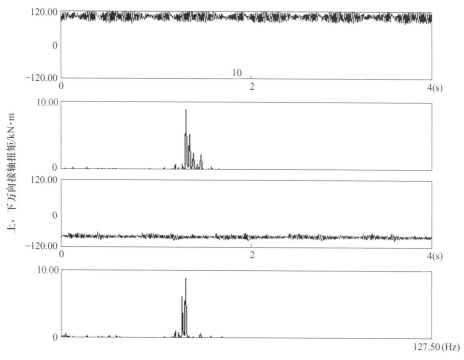

图 9-2 F3 发生振动时接轴扭矩波形图和频谱图

带负载扰动的轧机系统状态方程为

$$
\begin{bmatrix} \dot{\omega}_M \\ \dot{M}_1 \\ \dot{\omega}_C \\ \dot{M}_2 \\ \dot{\omega}_L \end{bmatrix} = \begin{bmatrix} 0 & -\dfrac{1}{J_M} & 0 & 0 & 0 \\ K_1 & 0 & -K_1 & 0 & 0 \\ 0 & \dfrac{1}{J_C} & 0 & -\dfrac{1}{J_C} & 0 \\ 0 & 0 & K_2 & 0 & -K_2 \\ 0 & 0 & 0 & \dfrac{1}{J_L} & 0 \end{bmatrix} \begin{bmatrix} \omega_M \\ M_1 \\ \omega_C \\ M_2 \\ \omega_L \end{bmatrix} + \begin{bmatrix} \dfrac{1}{J_M} \\ 0 \\ 0 \\ 0 \\ 0 \end{bmatrix} M_e + \begin{bmatrix} 0 \\ 0 \\ 0 \\ 0 \\ -\dfrac{1}{J_M} \end{bmatrix} M_L
$$

$$(9\text{-}8)$$

$$
\omega_M = \begin{bmatrix} 1 & 0 & 0 & 0 & 0 \end{bmatrix} \begin{bmatrix} \omega_M \\ M_1 \\ \omega_C \\ M_2 \\ \omega_L \end{bmatrix} \tag{9-9}
$$

假设轧机的负载扰动是阶跃信号，即

$$\dot{M}_L = 0 \tag{9-10}$$

将式 (9-8)~式 (9-10) 合成为一个增广系统, 即

$$
\begin{bmatrix} \dot{\omega}_M \\ \dot{M}_1 \\ \dot{\omega}_C \\ \dot{M}_2 \\ \dot{\omega}_L \\ \dot{M}_L \end{bmatrix} = AX + B =
\begin{bmatrix}
0 & -\dfrac{1}{J_M} & 0 & 0 & 0 & 0 \\
K_1 & 0 & -K_1 & 0 & 0 & 0 \\
0 & \dfrac{1}{J_C} & 0 & -\dfrac{1}{J_C} & 0 & 0 \\
0 & 0 & K_2 & 0 & -K_2 & 0 \\
0 & 0 & 0 & \dfrac{1}{J_L} & 0 & -\dfrac{1}{J_L} \\
0 & 0 & 0 & 0 & 0 & 0
\end{bmatrix}
\begin{bmatrix} \omega_M \\ M_1 \\ \omega_C \\ M_2 \\ \omega_L \\ M_L \end{bmatrix}
+
\begin{bmatrix} \dfrac{1}{J_M} \\ 0 \\ 0 \\ 0 \\ 0 \\ 0 \end{bmatrix} M_e
\tag{9-11}
$$

$$
\omega_M = CX = \begin{bmatrix} 1 & 0 & 0 & 0 & 0 & 0 \end{bmatrix}
\begin{bmatrix} \omega_M \\ M_1 \\ \omega_C \\ M_2 \\ \omega_L \\ M_L \end{bmatrix}
\tag{9-12}
$$

9.4.2.2　全维抑振器设计

全维抑振器的设计步骤如下:

(1) 判断增广系统的可观测性。轧机增广系统的可观测性矩阵为

$$
\begin{bmatrix} C \\ CA \\ CA^2 \\ CA^3 \\ CA^4 \\ CA^5 \end{bmatrix} =
\begin{bmatrix}
1 & 0 & 0 & 0 & 0 & 0 \\
0 & -\dfrac{1}{J_M} & 0 & 0 & 0 & 0 \\
-\dfrac{K_1}{J_M} & 0 & -\dfrac{K_1}{J_M} & 0 & 0 & 0 \\
0 & \dfrac{K_1}{J_M^2}+\dfrac{K_1}{J_M J_C} & 0 & -\dfrac{K_1}{J_M J_C} & 0 & 0 \\
\dfrac{K_1^2}{J_M^2}+\dfrac{K_1^2}{J_M J_C} & 0 & -\dfrac{K_1^2}{J_M^2}-\dfrac{K_1^2}{J_M J_C} & 0 & \dfrac{K_1 K_2}{J_M J_C} & 0 \\
0 & -\dfrac{K_1^2}{J_M^3}-\dfrac{2K_1^2}{J_M^2 J_C}-\dfrac{K_1^2}{J_M J_C^2}-\dfrac{K_1 K_2}{J_M J_C^2} & 0 & \dfrac{K_1^2}{J_M^2 J_C}+\dfrac{K_1^2}{J_M J_C^2}+\dfrac{K_1 K_2}{J_M J_C^2}+\dfrac{K_1 K_2}{J_M J_C J_L} & 0 & \dfrac{K_1 K_2}{J_M J_C J_L}
\end{bmatrix}
\tag{9-13}
$$

该增广系统是状态完全可观测的。

（2）根据系统的稳态误差和动态特性的要求，通过选择 L 矩阵，配置极点。

$$l_1 = KB_1 J_M^{-1};\ l_2 = KB_2 K_1;\ l_3 = KB_3 J_C^{-1};\ l_4 = KB_4 K_2;\ l_5 = KB_5 J_L^{-1};\ l_6 = KB_6$$

$$(9\text{-}14)$$

式中，$KB_1 \sim KB_6$ 为观测器误差加权系数。

则式（9-11）和式（9-12）就可以写成以下形式：

$$
\begin{bmatrix} \dot{\omega}_M \\ \dot{M}_1 \\ \dot{\omega}_C \\ \dot{M}_2 \\ \dot{\omega}_L \\ \dot{M}_L \end{bmatrix} =
\begin{bmatrix}
-\dfrac{KB_1}{J_M} & -\dfrac{1}{J_M} & 0 & 0 & 0 & 0 \\
K_1(1-KB_2) & 0 & -K_1 & 0 & 0 & 0 \\
-\dfrac{KB_3}{J_C} & \dfrac{1}{J_C} & 0 & -\dfrac{1}{J_C} & 0 & 0 \\
-KB_4 K_2 & 0 & K_2 & 0 & -K_2 & 0 \\
-\dfrac{KB_5}{J_L} & 0 & 0 & \dfrac{1}{J_L} & 0 & -\dfrac{1}{J_L} \\
-KB_6 & 0 & 0 & 0 & 0 & 0
\end{bmatrix}
\begin{bmatrix} \omega_M \\ M_1 \\ \omega_C \\ M_2 \\ \omega_L \\ M_L \end{bmatrix} +
\begin{bmatrix} \dfrac{1}{J_M} \\ 0 \\ 0 \\ 0 \\ 0 \\ 0 \end{bmatrix} M_e +
\begin{bmatrix} \dfrac{KB_1}{J_M} \\ KB_2 K_1 \\ \dfrac{KB_3}{J_C} \\ KB_4 K_2 \\ \dfrac{KB_5}{J_L} \\ KB_6 \end{bmatrix} \omega_M
$$

$$(9\text{-}15)$$

上式的特征方程为

$$
\det(sI - A) = 1 - \frac{KB_1 + KB_3 + KB_5}{KB_6}s + \frac{KB_2(J_C + J_L) + KB_4 J_L - J_M - J_C - J_L}{KB_6}s^2
$$

$$
- \frac{KB_1(K_1 J_L + K_2 J_L + K_2 J_C) + KB_3 K_1 J_L}{K_1 K_2 KB_6}s^3
$$

$$
- \frac{K_1 J_M J_L + K_2 J_M J_L + K_1 J_C J_L + K_2 J_M J_C - KB_2 K_1 J_C J_L}{K_1 K_2 KB_6}s^4
$$

$$
- \frac{KB_1 J_C J_L}{K_1 K_2 KB_6}s^5 - \frac{J_M J_C J_L}{K_1 K_2 KB_6}s^6 = 0 \qquad (9\text{-}16)
$$

控制系统的性能主要取决于系统极点在根平面上的分布，因此在系统设计中，通常是根据对系统的品质要求，规定闭环系统极点应有的分布情况。所谓极点配置，就是通过选择反馈矩阵，将闭环系统的极点恰好配置在根平面上所期望的位置，以获得所希望的动态性能。考虑到系统的快速性和稳定性，特征方程有如下系数结构时，系统控制品质最优：

$$
1 + T_{EB}s + \frac{1}{2}T_{EB}^2 s^2 + \frac{1}{8}T_{EB}^3 s^3 + \frac{1}{64}T_{EB}^4 s^4 + \frac{1}{4096}T_{EB}^5 s^5 + \frac{1}{16777216}T_{EB}^6 s^6 = 0
$$

$$(9\text{-}17)$$

式中 T_{EB}——等效时间常数。

比较式 (9-16) 与式 (9-17) 得到观测器的误差加权系数如下:

$$\begin{cases} KB_1 = \dfrac{4096 J_M}{T_{EB}} \\[2mm] KB_2 = 1 + \dfrac{J_M(K_1 + K_2)}{J_C K_1} + \dfrac{J_M K_2}{J_L K_1} - \dfrac{262144 J_M}{K_1 T_{EB}^2} \\[2mm] KB_3 = \dfrac{2097152 J_M J_C}{K_1 T_{EB}^3} - \dfrac{4096 J_M K_2}{K_1 T_{EB}} - \dfrac{4096 J_M}{T_{EB}} - \dfrac{4096 J_M J_C K_2}{J_L K_1 T_{EB}} \\[2mm] KB_4 = \dfrac{262144 J_M(J_C + J_L)}{J_L K_1 T_{EB}^2} - \dfrac{8388608 J_M J_C}{K_1 K_2 T_{EB}^4} - \dfrac{J_M(K_1 + K_2)}{J_C K_1} - \dfrac{J_M K_2(2J_L + J_C)}{J_L^2 K_1} \\[2mm] KB_5 = \dfrac{16777216 J_M J_C J_L}{K_1 K_2 T_{EB}^5} - \dfrac{2097152 J_M J_C}{K_1 T_{EB}^3} + \dfrac{4096 J_M K_2}{K_1 T_{EB}} + \dfrac{4096 J_M J_C K_2}{J_L K_1 T_{EB}} \\[2mm] KB_6 = -\dfrac{16777216 J_M J_C J_L}{K_1 K_2 T_{EB}^6} \end{cases}$$

$$(9\text{-}18)$$

根据式 (9-18), 就可以在 Matlab/Simulink 中建立起全维抑振器控制系统仿真模型如图 9-3 所示。

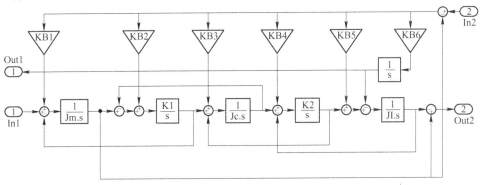

图 9-3 全维抑振器控制系统仿真模型

9.4.2.3 全维扭振抑振器仿真分析

将全维抑振器封装成一个子系统, 加入轧机控制系统仿真模型中, 由观测器对系统的实际扭矩和扭振频率进行观测, 在 Matlab/Simulink 中得到图 9-4 所示的机电耦合仿真模型。图中 K_n 是速差的补偿增益系数。

当轧机产生扭振时, 抑振器将由扰动量作用而产生的与传动系统扭振频率相一致的振荡去抵消传动系统的扭振, 从而实现稳定运行。其稳定运行是通过抑振器输出的扭矩信号和电动机与轧辊之间的瞬时速差来对系统进行补偿的。采用这

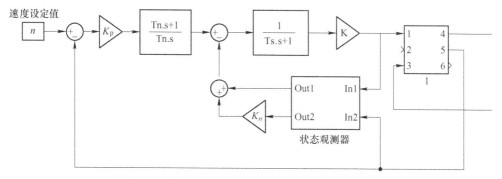

图 9-4 加入全维抑振器之后的控制系统仿真模型

种补偿方式，其作用的快速性主要是由补偿回路能产生与实际传动系统扭振相同步的信号直接参与调节。

在仿真模型的子系统中输入 42Hz 的正弦激励信号，幅值为 240kN·m 进行仿真，得到电机转速信号波形图及其局部放大图如图 9-5 所示。输出电磁转矩信号波形图及其局部放大图如图 9-6 所示，接轴扭矩信号波形图及其局部放大图如图 9-7 所示。

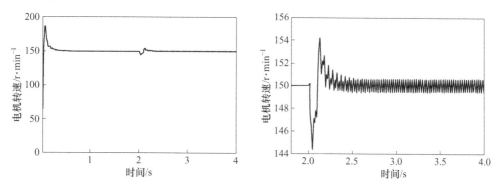

图 9-5 电机转速信号波形图及其局部放大图

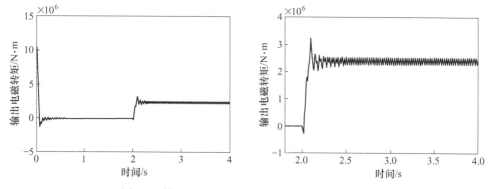

图 9-6 输出电磁转矩信号波形图及其局部放大图

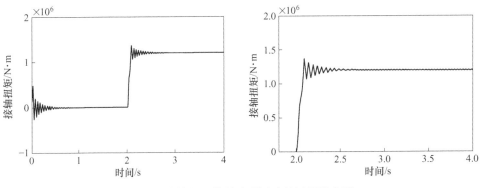

图 9-7　接轴扭矩信号波形图及其局部放大图

从图中可以看到，加入全维扭振抑振器之后，三个信号的扭振振幅都大幅度降低，轧机主传动系统的第二阶扭转振动都得到了很大程度上的抑制。

仿真结果显示，使用全维抑振器可以达到抑制轧机主传动系统第二阶扭转振动的目的。

热连轧机主传动系统第二阶扭振成为轧机振动的主要形式。因此设计了一种能够抑制第二阶扭振的抑振器，并仿真分析了在加入抑振器之后电机的控制系统对轧机主传动系统第二阶扭振的抑制效果。结果表明使用全维抑振器可以达到抑制轧机主传动系统第二阶扭转振动的目的。

该抑振器嵌入主传动控制系统中，轧机扭振得到有效抑制，效果良好。

9.5　液压压下系统抑振措施

随着控制理论日趋成熟，主动抑振方法因其具有通用性而逐渐被引起重视。由于轧机振动表现出多参数、多耦合和非线性特征的复杂性，从理论上来说理论建模无法得到与实际吻合的理想模型。这主要包括模型误差和参数误差，而且在轧制过程中系统参数也在不断地变化，这就要求在主动抑振方法中设计的控制器具有比较好的鲁棒性。另外，轧机振动的激振力也可以被看作是系统的外部扰动，这也对控制器提出了要具有比较好的抗外扰能力的要求。

ADRC 就是这样一种控制理论，它的最大优点就是具有优越的鲁棒性和抗外扰能力。这完全得益于 ADRC 控制结构中的核心环节 ESO，ESO 将模型不确定性、模型参数误差和外部扰动等看作总和扰动，并且能够实时的估计并补偿。

这里主要研究内容是利用 ESO 的鲁棒性和抗外扰能力来抑制轧机振动问题。针对轧机的垂直振动，提出分别基于高阶 ESO、低阶 ESO 单通道补偿和低阶 ESO

双通道补偿的抑振器设计方法，并且通过数值仿真验证了主动抑振器的效果。最后，通过试验验证了高阶 ESO 抑振器的效果。考虑到对原控制系统的风险性，提出的三种抑振方法均为模块化抑振器，即在不改变原来控制结构的前提下，利用系统自有信号，通过抑振器生成一个新的补偿信号，以反馈的形式补偿给系统。

9.5.1 热连轧机主动抑振策略

为了说明轧机振动问题简单起见，以上工作辊垂直振动微分方程为例：

$$m\ddot{x}(t) + c\dot{x}(t) + kx(t) = f(t) \tag{9-19}$$

式中 m ——上工作辊、轴承和轴承座质量；

c ——阻尼；

k ——刚度；

$\ddot{x}(t)$ ——振动加速度；

$\dot{x}(t)$ ——振动速度；

$x(t)$ ——振动位移；

$f(t)$ ——激振力。

实际应用中很难得到式（9-19）中的阻尼、刚度及激振力的精确值。因此可将未知项移到等号右侧，两边再除以 m 得

$$\ddot{x}(t) = F(t) - C\dot{x}(t) - Kx(t) \tag{9-20}$$

其中

$$F(t) = \frac{f(t)}{m} \qquad C = \frac{c}{m} \qquad K = \frac{k}{m}$$

上式中 $F(t)$ 包含了 5 种信号：控制信号激励 $K(t)$、谐波信号激励 $S(t)$、机械振动信号激励 $J(t)$、反馈信号激励 $D(t)$ 和振源激励信号 $Z(t)$。因此式（9-20）可以写成

$$\ddot{x}(t) = [K(t) + S(t) + J(t) + D(t) + Z(t)] - C\dot{x}(t) - Kx(t) \tag{9-21}$$

控制信号 $K(t)$ 是已知的，而其余项是未知的，可以变换成

$$\ddot{x}(t) = K(t) + g(\dot{x}, x, t) \tag{9-22}$$

其中

$$g(\dot{x}, x, t) = S(t) + J(t) + D(t) + Z(t) - C\dot{x}(t) - Kx(t)$$

式（9-22）等号左端加速度 $\ddot{x}(t)$ 是可以在上工作辊轴承座上测得的，$K(t)$ 已知，$g(\dot{x}, x, t)$ 是未知的，它包含了阻尼、刚度、谐波、反馈、机械振动和振源激励的影响。这些项带有不确定性和随机性，也就是在轧制过程中是变化的。

作者提出一种思路来获得 $g(\dot{x}, x, t)$，可以通过测量 $\ddot{x}(t)$ 和 $K(t)$ 得到，即

$$g(\dot{x}, x, t) = \ddot{x}(t) - K(t) \tag{9-23}$$

下面讨论如何来测量 $\ddot{x}(t)$ 和 $K(t)$ 的问题。以轧机液压压下为例：液压压下控制系统框图如图 9-8 所示。其基本工作原理为：依据辊缝给定信号和 AGC 补偿信号求和即为控制信号 $K(t)$ 送到 PI 调节器来控制伺服阀的开口度以调节进入液压缸液压油流量，进而控制辊缝的大小。辊缝传感器信号通过反馈送回 PI 调节器输入以控制偏差，最终达到辊缝目标值。但是，辊缝传感器除了获得控制信号的响应外，还感受到其他上述 6 种信号，最后通过反馈窜入主通道中，使液压缸振动加强和放大。

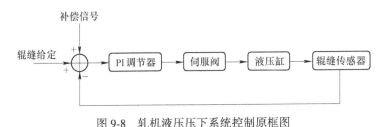

图 9-8 轧机液压压下系统控制原框图

为了抵消轧机振动，提出增加一个内环闭环回路，即从辊缝传感器获得位移信号后，经过两次微分获得液压缸振动加速度信号 $\ddot{x}(t)$，将振动加速度信号 $\ddot{x}(t)$ 和伺服阀输入控制信号 $K(t)$ 送到减法器，经过运算获得需要的信号 $g(\dot{x}, x, t)$，即用实测的方法获得了耦合在一起的综合信号，如图 9-9 所示。利用扩张状态观测器 ESO 来代替两次微分等环节，直接由 $x(t)$ 和 $K(t)$ 获取总和扰动 $g(\dot{x}, x, t)$，即不管何种原因引发轧机振动，只要能够抵消轧机振动就可以，如图 9-10 所示，这个思路反映了解决实际问题的思维方法。

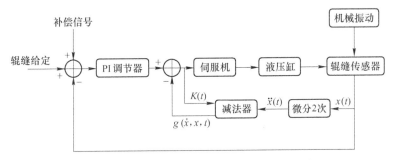

图 9-9 增加内环后轧机液压压下系统控制框图

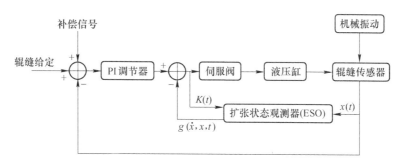

图 9-10 增加扩张状态观测器后轧机液压压下系统控制框图

此时，可以不再刨根问底，也不需要再建立难以做到的轧机精确模型，把未知的动态信息实时提取，获得阻尼、刚度和合成激振力总的实际值，最终利用这个信号。经过剔除有用的控制信号外获得的信号来抑制轧机振动，即能够自发、主动地抑制振动，也剥去了抑制振动的朦胧感，建立了清晰的抑振思路。同时在观念上也不必追求线性与非线性、时变与时不变、确定与不确定等人为之分。也就是说把过去消耗大量精力来追求精确建模和分析的问题转化成为一个用 PLC 实时采集、计算、处理和控制的问题上来。

9.5.2 轧机振动简化控制模型

轧机振动是机械、电气、液压和轧制界面之间相互作用的耦合振动。为了方便问题研究，将轧机耦合振动模型做如下简化：

（1）只考虑垂直振动；

（2）认为上辊系与下辊系关于轧制中心线对称，并且轧制中心线静止不动；

（3）将带钢从耦合模型中分离出来，带钢和工作辊之间的相互作用表示为轧制力；

（4）不考虑机架振动。

9.5.2.1 P 控制器模型

一般情况下，轧机液压压下位置控制系统中，控制器均为 P 控制器或 PI 控制器。在此为了和现场情况保持一致，P 控制器被用来控制压下缸位移，控制器方程为

$$u = k_p(r - y_r) \tag{9-24}$$

式中 k_p ——比例系数；

 r ——跟踪输入信号；

 y_r ——反馈信号。

9.5.2.2 伺服放大器模型

由于伺服放大器的带宽，远高于被控对象的带宽，所以它可以被看作一个比

例环节：

$$x_v = k_a u \tag{9-25}$$

式中　k_a——伺服放大器比例系数；

　　　u——输入信号。

9.5.2.3　电液伺服阀模型

电液伺服阀使用 MOOG-D661 型。在正常轧制过程中，电液伺服阀工作在零位附近，所以可得电液伺服阀线性化流量方程为

$$q = k_q x_v - k_c p_p \tag{9-26}$$

式中　k_q——滑阀流量增益；

　　　k_c——滑阀流量–压力系数；

　　　p_p——活塞腔压力；

　　　x_v——阀芯位移。

9.5.2.4　压下缸模型

在轧机液压压下系统中，压下缸为非对称液压缸，活塞杆端与轧机机架连接，缸体直接压在支撑辊轴承座上，因此可以认为缸体与支撑辊轴承座之间的接触面积为全部接触，它们之间的连接为刚性连接，将缸体和支撑辊看成一个整体。又因为在正常轧制过程中，压下缸缸体的位移很小，可以认为活塞杆腔体积保持基本不变。同时，考虑内泄露因素及忽略管道影响，得压下缸流量连续方程为

$$q = A_p \frac{\mathrm{d}x_1}{\mathrm{d}t} + \frac{V_p}{\beta_e} \frac{\mathrm{d}p_p}{\mathrm{d}t} + c_h(p_p - p_r) \tag{9-27}$$

式中　A_p——活塞面积；

　　　β_e——油液弹性模量；

　　　x_1——支撑辊位移；

　　　p_r——杆腔背压；

　　　v_p——无杆腔体积；

　　　c_h——内泄漏系数。

9.5.2.5　轧机辊系模型

轧机辊系由支撑辊、支撑辊轴承座、工作辊、工作辊轴承座及其他附属结构零部件组成。为方便问题研究，认为轧制中心线静止不动，将轧机辊系简化为两自由度集中质量模型，其动力学方程为

$$p_p A_p - p_r A_r = m_1 \frac{\mathrm{d}^2 x_1}{\mathrm{d}t^2} + c_1\left(\frac{\mathrm{d}x_1}{\mathrm{d}t} - \frac{\mathrm{d}x_2}{\mathrm{d}t}\right) + k_1(x_1 - x_2) \tag{9-28}$$

$$m_2 \frac{\mathrm{d}^2 x_2}{\mathrm{d}t^2} + c_1\left(\frac{\mathrm{d}x_2}{\mathrm{d}t} - \frac{\mathrm{d}x_1}{\mathrm{d}t}\right) + k_1(x_2 - x_1) + c_2 \frac{\mathrm{d}x_2}{\mathrm{d}t} + k_2 x_2 = -d \tag{9-29}$$

式中，p_p 为活塞腔压力；A_p 为活塞面积；A_r 杆腔有效截面积；x_2 为工作辊位移；m_1 为支撑辊等效质量；m_2 为工作辊等效质量；c_1 为支撑辊与工作辊之间的等效阻尼；c_2 为工作辊与带钢之间的等效阻尼；k_1 为支撑辊与工作辊之间的等效刚度；k_2 为工作辊与带钢之间的等效刚度；d 为轧制力。

9.5.2.6 位移传感器模型

因为位移传感器的带宽远高于被控对象的带宽，所以它可以被看作是比例环节为

$$y_s = k_s y \tag{9-30}$$

式中　　k_s ——位移传感器的比例增益；

y ——输入信号。

9.5.2.7 耦合控制模型

因为研究的核心是轧机振动问题，所以系统中的稳态部分可以不必考虑，只关心系统中的动态部分。由此，系统中的所有变量只代表与之相对应的动态部分。取系统状态 $z_1 = y_r$；$z_2 = \dot{x}_1$；$z_3 = x_2$；$z_4 = \dot{x}_2$；$z_5 = p_p$，可得被控系统的状态空间模型为

$$\begin{cases} \dot{z} = Az + B \begin{bmatrix} u \\ -d \end{bmatrix} \\ y_r = Cz \end{cases} \tag{9-31}$$

其中

$$A = \begin{bmatrix} 0 & k_s & 0 & 0 & 0 \\ -\dfrac{k_1}{m_1 k_s} & -\dfrac{c_1}{m_1} & \dfrac{k_1}{m_1} & \dfrac{c_1}{m_1} & \dfrac{A_p}{m_1} \\ 0 & 0 & 0 & 1 & 0 \\ \dfrac{k_1}{m_2 k_s} & \dfrac{c_1}{m_2} & -\dfrac{k_1 + k_2}{m_2} & -\dfrac{c_1 + c_2}{m_2} & 0 \\ 0 & -\dfrac{A_p \beta_e}{V_p} & 0 & 0 & -\dfrac{c_h \beta_e}{V_p} \end{bmatrix}$$

$$B = \begin{bmatrix} 0 & 0 \\ 0 & 0 \\ 0 & 0 \\ 0 & \dfrac{1}{m_2} \\ \dfrac{k_a k_q \beta_e}{V_p} & 0 \end{bmatrix}$$

$$C = \begin{bmatrix} 1 & 0 & 0 & 0 & 0 \end{bmatrix}$$

9.5.3 高阶主动抑振控制

这里提出一种轧机振动抑振方法，首先利用扩张状态观测器估计轧机振动外扰和系统不确定参数并将其视为总和扰动；然后将总和扰动转化为伺服阀的等效输入，最后将等效输入实时地补偿到伺服阀控制信号中以达到抑振目的。此抑振器可以作为模块化嵌入到原控制系统中。

问题描述：在存在振动外扰谐波和模型参数不确定、并且工作辊位移不可直接测量情况下，根据可测量的伺服阀输入信号和液压缸位移输出信号，设计附加模块化抑振器，生成一个与外扰谐波和不确定参数总和幅值相等相位相反信号的等效输入，抵消谐波外扰和参数不确定性对工作辊的影响，减小工作辊振动。

9.5.3.1 主动抑振器设计

液压压下系统中存在着其他的补偿回路，为了避免抑振器对主回路和其他补偿回路产生较大影响，抑振器的输入只用测量位移信号中的振动信号，而且抑振器的输出要经过限幅之后再投入系统。

主动抑振器主要包括四部分：信号滤波处理、扰动估计、扰动补偿和输出限幅，其工作原理的方框图如图 9-11 所示。

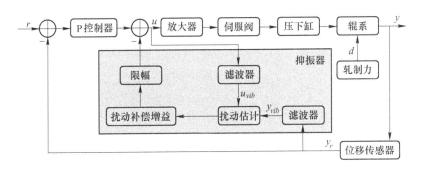

图 9-11 主动抑振器工作原理方框图

令 $u = u_{vib} + u_{val}$ ，$y_r = y_{vib} + y_{val}$ 和 $B = \begin{bmatrix} B_1, & B_2 \end{bmatrix}$，则式（9-31）可改写成

$$(u_{vib} + u_{val}) G - dG' = y_{vib} + y_{val} \tag{9-32}$$

$$G = C (sI - A)^{-1} B_1 ; G' = C (sI - A)^{-1} B_2$$

式中　　u_{vib}——与振动相关的系统输入；

u_{val}——与振动无关的系统有效输入；

y_{vib}——与振动相关的系统输出；

y_{val}——与振动无关的系统有效输出。

式（9-32）可以被分解为

$$u_{vib}G - dG' = y_{vib} \tag{9-33}$$

和

$$u_{val}G = y_{val} \tag{9-34}$$

式（9-33）为由扰动引起的轧机振动部分动力学方程，式（9-34）为无外扰时轧机动力学方程。信号前处理的目的是将式（9-33）和式（9-34）区分开来，其方法为用滤波器来提取系统输入和系统输出信号中的振动主频信号，即 u_{vib} 和 y_{vib}。

在正常轧制过程中，对轧机振动而言，系统所受的外扰是谐波形式，而且振动频率的大致范围也是可以确定的，但是谐波的相位和幅值是完全未知的，所以外扰的部分信息可以被用来设计 ESO。谐波外扰的状态空间模型可以写成

$$\begin{cases} \dot{\xi}_1 = f_\omega \xi_2 \\ \dot{\xi}_2 = -f_\omega \xi_1 \\ d = \xi_1 \end{cases} \tag{9-35}$$

式中　ξ_1, ξ_2——外扰模型状态；
　　　　f_ω——谐波外扰频率。

同时，假定式（9-31）中 k_2 存在参数不确定性，并将式（9-35）代入式（9-31）可得

$$\begin{cases} \dot{z}_{ex} = A_{ex}z_{ex} + B_{ex}u_{vib} \\ y_{vib} = C_{ex}z_{ex} \end{cases} \tag{9-36}$$

$$B_{ex} = \begin{bmatrix} 0 & 0 & 0 & 0 & \dfrac{k_ak_q\beta_e}{V_p} & 0 & 0 \end{bmatrix}^{\mathrm{T}}$$

$$C_{ex} = \begin{bmatrix} 1 & 0 & 0 & 0 & 0 & 0 & 0 \end{bmatrix}$$

$$A_{ex} = \begin{bmatrix} 0 & k_s & 0 & 0 & 0 & 0 & 0 \\ -\dfrac{k_1}{m_1k_s} & -\dfrac{c_1}{m_1} & \dfrac{k_1}{m_1} & \dfrac{c_1}{m_1} & \dfrac{A_p}{m_1} & 0 & 0 \\ 0 & 0 & 0 & 1 & 0 & 0 & 0 \\ \dfrac{k_1}{m_2k_s} & \dfrac{c_1}{m_2} & -\dfrac{k_1+\hat{k}_2}{m_2} & -\dfrac{c_1+c_2}{m_2} & 0 & \dfrac{1}{m_2} & 0 \\ 0 & -\dfrac{A_p\beta_e}{V_p} & 0 & 0 & -\dfrac{c_h\beta_e}{V_p} & 0 & 0 \\ 0 & 0 & 0 & 0 & 0 & 0 & \hat{f}_\omega \\ 0 & 0 & 0 & 0 & 0 & -\hat{f}_\omega & 0 \end{bmatrix}$$

式中, $z_{ex} = [z_1, z_2, \cdots, z_7]^T$; $z_6 = \hat{k}_2 z_3 - k_2 z_3 - d$ 为总和扰动; $\hat{k}_2$ 是 k_2 的估计值; $\hat{f}_\omega$ 是 f_ω 的估计值。

式 (9-36) 设计 ESO, 状态空间方程如下:

$$\dot{\hat{z}}_{ex} = A_{ex}\hat{z}_{ex} + B_{ex}u + \beta_{ex}(z_1 - \hat{z}_1) \tag{9-37}$$

式中, $\hat{z}_{ex}$ 是 z_{ex} 的估计值, $\beta_{ex} = [\beta_1 \quad \beta_2 \quad \cdots \quad \beta_7]^T$。

在此, 只需要设计 β_{ex} 使 $A_{ex} - \beta_{ex}C_{ex}$ 为赫尔维兹矩阵, 总和扰动就可以被估计。

其次, 设计扰动补偿增益, 将总和扰动转化为伺服阀等效输入。

然而系统中的扰动是不匹配扰动, 被估计出来的总和扰动并不能在系统内部被抵消, 但是它可以在输出通道中被补偿。因为关心的是工作辊的振动, 所以通过在工作辊位移通道中补偿总和扰动的方法来抑制工作辊的振动。

令 $z_3 = 0$, 可得抑振控制量 $u_{\sup}$ 和总和扰动 z_6 之间的关系为

$$G(s) = \frac{u_{\sup}}{z_6} = -\frac{\left(\dfrac{V_p}{\beta_e}s + c_h\right)\dfrac{1}{A_p}(m_1 s^2 + c_1 s + k_1) + A_p s}{k_a k_q (c_1 s + k_1)} \tag{9-38}$$

又因为 $G(s)$ 是物理不可实现的, 所以还需要串联一个低通滤波器:

$$F(s) = \frac{T^3}{(s + T)^3} \tag{9-39}$$

式中 T——低通滤波器系数。

至此, 扰动补偿增益的传递函数为 $F(s)G(s)$。在原系统中加入主动抑振器之后, 控制量输入为

$$u = u_0 - \hat{z}_6 F(s)G(s) \tag{9-40}$$

式中 u_0——原控制器输出。

最后得到系统模型框图 9-12 所示。

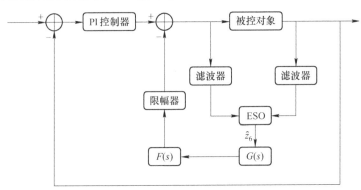

图 9-12 系统模型框图

9.5.3.2 仿真结果及分析

为了验证所提出方法的有效性，对比系统中投入抑振器和未投入抑振器时的振动速度幅值。在 Matlab/Simulink 中使用"状态空间"模块搭建系统模型以及扰动估计环节，使用"LTI System"模块调用"工作空间"中扰动补偿增益环节的传递函数，利用 m 语言设定系统模型和抑振器的相关参数值。系统模型参数设定见表9-2。

表9-2　系统仿真参数设定表

参数名	数　值	参数名	数　值
k_a	0.001 m/V	k_1	2×10^{10} N/m
k_p	50	k_2	6×10^9 N/m
k_s	1000 V/m	V_p	3.46×10^{-2} m^3
k_q	0.468 m^2/s	β_e	1.4×10^9 Pa
m_1	3.5×10^4 kg	A_p	0.8659 m^2
m_2	2×10^4 kg	A_r	0.1269 m^2
c_1	2×10^5 N·s/m	c_h	5×10^{-14} m^3/s·Pa
c_2	2×10^6 N·s/m	p_r	9×10^6 Pa

在仿真过程中，设定 k_2 的估计误差为 50%，即 $\hat{k}_2 = 3 \times 10^9$N/m。滤波器参数 $T = 10000$，依据参考文献得到表9-3参数。

表9-3　抑振器参数

参数名	参数值	参数名	参数值
T	1×10^4	β_4	1.7165×10^4
β_1	6.8843×10^3	β_5	3.1549×10^{11}
β_2	1.7552×10^4	β_6	1.028×10^{11}
β_3	18.705	β_7	6.7884×10^{11}

虽然 ω_o 越大，ESO 对扰动的估计能力越强；T 越大，抑振器的相位滞后越少，从而使抑振器的抑振能力越强，但是因为现实中的噪声干扰等因素，ω_o 和 T 的取值是有限制的，不能太大。因为在正常轧制过程中，经常出现固定的单一集中频率或频率相近的多个集中频率或频率随速度变化的情况，所以下面分别针对这三种情况做仿真分析。

A　单一频率情况

当 $t = 1$s 时，加入频率为 40Hz，幅值为 3×10^5N 的谐波扰动；当 $t = 6$s 时，

投入抑振器。首先认为扰动频率已知并且是准确的，但幅值未知，则抑振器中，扰动频率 $\hat{f}_\omega$ = 40Hz。仿真结果如图 9-13 和图 9-14 所示。

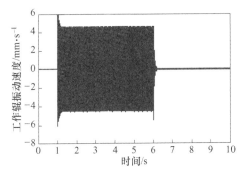

图 9-13　单一频率下，投入抑振器前后对比　　图 9-14　单一频率下，投入抑振器频域对比

根据图 9-13 和图 9-14 中投入抑振器前后的振动幅值对比可以看到，工作辊振动几乎完全被抑制了，幅值从原来的 4.6mm/s 下降到抑振后的 0.06mm/s。

因为在实际情况中，扰动频率不可能完全准确地获取，只能知道振动频率的近似值。接下来对扰动频率存在偏差时进行仿真分析。认为被获取的扰动频率偏差为 5Hz，振动幅值未知。此时抑振器中，扰动频率 $\hat{f}_\omega$ = 45Hz。当 t = 1s 时，加入频率为 40Hz，幅值为 3×10^5N 的谐波扰动；当 t = 6s 时，投入抑振器，仿真结果如图 9-15 和图 9-16 所示。

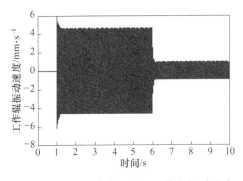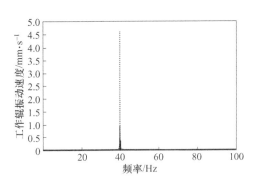

图 9-15　单一频率存在偏差工作辊振动速度　图 9-16　单一频率存在偏差工作辊振动速度频域

从图 9-15 和图 9-16 中可以看到，工作辊振动速度幅值从抑振前的 4.6mm/s 下降为抑振后的 0.94mm/s，降幅约为 80%。虽然获取的外扰频率存在偏差，抑振器依然得到了非常可观的抑振效果。由此可以得出，抑振器具有良好的鲁棒性能。

B　多频率情况

轧机振动经常出现多个相近频率同时存在的情况，为此将扰动设定为三个信号的叠加，信号频率分别为 34Hz、40Hz 和 45Hz，其幅值均为 $3 \times 10^5 N$。抑振器中，扰动频率依然为 $\hat{f}_\omega = 40Hz$。当 $t = 1s$ 时，加入组合扰动；当 $t = 6s$ 时投入抑振器，仿真结果如图 9-17 和图 9-18 所示。

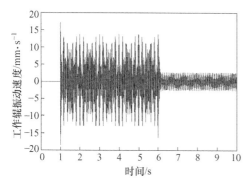 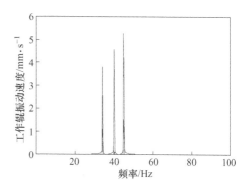

图 9-17　多频率下，工作辊振动速度时域　　　图 9-18　多频率下，工作辊振动速度频域

从图 9-17 中可以看出：最大振动速度幅值从 13.5mm/s 降至 2.5mm/s。从图 9-18 中可以看到 34Hz 的振动幅值从 3.8mm/s 降至 1.1mm/s，降幅约为 71%；40Hz 的振动，幅值从 4.6mm/s 降至 0.07mm/s，几乎完全被抑制；45Hz 的振动，幅值从 5.3mm/s 降至 1.5mm/s，降幅约为 71.7%。由此可以看出：针对多频率情况抑振器依然具有良好的抑振效果，而且外扰频率越接近抑振器中设定的扰动频率，抑振效果越明显。

C　变频率情况

轧机振动中，振动频率也会随轧制速度变化，为此，变频率扰动的抑振研究是一个不可忽视的问题。在工作辊上加入的外扰为频率在 5s 内从 35Hz 线性增加到 45Hz，其幅值为 $3 \times 10^5 N$ 的线性调频信号。抑振器中，扰动频率为 $\hat{f}_\omega = 40Hz$。当 $t = 1s$ 时，加入谐波扰动；当 $t = 6s$ 时，投入抑振器，仿真结果如图9-19所示。

从图 9-19 中可以看出：投入抑振器之前，随着外扰频率的增加，振动幅值增大。投入抑振器之后，在 8.5s 时振动幅值最小，几乎为 0，此时的外扰频率为 40Hz；而在向前或向后偏离 8.5s 时，由于实际外扰频率与抑振器设定的外扰频率之间的偏差，振动幅值出现逐渐增大的趋势。而且投入抑振器后比较投入抑振器前，振动幅值出现了明显的下降。投入抑振器前后的时频如图 9-20 和图 9-21 所示，也可以得到同样的结论。

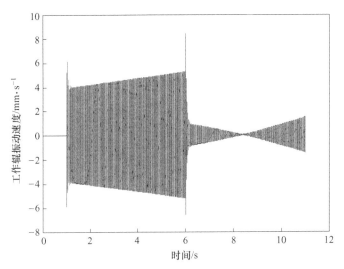

图 9-19   变频率情况下，工作辊振动速度时域图

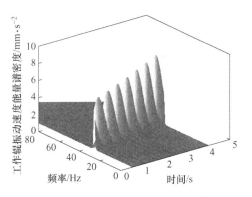

图 9-20   变频率下，工作辊振动
速度时频（抑振前）

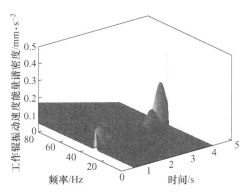

图 9-21   变频率下，工作辊振动
速度时频（抑振后）

9.5.4   低阶单通道反馈主动抑振

主动控制方法被提出后，由于工作辊的振动信息不能被在线长期直接测量，所以提出了基于观测器的无传感器控制方法。首先离线辨识支撑辊的等效质量，然后利用扩张状态观测器（ESO）在线估计支撑辊和工作辊之间的相互作用力，最后将其补偿到伺服阀的输入端。

在不使用工作辊振动信息的前提下，仅使用可直接测量的信号（伺服阀输入、液压压下缸压力和支撑辊位移）设计主动抑振器，生成一个补偿信号，与

PI 控制器的输出一起作为伺服阀的输入，来抑制工作辊的振动。

9.5.4.1 参数在线辨识

为了估计支撑辊和工作辊之间的相互作用力，首先需要辨识支撑辊的等效质量，支撑辊等效质量的辨识是在有外部扰动下进行的。在此，采用正交滤波方法滤除外部扰动的影响。定义支撑辊和工作辊之间的作用力为 f，则式（9-27）可以改写成

$$\begin{cases} A_p \dfrac{\mathrm{d}x_1}{\mathrm{d}t} + \dfrac{V_p}{\beta_e} \dfrac{\mathrm{d}p_p}{\mathrm{d}t} + c_h p_p = x_v k_q \\ m_1 \dfrac{\mathrm{d}^2 x_1}{\mathrm{d}t^2} + f = p_p A_p \end{cases} \tag{9-41}$$

式中，参数 A_p、V_p、β_e、c_h 和 k_q 都可以由图纸和试验获取，只有 m_1 变化（因为换辊导致 m_1 变化）；而且 x_v、x_1 和 p_p 均可以直接测量，f 未知。把 f 和 x_v 看作系统输入，x_1 和 p_p 看作系统输出并做拉氏变换，则式（9-41）可转化为两输入两输出系统：

$$\begin{bmatrix} x_1 \\ p_p \end{bmatrix} = \begin{bmatrix} G_{x_1 f} & G_{x_1 x_v} \\ G_{p_p f} & G_{p_p x_v} \end{bmatrix} \begin{bmatrix} f \\ x_v \end{bmatrix} \tag{9-42}$$

其中

$$G_{x_1 f} = \dfrac{-\dfrac{V_p}{\beta_e} s - c_h}{\dfrac{V_p m_1}{\beta_e} s^3 + c_h m_1 s^2 + A_p^2 s}$$

$$G_{x_1 x_v} = \dfrac{k_q A_p}{\dfrac{V_p m_1}{\beta_e} s^3 + c_h m_1 s^2 + A_p^2 s}$$

$$G_{p_p f} = \dfrac{A_p}{\dfrac{V_p m_1}{\beta_e} s^2 + c_h m_1 s + A_p^2}$$

$$G_{p_p x_v} = \dfrac{k_q m_1 s}{\dfrac{V_p m_1}{\beta_e} s^2 + c_h m_1 s + A_p^2}$$

设计滤波器：

$$F = \begin{bmatrix} G_{p_p f} & -G_{x_1 f} \end{bmatrix}$$

令式（9-42）等号两端分别乘滤波器 F，可得

$$x_1 G_{p_p f} - p_p G_{x_1 f} = (G_{p_p f} G_{x_1 x_v} - G_{x_1 f} G_{p_p x_v}) x_v \tag{9-43}$$

由式（9-43）可见，扰动 f 的影响被移除了。当 m_1 为真实值时，式（9-43）的等号成立。将 m_1 看作变量，利用高斯–牛顿法最小化等号两边的输出误差，则参数辨识问题转化为极小值寻优问题。设定系统参数见表 9-4。支撑辊等效质量的初始值为 $m_{10} = 2 \times 10^5 \mathrm{kg}$，辨识结果如图 9-22 所示。

表 9-4　仿真参数设定

参数名	数　值	参数名	数　值
k_q	$0.468\ \mathrm{m^2/s}$	c_2	$2 \times 10^6\ \mathrm{N \cdot s/m}$
m_1	$7 \times 10^4\ \mathrm{kg}$	c_h	$5 \times 10^{-14}\ \mathrm{m^3/s \cdot Pa}$
m_2	$4 \times 10^4\ \mathrm{kg}$	β_e	$1.4 \times 10^9\ \mathrm{Pa}$
k_1	$2 \times 10^9\ \mathrm{N/m}$	A_p	$0.8659\ \mathrm{m^2}$
k_2	$6 \times 10^8\ \mathrm{N/m}$	V_p	$3.46 \times 10^{-2}\ \mathrm{m^3}$
c_1	$2 \times 10^5\ \mathrm{N \cdot s/m}$	m_{10}	$2 \times 10^5\ \mathrm{kg}$

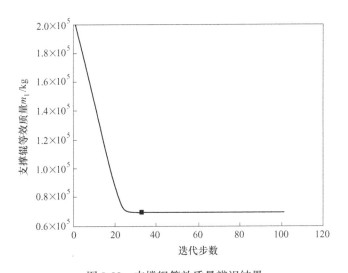

图 9-22　支撑辊等效质量辨识结果

由图 9-22 可以看到，当迭代步数为 33 步时，辨识结果已经收敛到 $6.954 \times 10^4 \mathrm{kg}$，与真实值 $7 \times 10^4 \mathrm{kg}$ 已经很接近，辨识误差为 0.66%。

9.5.4.2　抑振器设计

利用 ESO 来估计支撑辊和工作辊之间的相互作用力 f。定义状态变量 $z_1 = x_1$，$z_2 = \dot{x}_1$ 和 $z_3 = p_p$，则状态空间方程为

$$\begin{bmatrix} \dot{z}_1 \\ \dot{z}_2 \\ \dot{z}_3 \end{bmatrix} = \begin{bmatrix} 0 & 1 & 0 \\ 0 & 0 & \dfrac{A_p}{m_1} \\ 0 & -\dfrac{\beta_e A_p}{V_p} & -\dfrac{\beta_e c_h}{V_p} \end{bmatrix} \begin{bmatrix} z_1 \\ z_2 \\ z_3 \end{bmatrix} + \begin{bmatrix} 0 & 0 \\ 0 & \dfrac{-1}{m_1} \\ \dfrac{k_q \beta_e}{V_p} & 0 \end{bmatrix} \begin{bmatrix} x_v \\ f \end{bmatrix} \tag{9-44}$$

由式（9-44）可知：扰动 f 与控制量 x_v 没有在同一个通道内，为不匹配扰动。为了将不匹配扰动变换为匹配扰动，做如下变量代换，令

$$\dot{\tilde{z}}_3 = \frac{A_p}{m_1} z_3 - \frac{1}{m_1} f \tag{9-45}$$

则式（9-44）可变换为

$$\begin{cases} \dot{z}_1 = z_2 \\ \dot{z}_2 = \tilde{z}_3 \\ \dot{\tilde{z}}_3 = -\dfrac{\beta_e A_p^2}{V_p m_1} z_2 - \dfrac{\beta_e c_h}{V_p} \tilde{z}_3 + \dfrac{\beta_e A_p k_q}{V_p m_1} x_v - \dfrac{\beta_e c_h}{V_p m_1} f - \dfrac{1}{m_1} \dot{f} \end{cases} \tag{9-46}$$

系统（9-46）为串联积分器形式，定义 $z_4 = -\dfrac{\beta_e c_h}{V_p m_1} f - \dfrac{1}{m_1} \dot{f}$，对式（9-46）设计四阶 ESO 为

$$\begin{cases} \dot{\hat{z}}_1 = \hat{z}_2 - \beta_1 (\hat{z}_1 - y) \\ \dot{\hat{z}}_2 = \hat{\tilde{z}}_3 - \beta_2 (\hat{z}_1 - y) \\ \dot{\hat{\tilde{z}}}_3 = -\dfrac{\beta_e A_p^2}{V_p m_1} \hat{z}_2 - \dfrac{\beta_e c_h}{V_p} \hat{\tilde{z}}_3 + \dfrac{\beta_e A_p k_q}{V_p m_1} x_v + \hat{z}_4 - \beta_3 (\hat{z}_1 - y) \\ \dot{\hat{z}}_4 = -\beta_4 (\hat{z}_1 - y) \end{cases} \tag{9-47}$$

当选取合适的 ESO 系数 β_1、β_2、β_3 和 β_4 时，$\hat{z}_1$、$\hat{z}_2$、$\hat{\tilde{z}}$ 和 $\hat{z}_4$ 分别跟踪 z_1、z_2、$\tilde{z}_3$ 和 z_4。所以支撑辊和工作辊之间的相互作用力的估计值 $\hat{f}$ 可由式（9-48）计算：

$$\hat{f} = -\frac{V_p m_1}{\beta_e c_h + V_p s} \hat{z}_4 \tag{9-48}$$

包括抑振器在内的整个系统的框图如图 9-23 所示。

为了实现相互作用力的补偿，需要将反馈补偿点从支撑辊移动到伺服阀之

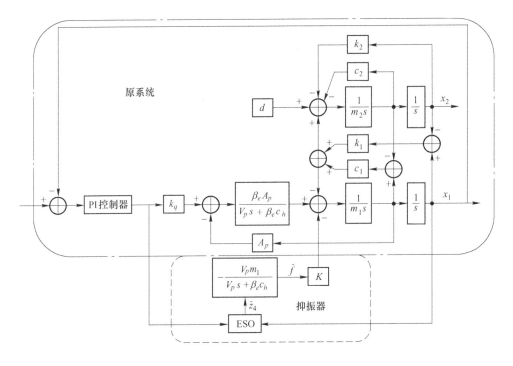

图 9-23　轧机主动抑振原理等效框图

前，最终轧机振动主动抑振原理框图如图 9-24 所示。被补偿的信号为

$$S_{com} = \hat{f}\frac{V_p s + \beta_e c_h}{\beta_e A_p k_q}K = K\frac{V_p m_1}{\beta_e A_p k_q}\hat{z}_4 \tag{9-49}$$

其中 K 为补偿增益，用于调整补偿能力的强弱。

9.5.4.3　抑振器参数分析

抑振器的参数选择决定了抑振效果的优劣，为此，首先分析抑振器参数的影响。主动抑振器参数包括五个参数，分别为 ESO 增益 β_1、β_2、β_3 和 β_4 以及补偿增益 K。根据有关文献提出的带宽法，可以将 ESO 增益四个参数转化为 ESO 带宽 ω_o 一个参数。则最终需要选择的参数只有 ESO 带宽 ω_o 和补偿增益 K。在对 ESO 带宽和补偿增益的分析中，系统参数均按规定设定，而且 PI 控制器中比例系数为 5，积分系数为 0。

为了分析 ESO 带宽的影响，设定补偿增益 $K = 2$，ESO 带宽 ω_o 分别为 20Hz、40Hz、60Hz、80Hz、100Hz 和 160Hz 时进行数值仿真，分析工作辊抵抗动态轧制力的能力。使用工作辊的振动速度作为评价抑振能力的指标。为了方便观察将不同 ESO 带宽频率下工作辊振动速度的幅频图分别表示在图 9-25 和图 9-26 中。

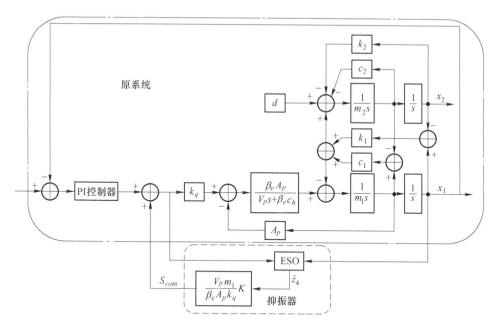

图 9-24 轧机主动抑振原理框图

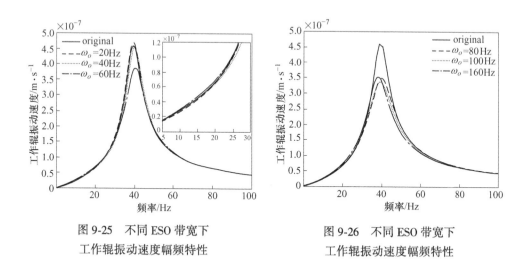

图 9-25 不同 ESO 带宽下
工作辊振动速度幅频特性

图 9-26 不同 ESO 带宽下
工作辊振动速度幅频特性

从图 9-25 和图 9-26 可知，随着 ESO 带宽的增加，不同带宽补偿下的幅频图与原始幅频图的交点频率逐渐增大，依据与原始幅频图的交点，大致可以分为三段：相同频率下补偿后的幅值大于没有补偿的幅值（低频段）；相同频率下补偿后的幅值小于没有补偿的幅值（中频段）；相同频率下补偿后的幅值大于没有补偿的幅值（高频段）。而且，随着 ESO 带宽的增加（20~100Hz），在共振峰处的抑振效果明显增强，随着 ESO 带宽的继续增加（100~160Hz），在共振峰处的抑振效果略微减弱。由此可知：ESO 带宽的选取要大于共振峰频率，而且应该存在一个最优的 ESO 带宽。

为了分析补偿增益的影响，设定 ESO 带宽为 80Hz，补偿增益 K 分别为 0、2、4、6、8 和 10 时，进行数值分析。不同补偿增益下工作辊振动速度的幅频图如图 9-27 所示，相应的支撑辊振动速度的幅频特性图如图 9-28 所示。

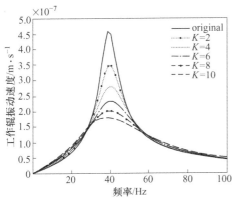

图 9-27　不同补偿增益下
工作辊振动速度幅频特性

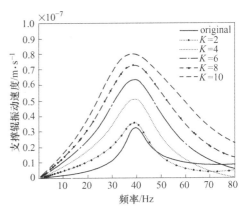

图 9-28　不同补偿增益下
支撑辊振动速度幅频特性

由图 9-27 可见，随着补偿增益的增大，工作辊振动速度幅频特性在共振峰处（中频段）的抑振效果明显增强，而且补偿增益越大，抑振效果增加得越慢；在低频段和高频段幅频特性变差。补偿后的幅频图与原始幅频图的两个交点，随补偿增益的增大，变化不明显，也就是说，补偿增益的变化对抑振的频率区间不敏感。而且能明显地看到，补偿后的幅频图与原始幅频图的两个交点将幅频特性分为三个区域。

由图 9-28 可见，随补偿增益的增大，支撑辊振动速度幅频特性不仅在共振峰处（中频段）的幅值逐渐增加，而且在低频段和高频段也是逐渐增加。

9.5.4.4　抑振效果分析

针对热连轧机强烈振动时为单一近似正弦波的动态轧制力波动，设定动态轧制力 d 的幅值为 $1 \times 10^5 \mathrm{N}$，频率为 38Hz 的正弦信号。抑振器的带宽为 80Hz，补偿增益为 8。当在时间为 2s 时引入抑振器补偿信号，仿真结果如图 9-29 所示。工作辊振动幅值从 4.4mm/s 降低到 2mm/s，降低了 54.5%。

针对带有谐波动态轧制力波动的情况，设定动态轧制力 d 为幅值 $1 \times 10^5 \mathrm{N}$，频率为 38Hz 的正弦信号和幅值为 $5 \times 10^4 \mathrm{N}$ 的 2 倍频谐波之和，在 2s 时引入抑振器补偿，仿真结果如图 9-30 所示。工作辊的最大振动速度由补偿前的 4.7mm/s 下降到补偿后的 2.4mm/s。应用振动有效值作为定量分析的指标，补偿前后工作辊振动速度的有效值分别为 3.1mm/s 和 1.4mm/s，下降了 54.8%。

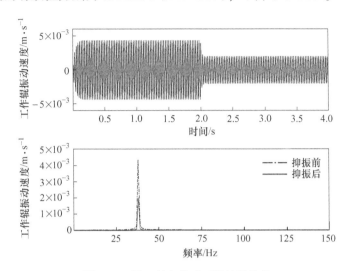

图 9-29　单一频率扰动下的抑振效果

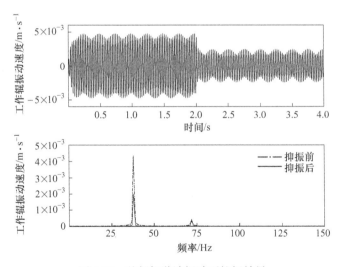

图 9-30　基频加谐波振动下抑振效果

9.5.4.5　模型误差对抑振效果的影响

因为实际系统不可能用数学模型完全表示，模型误差必然存在，所以研究模型误差对抑振效果的影响是必不可少的。

假定支撑辊等效质量的辨识结果为 $8.05 \times 10^4 \text{kg}$，则其辨识误差为 15%。设定抑振器的带宽为 80Hz，补偿增益为 8。不同支撑辊等效质量条件下，工作辊振动速度的幅频图如图 9-31 所示。从中可以看出：支撑辊等效质量的 15% 误差对抑振器的抑振效果没有产生很大的影响，这也说明了抑振器具有较强的鲁棒性。

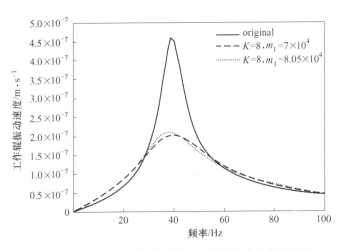

图 9-31　不同支撑辊等效质量下工作辊振动速度幅频图

9.5.5　低阶双通道反馈主动抑振

本节提出一种基于低阶 ESO 的双通道反馈主动抑振方法。首先，通过正交滤波器辨识支撑辊等效质量。其次，利用 ESO 估计支撑辊和工作辊之间的相互作用力以及支撑辊的振动速度。然后，支撑辊和工作辊之间的相互作用力以及支撑辊的振动速度均被反馈到伺服阀输入端进行补偿，而且分析两个抑振器参数（ESO 带宽和补偿增益）对振动抑制的效果。

9.5.5.1　主动抑振器设计

上一节主要介绍基于低阶 ESO 的单通道反馈主动抑振器设计方法，它实际上是利用 ESO 实现的共振比控制。共振比控制是由 Hori 提出，它的本质是通过控制信号的补偿改变支撑辊的虚拟质量。针对轧机振动而言，共振比控制的等效框图如图 9-32 所示。

$(K+1)$ 是支撑辊实际等效质量和支撑辊虚拟等效质量之间的比值，即

$$K + 1 = \frac{m_1}{m_{1v}} \tag{9-50}$$

式中　m_{1v}——支撑辊的虚拟等效质量。

为了实现虚拟等效质量的补偿，获得工作辊和支撑辊之间的相互作用力以及

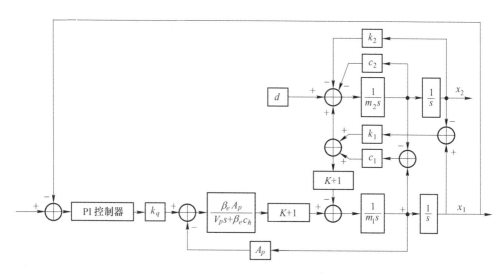

图 9-32 共振比控制等效框图

支撑辊的振动速度。利用 ESO 估计工作辊和支撑辊之间的相互作用力以及支撑辊的振动速度。

首先定义状态变量 $z_1 = x_1$、$z_2 = \dot{x}_1$ 和 $z_3 = p_p$ ，式（9-31）被重写为状态空间：

$$
\begin{bmatrix} \dot{z}_1 \\ \dot{z}_2 \\ \dot{z}_3 \end{bmatrix} = \begin{bmatrix} 0 & 1 & 0 \\ 0 & 0 & \dfrac{A_p}{m_1} \\ 0 & -\dfrac{\beta_e A_p}{V_p} & -\dfrac{\beta_e c_h}{V_p} \end{bmatrix} \begin{bmatrix} z_1 \\ z_2 \\ z_3 \end{bmatrix} + \begin{bmatrix} 0 & 0 \\ 0 & \dfrac{-1}{m_1} \\ \dfrac{k_q \beta_e}{V_p} & 0 \end{bmatrix} \begin{bmatrix} x_v \\ f \end{bmatrix} \tag{9-51}
$$

由式（9-51）中可知：扰动 f 和控制量 x_v 并没有在同一通道内，这意味着扰动 f 是非匹配扰动，为了将非匹配扰动转变成匹配的扰动，定义以下变量代换：

$$
\tilde{z}_3 = \frac{A_p}{m_1} z_3 - \frac{1}{m_1} f \tag{9-52}
$$

将式（9-52）代入式（9-51），可以得到串联积分形式的状态空间模型：

$$
\begin{cases} \dot{z}_1 = z_2 \\ \dot{z}_2 = \tilde{z}_3 \\ \dot{\tilde{z}}_3 = -\dfrac{\beta_e A_p^2}{V_p m_1} z_2 - \dfrac{\beta_e c_h}{V_p} \tilde{z}_3 + \dfrac{\beta_e A_p k_q}{V_p m_1} x_v - \dfrac{\beta_e c_h}{V_p m_1} f - \dfrac{1}{m_1} \dot{f} \end{cases} \tag{9-53}
$$

定义 $z_4 = -\dfrac{\beta_e c_h}{V_p m_1} f - \dfrac{1}{m_1} \dot{f}$ 为总和扰动，则对式（9-53）的四阶 ESO 可以被设

计为

$$
\begin{cases}
\dot{\hat{z}}_1 = \hat{z}_2 - \beta_1(\hat{z}_1 - y) \\[2mm]
\dot{\hat{z}}_2 = \dot{\tilde{z}}_3 - \beta_2(\hat{z}_1 - y) \\[2mm]
\dot{\tilde{\hat{z}}}_3 = -\dfrac{\beta_e A_p^2}{V_p m_1}\hat{z}_2 - \dfrac{\beta_e c_h}{V_p}\dot{\tilde{z}}_3 + \dfrac{\beta_e A_p k_q}{V_p m_1}x_v + \hat{z}_4 - \beta_3(\hat{z}_1 - y) \\[2mm]
\dot{\hat{z}}_4 = -\beta_4(\hat{z}_1 - y)
\end{cases}
\tag{9-54}
$$

当 ESO 的参数 β_1、β_2、β_3 和 β_4 选取适当时，$\hat{z}_1 - z_1 \to 0$、$\hat{z}_2 - z_2 \to 0$、$\dot{\tilde{z}}_3 - \tilde{z}_3 \to 0$ 和 $\hat{z}_4 - z_4 \to 0$ 被满足。因此，计算工作辊和支撑辊之间的相互作用力为

$$
\hat{f} = -\frac{V_p m_1}{\beta_e c_h + V_p s}\hat{z}_4
\tag{9-55}
$$

支撑辊的振动速度 $\dot{x}_1$ 以及工作辊和支撑辊之间的相互作用力 f 已经通过 ESO 被估计为 $\hat{z}_2$ 和 $\hat{f}$。则基于 ESO 的共振比控制等效框图如图 9-33 所示。

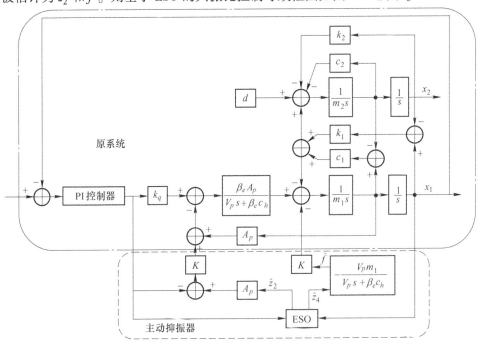

图 9-33　基于 ESO 的共振比控制等效框图

在图 9-33 中, 反馈位置并不能物理实现, 反馈位置应该被移动到伺服输入端。根据控制理论, 支撑辊振动速度的反馈增益为 $KA_p/k_q(K+1)$, 工作辊和支撑辊之间相互作用力的反馈增益为 $KV_pm_1/k_qA_p\beta_e$ 。由此可得最终的主动抑振框图如图 9-34 所示。

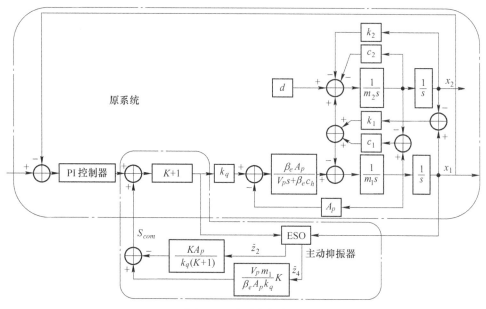

图 9-34　主动抑振框图

9.5.5.2　主动抑振器参数分析

主动抑振器的效果完全取决于主动抑振器的控制参数, 所以分析主动抑振器控制参数对抑振效果的影响是非常重要的。主动抑振器包括五个 ESO 增益参数: β_1、β_2、β_3、β_4 和补偿增益 K。利用高志强提出的带宽法, ESO 增益 β_1、β_2、β_3、β_4 可以被简化为一个参数: ESO 带宽 ω_o。由此, 主动抑振器就只有两个待定参数: ESO 带宽 ω_o 和补偿增益 K。为了研究它们, 依据表 9-5 参数, 而且 PI 控制器的比例增益和积分增益分别为 5 和 0。

表 9-5　系统参数

参数名	数　值	参数名	数　值
k_q	0.468 m^2/s	c_2	2×10^6 N·s/m
m_1	7×10^4 kg	c_h	5×10^{-14} m^3/s·Pa
m_2	4×10^4 kg	β_e	1.4×10^9 Pa
k_1	6×10^9 N/m	A_p	0.8659 m^2
k_2	6×10^8 N/m	V_p	3.46×10^{-2} m^3
c_1	2×10^5 N·s/m	m_{10}	2×10^5 kg

针对轧机振动而言，工作辊抵抗动态轧制力的能力是一个最能表征轧机振动的指标。因此，在接下来的数值仿真中，系统的输入被定义为动态轧制力，系统的输出被定义为工作辊的振动速度。

当抑振器参数补偿增益 $K = 0.5$，ESO 带宽分别为 $[10, 20, 50, 100, 600]$ Hz 时，响应的幅频特性如图 9-35 所示。同时，没有补偿的原始系统和支撑辊等效质量为预期目标值 $2m_1/3$ 的预期动态系统的幅频图绘制于图 9-35 中。

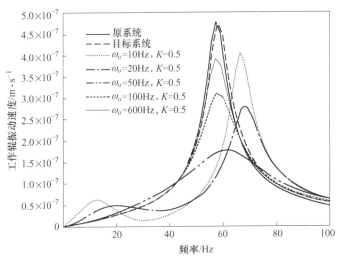

图 9-35 变 ESO 带宽的幅频图

扫一扫查看彩图

从图 9-35 可知，ESO 带宽的影响是非线性的，随着 ESO 带宽的增加，动态影响逐渐逼近目标系统。而且，太大或太小的 ESO 带宽都会使工作辊的动态响应变差，也就是说，对每一个补偿增益来说，都存在一个最优的 ESO 带宽。换而言之，对于振动抑制而言，ESO 带宽没必要非常大，ESO 的估计速度没必要非常快。

类似的，当带度为 160Hz，补偿增益分别为 $K = [0.5, 1, 2, 4, 8]$ 时，工作辊振动速度和支撑辊振动速度幅频特性分别如图 9-36 和图 9-37 所示。

从图 9-36 可知，随着补偿增益的增大，在共振区的幅值被明显的衰减，然而在低频段的幅值略有增大。而且，不同补偿增益对应的幅频图都在 45Hz 附近相较，换而言之，补偿增益对 45Hz 附近的抑振能力是没有影响的。因此，如果选取补偿增益使得幅频图在 45Hz 附近为极大值，则主动抑振器在 100Hz 以下频段内的抑振效果最明显。需要指出的是，45Hz 是在带宽 160Hz 下的交点，当 ESO 带宽发生变化时，交点也会变化。

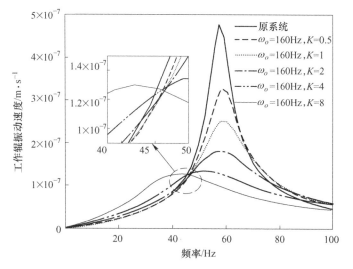

图 9-36　变补偿增益工作辊振动幅频特性

扫一扫查看彩图

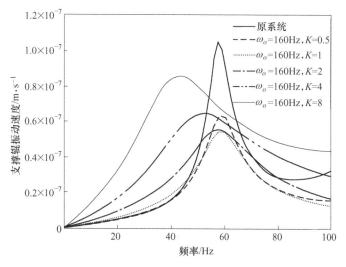

图 9-37　变补偿增益支撑辊振动幅频特性

扫一扫查看彩图

从图 9-37 可知,补偿增益对支撑辊振动的影响是非线性的。随着补偿增益的增大,改善了支撑辊的动态响应,然后又变差。因此,受支撑辊振动的限制,补偿增益不能太大。

在带宽 160Hz 下,优先考虑工作辊的振动并综合考虑支撑辊振动,选取补偿增益 $K = 4$。

9.5.5.3 抑振效果分析

在正常轧制过程中，存在经常发生的两类振动：单一主频振动和多主频振动。因此，分别使用单一主频和多主频动态轧制力来展示主动抑振器的抑振效果。仿真中使用的系统参数见表 9-6，抑振器参数 ESO 带宽设置为 160Hz，补偿增益为 $K = 4$。

A 单一主频振动抑制

设定单一主频的动态轧制力：频率为 60Hz、幅值为 1×10^5 N。与没有补偿的情况比较，工作辊振动和支撑辊的振动分别如图 9-38 和图 9-39 所示。

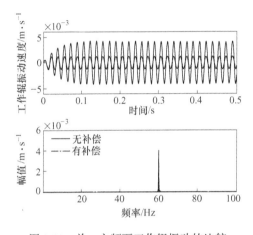

图 9-38 单一主频下工作辊振动的比较

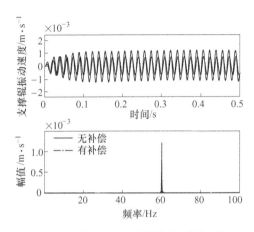

图 9-39 单一主频下支撑辊振动的比较

从图 9-38 可知，工作辊的振动速度幅值在没有补偿时为 4.11mm/s，而在有补偿时为 1.23mm/s。工作辊振动降低了 70%。从图 9-39 可知：支撑辊振动速度幅值在没有补偿时为 0.95mm/s，而在有补偿时为 0.59mm/s。支撑辊振动降低了 37%。

三个状态变量 x_1、x_2、p_p 和相互作用力 f 的实际值和估计值之间的比较，如图 9-40 所示。它们的估计误差分别为 1.4%、0.5%、28.8% 和 23.2%。由此可知：对于振动抑制而言，所有状态的精确估计是没有必要的。

B 多主频振动抑制

对于多主频情况，动态轧制力被设定为 (55Hz, 1×10^5 N)、(60Hz, 1×10^5 N) 和 (65Hz, 1×10^5 N) 之和。与没有补偿的情况比较，工作辊振动和支撑辊的振动分别如图 9-41 和图 9-42 所示。

从图 9-41 可知，在没有补偿下，工作辊振动频率 55Hz、60Hz 和 65Hz 的幅值分别为 3.77mm/s、4.08mm/s 和 2.28mm/s，相应的振动有效值为 4.3mm/s。当有补偿时，工作辊振动频率 55Hz、60Hz 和 65Hz 的幅值分别为 1.33mm/s、

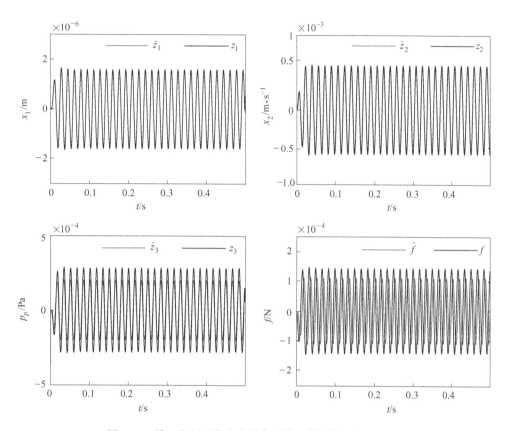

图 9-40 单一主频下状态变量实际值和估计值之间的比较

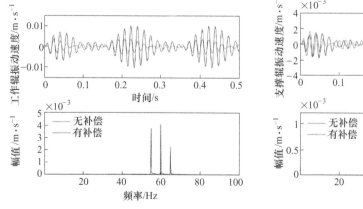

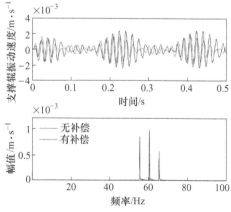

图 9-41 多主频下工作辊振动的比较

图 9-42 多主频下支撑辊振动的比较

1.23mm/s 和 1.1mm/s，相应的振动有效值为 1.5mm/s。工作辊振动的有效值被降低了 65.1%。

从图 9-42 可知，在没有补偿下，支撑辊振动频率 55Hz、60Hz 和 65Hz 的幅值分别为 0.81mm/s、0.93mm/s 和 0.56mm/s，相应的振动有效值为 0.96mm/s。当有补偿时，工作辊振动速度 55Hz、60Hz 和 65Hz 的幅值分别为 0.64mm/s、0.59mm/s 和 0.53mm/s，相应的振动有效值为 0.73mm/s。支撑辊振动的有效值降低了 20%。

三个状态变量 x_1、x_2、p_p 和相互作用力 f 的实际值和估计值之间的比较，如图 9-43 所示。它们的估计误差分别为 0.5%、32%、8.8% 和 22.1%。由此可知：对于振动抑制而言，所有状态的精确估计是没有必要的，这一结论和单一主频情况下的结论是一致的。

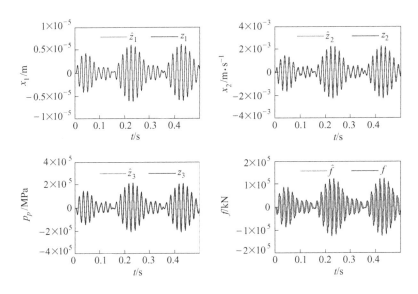

图 9-43 多主频下状态变量实际值和估计值之间的比较

C 参数辨识误差对振动抑制效果的影响

正如前面提到的，为了估计工作辊和支撑辊之间的相互作用力，需要辨识支撑辊的等效质量，然而辨识结果是理想的。实际情况中，辨识误差总是存在，所以分析辨识误差对振动抑制效果的影响是非常重要的。

假如支撑辊等效质量的辨识结果为 9×10^4kg 和 5×10^4kg，则辨识误差分别为 -28.6% 和 28.6%。对存在较大的辨识误差情况下，主动抑振器的抑振效果如图 9-44 所示。从图中可知：支撑辊等效质量的辨识误差对抑振效果并没有太大的影响。可以看到，主动抑振器具有优越的鲁棒性。

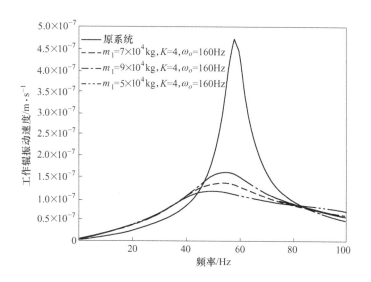

图 9-44 辨识误差对振动抑振的影响

9.5.6 ESO 与 PI 控制器抑振效果比较

抑振器参数经过试算选择见表 9-6。

表 9-6 抑振器参数表

参数名	参数值	参数名	参数值
T	1×10^4	β_4	1.7165×10^4
β_1	6.8843×10^3	β_5	3.1549×10^{11}
β_2	1.7552×10^4	β_6	1.028×10^{11}
β_3	18.705	β_7	6.7884×10^{11}

为了研究轧机系统发生振动时，使用 ESO 能否有效的抑制振动。首先，在输入端施加单位给定信号（含有 20Hz、25Hz 和 30Hz），依据现场实测在上下工作辊之间加入单位振动信号（50.45Hz），对比使用 PI 控制器和增加 ESO 时工作辊振动特征。

图 9-45 是使用 ESO 时上支撑辊和上工作辊振动加速度波形和频谱图；图 9-46 是使用 PI 控制器时上支撑辊和上工作辊振动加速度波形和频谱图。表 9-7 是使用 ESO 和 PI 控制器时工作辊和支撑辊振动加速度有效值的比较结果。

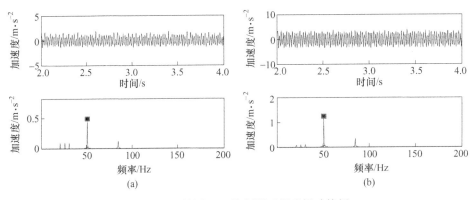

图 9-45　使用 ESO 控制器时辊系振动特征

（a）支撑辊；（b）工作辊

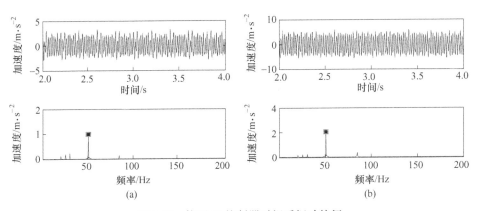

图 9-46　使用 PI 控制器时辊系振动特征

（a）支撑辊；（b）工作辊

表 9-7　辊系振动加速度有效值比较

控制器类型	支撑辊轴承座垂直振动加速度 /m·s^{-2}	工作辊轴承座垂直振动加速度 /m·s^{-2}
ADRC 控制器	0.7570	1.8987
PI 控制器	1.4402	2.9349

从图 9-45 和图 9-46 及表 9-7 可以看出：

（1）输入单位给定的频率为 20Hz、25Hz 和 30Hz 时，两种控制方式在支撑辊和工作辊振动加速度中再现同样频率，说明系统给定信号的振动可以通过液压压下系统、支撑辊轴承座和支撑辊传递给工作辊产生振动。

（2）在工作辊激振频率 50.45Hz 作用下，增加 ESO 控制上工作辊和上支撑辊所对应的频谱图幅值分别为 1.262 和 4.871；而 PI 控制器下上工作辊和上支撑辊所对应的频谱图幅值分别为 2.057 和 1.004。二者对比可发现，增加 ESO 所对应的振动加速度明显低于 PI 控制器。

（3）在工作辊激振频率 50.45Hz 作用下，增加 ESO 控制上工作辊振动加速度有效值为 1.8987m/s²，使用 PI 控制器上工作辊振动加速度有效值为 2.9349m/s²，降低幅度为 35.3%；使用 ADRC 上支撑辊振动加速度有效值为 0.7570m/s²，使用 PI 控制器上支撑辊振动加速度有效值为 1.4402m/s²，降低幅度为 47.4%。

为了进一步研究增加 ESO 的抑振能力，通过改变外扰频率，求解支撑辊及工作辊的动力学响应，得到表 9-8 的振动加速度值统计结果。为了看起来更直观，将表 9-8 绘制出图 9-47 和图 9-48。

表 9-8 辊系振动加速度统计表

频率/Hz	工作辊加速度值/m·s⁻²			支撑辊加速度值/m·s⁻²		
	ADRC	PI 控制器	降幅	ADRC	PI 控制器	降幅
30	1.0293	1.9411	46.9%	0.5440	1.3973	61.1%
35	1.1059	2.0415	45.8%	0.4995	1.2358	59.8%
40	1.3094	2.3801	44.9%	0.5559	1.3040	57.3%
45	1.5569	2.7744	43.8%	0.6273	1.4022	55.2%
50	1.8987	2.9349	35.3%	0.7570	1.4402	47.4%
55	3.0077	3.4205	12.1%	1.2128	1.5930	23.8%
60	3.8385	3.9836	3.60%	1.5148	1.7791	14.8%
65	4.7201	4.6449	1.60%	1.9168	2.0117	4.70%
70	5.3694	5.4369	1.20%	2.2405	2.3105	3.00%

从图 9-47 和图 9-48 的对比可看出，激振频率在 30~70Hz 范围，随着频率的增加，无论是使用 ADRC 还是原 PI 控制器，垂直系统加速度值逐渐增大。在激振频率小于 60Hz 时，使用原控制器垂直系统振动加速度值明显高于增加 ESO，而当激振频率超过 60Hz 之后，增加 ESO 和原控制器的振动加速度值逐渐接近，继续增加激振频率，增加 ESO 垂直系统的振动加速度值差距就比较小了。这说明在目前这一组 ESO 参数下，对于超过 60Hz 的振动，ESO 已经不能起到很好的抑振效果了。由于热连轧机振动基频在此范围以内，因此可以用于抑制热连轧机振动问题。

传统研究轧机振动的方法是利用所建立的模型来研究轧机振动，据此很难提出通用抑振措施。为此，借助自抗扰控制的思想提出增加 ESO 来降低热连轧机振动能量的新方法。

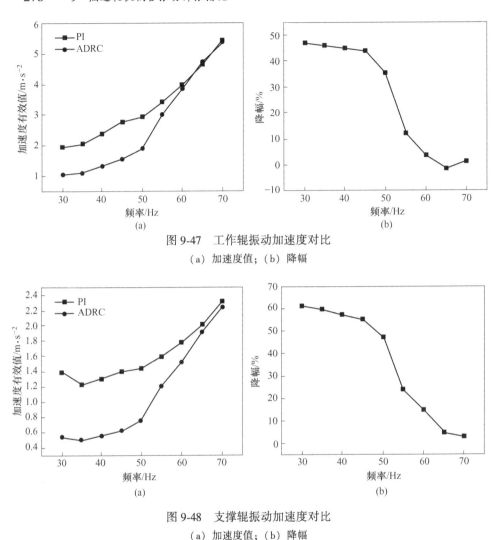

图 9-47　工作辊振动加速度对比

（a）加速度值；（b）降幅

图 9-48　支撑辊振动加速度对比

（a）加速度值；（b）降幅

综上，增加 ESO 可以有效地抑制轧机耦合振动，降低了热连轧机工作辊振动加速度 35.3% 和支撑辊振动加速度 47.4%。

9.5.7　液压压下主动抑振试验研究

为了验证主动抑振方法的效果，本节针对高阶 ESO 主动抑振策略在某 1580 热连轧机 F2 上进行了试验研究。

轧机的控制系统采用东芝 V 系列 PLC，利用 Engineering Tool 软件将离散化后的主动抑振器方程编写成相应的 PLC 程序，并将 PLC 程序做成模块形式嵌入轧机控制系统中。

为了将抑振器转换为计算机语言，首先应将抑振器的连续方程离散化为差分方程形式。主动抑振器中的 ESO 通过向前差分法离散化为

$$
\begin{cases}
z_1(k+1) = z_1(k) + T_s\{k_s z_2(k) + \beta_1[y(k) - z_1(k)]\} \\[4pt]
z_2(k+1) = z_2(k) + T_s\{-\dfrac{k_1}{m_1 k_s}z_1(k) - \dfrac{c_1}{m_1}z_2(k) + \dfrac{k_1}{m_1}z_3(k) + \dfrac{c_1}{m_1}z_4(k) + \\[10pt]
\qquad\qquad \dfrac{A_p}{m_1}z_5(k) + \beta_2[y(k) - z_1(k)]\} \\[10pt]
z_3(k+1) = z_3(k) + T_s\{z_4(k) + \beta_3[y(k) - z_1(k)]\} \\[4pt]
z_4(k+1) = z_4(k) + T_s\{\dfrac{k_1}{m_2 k_s}z_1(k) + \dfrac{c_1}{m_2}z_2(k) - \dfrac{k_1 + k_2}{m_2}z_3(k) - \\[10pt]
\qquad\qquad \dfrac{c_1 + c_2}{m_2}z_4(k) + \dfrac{1}{m_2}z_6(k) + \beta_4[y(k) - z_1(k)]\} \\[10pt]
z_5(k+1) = z_5(k) + T_s\{-\dfrac{A_p \beta_e}{V_p}z_2(k) - \dfrac{c_h \beta_e}{V_p}z_5(k) + \dfrac{k_a k_q \beta_e}{V_p}u(k) + \\[10pt]
\qquad\qquad \beta_5[y(k) - z_1(k)]\} \\[10pt]
z_6(k+1) = z_6(k) + T_s\{\hat{f}_\omega z_7(k) + \beta_6[y(k) - z_1(k)]\} \\[4pt]
z_7(k+1) = z_7(k) + T_s\{-\hat{f}_\omega z_6(k) + \beta_7[y(k) - z_1(k)]\}
\end{cases}
$$

$$(9\text{-}56)$$

主动抑振器中的扰动补偿增益通过双线性变换离散化为

$$
\begin{aligned}
f_{com}(k) = \frac{1}{d_4}\big[& n_4 \hat{z}_6(k) + (n_3 + n_4)\hat{z}_6(k-1) + (n_3 + n_2)\hat{z}_6(k-2) + \\
& (n_2 + n_1)\hat{z}_6(k-3) + n_1 \hat{z}_6(k-4) - d_3 f_{com}(k-1) - \\
& d_2 f_{com}(k-2) - d_1 f_{com}(k-3) - d_0 f_{com}(k-4) \big]
\end{aligned}
$$

$$(9\text{-}57)$$

其中

$$
\begin{aligned}
n_4 = {}& T^3 T_s(8V_p m_1 + 2A_p^2 T_s^2 \beta_e + 4T_s V_p c_1 + 2T_s^2 V_p k_1 + 2T_s^2 \beta_e c_1 c_h + \\
& T_s^3 \beta_e k_1 c_h + 4T_s \beta_e c_h m_1) \\
n_3 = {}& T^3 T_s(2A_p^2 T_s^2 \beta_e - 24V_p m_1 - 4T_s V_p c_1 + 2T_s^2 V_p k_1 + 2T_s^2 \beta_e c_1 c_h + \\
& 3T_s^3 \beta_e c_h c_1 - 4T_s \beta_e c_h m_1) \\
n_2 = {}& -T^3 T_s(2A_p^2 T_s^2 \beta_e - 24V_p m_1 + 4T_s V_p c_1 + 2T_s^2 V_p k_1 + 2T_s^2 \beta_e c_1 c_h - \\
& 3T_s^3 \beta_e c_h c_1 + 4T_s \beta_e c_h m_1) \\
n_1 = {}& -T^3 T_s(8V_p m_1 + 2A_p^2 T_s^2 \beta_e - 4T_s V_p c_1 + 2T_s^2 V_p k_1 + 2T_s^2 \beta_e c_1 c_h - \\
& T_s^3 \beta_e k_1 c_h - 4T_s \beta_e c_h m_1)
\end{aligned}
$$

$$d_4 = A_p \beta_e k_a k_q (2c_1 + T_s k_1)(TT_s + 2)^3$$

$$d_3 = 3A_p \beta_e k_a k_q (2c_1 + T_s k_1)(TT_s - 2)(TT_s + 2)^2 -$$
$$A_p \beta_e k_a k_q (2c_1 - T_s k_1)(TT_s + 2)^3$$

$$d_2 = 3A_p \beta_e k_a k_q (2c_1 + T_s k_1)(TT_s - 2)^2 (TT_s + 2) -$$
$$3A_p \beta_e k_a k_q (2c_1 - T_s k_1)(TT_s - 2)(TT_s + 2)^2$$

$$d_1 = A_p \beta_e k_a k_q (2c_1 + T_s k_1)(TT_s - 2)^3 -$$
$$3A_p \beta_e k_a k_q (2c_1 - T_s k_1)(TT_s - 2)^2 (TT_s + 2)$$

$$d_0 = A_p \beta_e k_a k_q (2c_1 - T_s k_1)(TT_s - 2)^3$$

式中，T_s 为采样间隔。试验过程中，控制系统的采样间隔为 2ms。

　　为了最大限度地降低抑振器的投入对原系统带来的可能风险，在抑振器输入加入一个带通滤波器，用来只保留强烈振动的频率，而滤除与振动无关的其他的信息，从而最大限度地减小抑振器对原系统的影响。因为轧机往往是在一个比较小的频率范围内振动的比较厉害，所以带通滤波器只需要设定一个固定的滤波范围即可，滤波区间不需要自适应时变的。带通滤波器通过双线性变换得到差分方程为

$$y(k) = \frac{1}{QT_s^2 \omega_f^2 + 2T_s \omega_f + 4Q} \big[2AT_s \omega_f x(k) - 2AT_s \omega_f x(k-2) -$$
$$(2QT_s^2 \omega_f^2 - 8Q)y(k-1) - (QT_s^2 \omega_f^2 - 2T_s \omega_f + 4Q)y(k-2) \big]$$

$$(9\text{-}58)$$

式中，ω_f 决定带通频率；A 和 Q 决定带通的宽度。

　　以轧机操作侧为例，加入抑振器后的控制系统框图如图 9-49 所示。

　　试验在某 1580 热连轧机 F2 机架上进行，首先将抑振控制程序写入 PLC 中，将轧机振动速度传感器的输出信号通过信号采集器传送给计算机记录并保存。由于轧制工艺要求，要想轧制薄规格带钢需要先轧制厚规格、软材质带钢过渡，所以首先轧制了 1 块 SPHC1200×4.0mm、1 块 3.0mm、2 块 2.5mm、2 块 2.0mm、3 块 1.8mm 带钢之后，然后再轧制试验用板坯。选取 6 块相同规格 1200×1.52mm、材质 SPA-H 的板坯进行试验，其中 3 块为投入主动抑振器下轧制，另外 3 块为不投入主动抑振器下轧制。抑振器参数设定：ESO 带宽 ω_o = 1000rad/s 和滤波器参数 T =8000。

　　不投入抑振器和投入抑振器的试验结果分别如图 9-50 和图 9-51 所示。由图可知，在不投入抑振器时振动速度有效值为 3.334×10^{-3} m/s，投入抑振器后的振动速度有效值为 2.605×10^{-3} m/s，振动速度有效值降低了 21.8%。将轧制 6 块板坯对应的振动速度有效值统计于表 9-9 中。从表 9-9 中可知，投入抑振器之后，振动速度有效值的均值降低了 22%。经过运行一段时间后再次调整参数，经考核抑振效果可达到振动速度有效值降低 50% 以上。

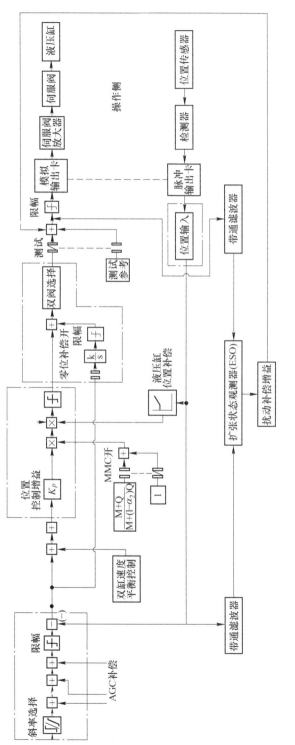

图9-49 液压辊缝抑振控制系统

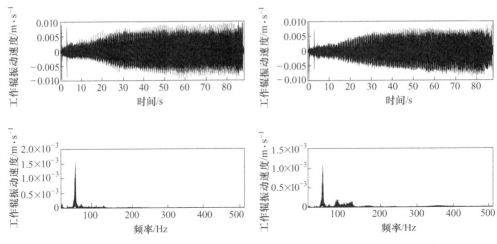

图 9-50   未投入抑振器时的工作辊振动   图 9-51   投入抑振器后的工作辊振动

表 9-9   振动速度有效值统计

序号	未投入抑振器的振动速度有效值 /m·s⁻¹	投入抑振器的振动速度有效值 /m·s⁻¹
1	3.334×10^{-3}	2.605×10^{-3}
2	3.501×10^{-3}	2.741×10^{-3}
3	3.22×10^{-3}	2.492×10^{-3}
均值	3.352×10^{-3}	2.612×10^{-3}

综上所述，研究了利用 ESO 的鲁棒性和抗外扰能力来处理轧机振动问题。针对轧机的垂直振动，设计基于高阶 ESO、低阶 ESO 单通道补偿和低阶 ESO 双通道补偿的抑振器，通过数值仿真得出以下结论：

（1）高阶 ESO 的抑振器，使工作辊单一主频振动降低了 80%，工作辊多主频振动不同频率降幅均在 70% 以上，工作辊变频率振动也能得到有效的抑制；振动频率偏离抑振器设定频率中心点越远，抑振效果越差。

（2）针对低阶 ESO 单通道补偿的抑振器，ESO 带宽的选取要大于共振峰频率，而且存在最优带宽；补偿增益越大，工作辊在共振峰处的抑振效果越好；在抑振效果上，抑振器针对工作辊振动单一频率和多频率动态轧制力扰动均能表现出良好的抑振效果，振动速度分别降低了约一半以上水平。

（3）针对低阶 ESO 双通道补偿的抑振器，ESO 带宽太大或太小都会使抑振效果变差，对每一个补偿增益，都要一个最优的 ESO 带宽；尽量选择补偿增益使得不同补偿增益幅频图的交点为极大值，并且补偿增益受支撑辊振动限制，不能太大。仿真结果表明：单一主频下，抑振器使工作辊振动降低了 70%，支撑辊振动降低了 37%；多主频下，抑振器使工作辊振动降低了 65.1%，支撑辊振动降低了 20%。

（4）现场轧机投入该抑振器，经过参数调整，轧机振动降低 50%以上。

9.6 伺服阀响应特性抑振措施

9.6.1 伺服阀动态特性对轧机振动影响

实测表明，伺服阀给定中若含有谐波电流会最终传递至轧机辊系中。以某 1580 热连轧机发生振动出现的振动频率为例，以 $f(t) = a\sin(2\pi ft)$ 作为伺服阀给定信号输入至前面讨论的液机耦合振动仿真模型中，给定信号的振幅 a 取值为 0.01A，振动频率 f 取值为 53Hz，取上辊系的振动速度作为耦合振动仿真模型的输出信号，输出信号如图 9-52 所示。

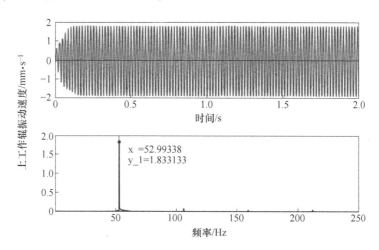

图 9-52　上工作辊振动速度信号波形及谱图

从图 9-52 中可以看出，液压伺服阀输入的信号被传递至轧机的辊系上，所以输入伺服阀的给定信号的好坏将直接影响轧机辊系的振动状态，而伺服阀频宽的高低又将决定信号能否被传递至负载系统中。因此结合对不同结构参数下伺服阀的动态特性的分析，重点研究不同参数下伺服阀动态特性对轧机辊系振动的影响。

9.6.1.1 不同弹簧管刚度的影响

在保证其他结构参数不变的情况下，伺服阀内弹簧管刚度分别取为 70N · m/rad、90N · m/rad、110N · m/rad、130N · m/rad 和 150N · m/rad 分别设定至耦合振动仿真模型中进行批处理仿真，上工作辊振动速度响应的波形及谱图如图 9-53 所示，不同弹簧管刚度的振动速度幅值统计如图 9-54 所示。

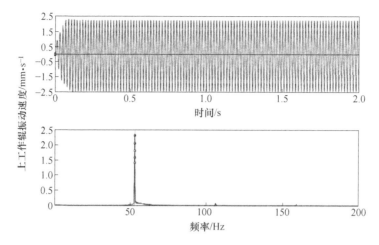

图 9-53　上工作辊振动速度信号波形及谱图

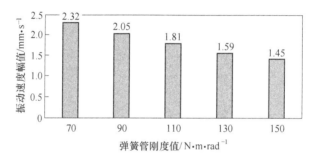

图 9-54　不同弹簧管刚度值时上工作辊振动速度幅值统计图

　　由图 9-53 和图 9-54 可知，在伺服阀其他结构参数保持不变的情况下，随着弹簧管刚度值的增加，液机耦合振动仿真模型上工作辊的振动速度值随之降低。不同弹簧管刚度下伺服阀的动态特性分析结果表明：随着弹簧管刚度值的增大，伺服阀的动态频宽和响应降低，所以降低了上工作辊的振动。

9.6.1.2　不同阻尼系数的影响

　　在保证其他结构参数不变的情况下，将不同的阻尼系数分别设定为 $0.005\mathrm{N} \cdot \mathrm{m} \cdot \mathrm{min/r}$、$0.01\mathrm{N} \cdot \mathrm{m} \cdot \mathrm{min/r}$、$0.015\mathrm{N} \cdot \mathrm{m} \cdot \mathrm{min/r}$、$0.02\mathrm{N} \cdot \mathrm{m} \cdot \mathrm{min/r}$ 和 $0.025\mathrm{N} \cdot \mathrm{m} \cdot \mathrm{min/r}$ 设定至耦合振动仿真模型中进行仿真，上工作辊振动速度响应的波形及谱图如图 9-55 所示，不同阻尼系数的振动速度幅值统计如图 9-56 所示。

　　由图 9-56 可知，在伺服阀其他结构参数保持不变的情况下，改变射流管前置级的阻尼系数值，对液机耦合振动仿真模型上工作辊的振动速度基本上不变。

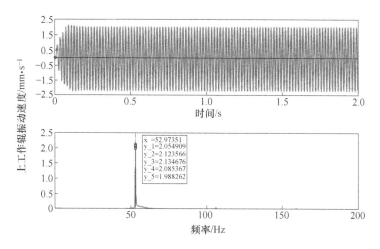

图 9-55 不同阻尼下上工作辊振动速度信号波形及谱图

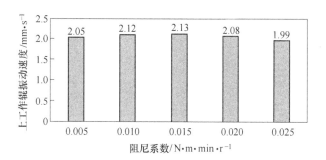

图 9-56 不同阻尼值时上工作辊振动速度幅值统计图

9.6.1.3 不同反馈增益系数的影响

伺服阀阀芯位移传感器的反馈增益分别取为 7.0、7.5、8.0、8.5 和 9.0，将不同的反馈增益分别设定至耦合振动仿真模型中进行仿真，上工作辊振动速度响应的波形及谱图如图 9-57 所示，不同反馈增益的振动速度幅值统计如图 9-58 所示。

由图 9-58 可知，在伺服阀其他结构参数保持不变的情况下，随着伺服阀位移传感器反馈增益系数的增加，上工作辊的振动速度也随之增加，动态响应逐渐变快，频宽也逐渐增大，所以上工作辊的振动状态也随之增强。

9.6.2 伺服阀参数调整抑振试验及效果

试验过程中，选用材质为 MRTRG00301、成品规格为 1250×1.8mm。弹簧管刚度分别依次为 150N·m/rad、130N·m/rad、110N·m/rad、90N·m/rad 和 70N·m/rad，依次监测某 CSP 轧机 F3 机架两侧牌坊的振动情况，振动状态分别如图 9-59~图 9-63 所示。

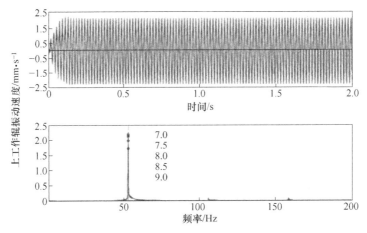

图 9-57 上工作辊振动速度信号波形及谱图

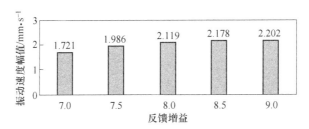

图 9-58 上工作辊振动速度信号波形及谱图

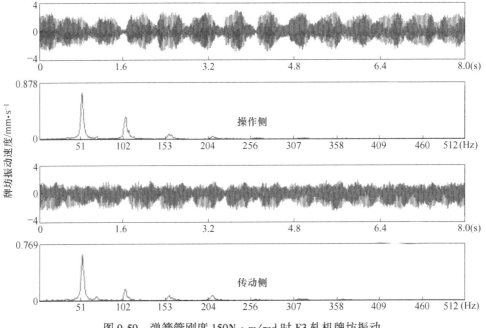

图 9-59 弹簧管刚度 150N·m/rad 时 F3 轧机牌坊振动

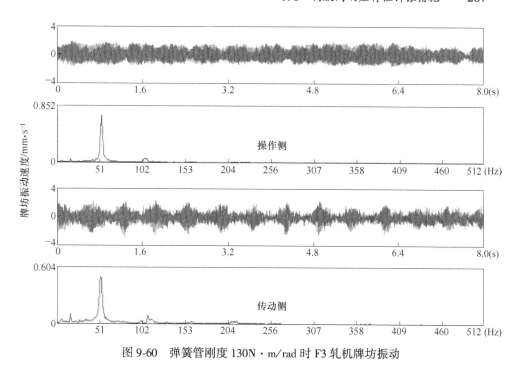

图 9-60 弹簧管刚度 130N·m/rad 时 F3 轧机牌坊振动

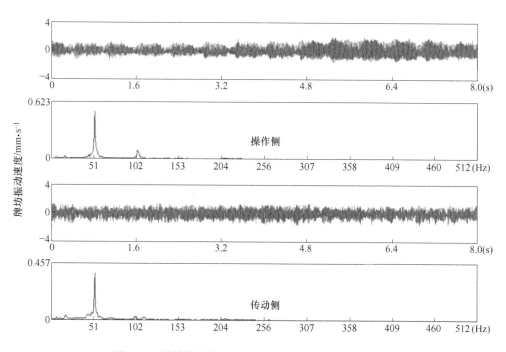

图 9-61 弹簧管刚度 110N·m/rad 时 F3 轧机牌坊振动

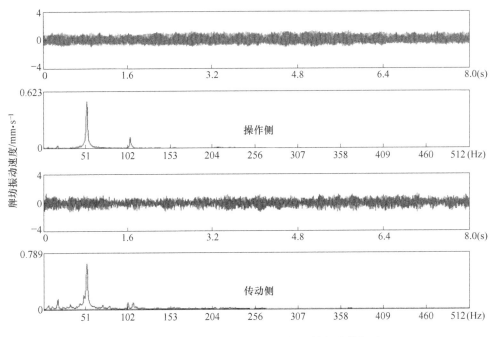

图 9-62 弹簧管刚度 90N·m/rad 时 F3 轧机牌坊振动

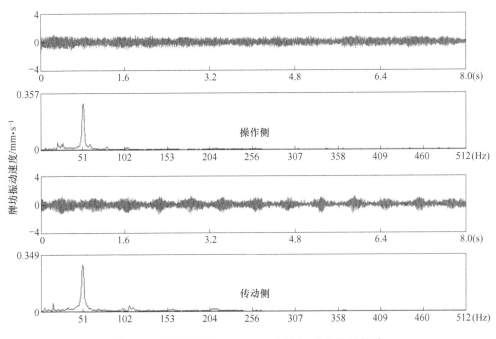

图 9-63 弹簧管刚度 70N·m/rad 时 F3 轧机牌坊振动

对弹簧管刚度值调整试验的结果进行统计，如表 9-10 和图 9-64 所示。

表 9-10 弹簧管刚度调整试验 F3 机架振动速度统计表

弹簧管刚度 /N·m·rad^{-1}	F3 轧机操作侧		F3 轧机传动侧	
	振动速度有效值 /mm·s^{-1}	优势频率 /Hz	振动速度有效值 /mm·s^{-1}	优势频率 /Hz
150	1.084	53	0.889	53
130	0.828	53	0.773	52
110	0.684	52	0.610	52
90	0.555	53	0.477	53
70	0.400	53	0.413	52

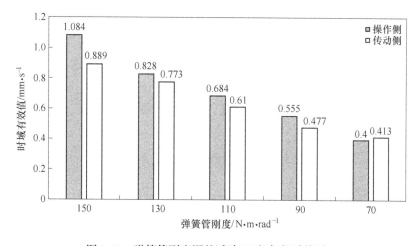

图 9-64 弹簧管刚度调整试验 F3 机架振动统计

根据现场统计结果可以发现，随着弹簧管刚度从 150N·m/rad 依次调整至 70N·m/rad 时，F3 轧机的操作侧和传动侧的振动速度有效值由 1.084mm/s 和 0.889mm/s 逐渐降低至 0.4mm/s 和 0.413mm/s，取得了较好的抑振效果。

9.7 改变主传动固有频率抑振

热连轧机振动主频为几十赫兹，与主传动系统二阶固有频率相近而产生强烈振动，通过改变主传动机械系统零部件的转动惯量或刚度来改变固有频率，进而避开激励频率也可达到减小振动目的。

例如某 CSP 轧机 F3 主传动系统结构如图 9-65 所示。

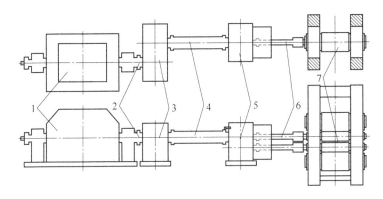

图 9-65 某 CSP 轧机 F3 主传动系统的俯视图和主视图

1—电机；2—电机接手；3—减速箱；4—中间轴；5—人字齿轮座；6—万向接轴；7—轧辊

主传动系统的主要参数如下：

电机额定功率：10000kW

电机转速：0~150/440r/min

电机额定转矩：637kN·m

传动减速比：2.792

工作辊直径：660~750mm，工作部分长度 2000mm

支撑辊直径：1350~1500mm，工作部分长度 1800mm

9.7.1 传动系统固有频率影响因素分析

利用 MATLAB 对某 CSP 轧机 F2~F4 机架传动系统二阶固有频率进行了计算，结果见表 9-11。

表 9-11 F2~F4 机架传动系统二阶固有频率计算值

轧机号	F2	F3	F4
二阶固有频率/Hz	37.5	41.4	38.6

若希望改变传动系统的固有频率，可在现有传动系统零部件的基础上来改造，通过改变转动惯量和扭转刚度来实现。经过分析，可通过改变中间轴（减速机和齿轮座之间的接手）的转动惯量、改变配辊、改变万向接轴转动惯量和改变电机接手等刚度来改变传动系统的固有频率，以便避开激振频率，消减轧机振动现象。

9.7.2 中间轴转动惯量对固有频率影响

9.7.2.1 F2 中间轴转动惯量对固有频率影响

F2 中间轴原转动惯量为 9079kg·m²，取转动惯量为 2000kg·m²、4000kg·m²、

6000kg·m²、8000kg·m²、9000kg·m²、10000kg·m²、12000kg·m²、14000kg·m²、16000kg·m² 和 18000kg·m²，利用 MATLAB 仿真求解扭转振动的固有频率，其结果如表 9-12 和图 9-66 所示。

表 9-12　F2 扭转振动固有频率与中间轴的转动惯量关系

转动惯量 /kg·m²	2000	4000	6000	8000	9000	10000	12000	14000	16000	18000
一阶固有频率 /Hz	19.2	19.2	19.2	19.2	19.2	19.2	19.1	19.1	19.1	19.1
二阶固有频率 /Hz	39.2	38.7	38.3	37.8	37.5	37.3	36.8	36.2	35.7	35.2

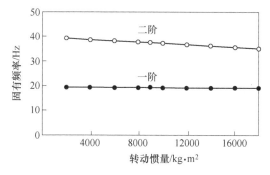

图 9-66　F2 扭振固有频率与中间轴转动惯量关系

9.7.2.2　F3 中间轴转动惯量对固有频率影响

F3 中间轴原转动惯量为 5220kg·m²，分别取 1000kg·m²、2000kg·m²、3000kg·m²、4000kg·m²、5000kg·m²、6000kg·m²、7000kg·m²、8000kg·m²、9000kg·m² 和 10000kg·m²，仿真求解扭转振动的固有频率，其结果如表 9-13 和图 9-67 所示。

表 9-13　F3 扭转振动固有频率与中间轴的转动惯量关系

转动惯量 /kg·m²	1000	2000	3000	4000	5000	6000	7000	8000	9000	10000
一阶固有频率 /Hz	19.9	19.9	19.9	19.8	19.8	19.8	19.8	19.8	19.8	19.8
二阶固有频率 /Hz	47.1	45.6	44.2	42.9	41.6	40.5	39.4	38.4	37.4	36.6

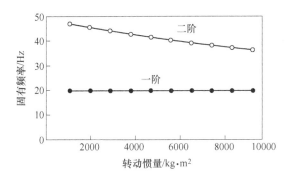

图 9-67   F3 扭振固有频率与中间轴转动惯量关系

9.7.2.3   F4 中间轴转动惯量对固有频率影响

F4 中间轴原转动惯量为 5220kg·m²，其值分别取 1000kg·m²、2000kg·m²、3000kg·m²、4000kg·m²、5000kg·m²、6000kg·m²、7000kg·m²、8000kg·m²、9000kg·m² 和 10000kg·m²，仿真求解扭转振动的固有频率，其结果如表 9-14 和图 9-68 所示。

表 9-14   F4 扭转振动固有频率与中间轴的转动惯量关系

转动惯量/kg·m²	1000	2000	3000	4000	5000	6000	7000	8000	9000	10000
一阶固有频率/Hz	19.6	19.6	19.6	19.6	19.5	19.5	19.5	19.5	19.5	19.4
二阶固有频率/Hz	46.9	44.5	42.3	40.5	38.9	37.5	36.3	35.2	34.2	33.3

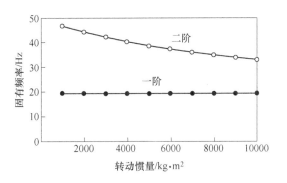

图 9-68   F4 扭振固有频率与中间轴转动惯量关系

可以看到，改变中间轴转动惯量可以明显地改变传动系统第二阶扭转振动固有频率，而且基本不会对第一阶扭转振动固有频率造成影响。

轧机的中间轴为直径较大的薄壁筒状结构，可以通过改变其直径和壁厚来改变其转动惯量。为了保证其强度要求，应该选择增加壁厚来提高其转动惯量，使传动系统第二阶扭转振动固有频率避开激振频率。

9.7.3 配辊方案对固有频率的影响

选取以下四种情况进行分析：

（1）最大直径的支撑辊配最大直径的工作辊；

（2）最大直径的支撑辊配最小直径的工作辊；

（3）最小直径的支撑辊配最大直径的工作辊；

（4）最小直径的支撑辊配最小直径的工作辊。

9.7.3.1 F2 轧辊总转动惯量对扭振固有频率影响分析

F2 轧辊原总的转动惯量为 $4860kg \cdot m^2$，现在按以上四种情况，其值分别为 $4860kg \cdot m^2$、$4294kg \cdot m^2$、$4386kg \cdot m^2$ 和 $3213kg \cdot m^2$，仿真求解扭转振动的固有频率，其结果如表 9-15 和图 9-69 所示。

表 9-15　F2 扭振固有频率与轧辊总转动惯量关系

转动惯量/$kg \cdot m^2$	4860	4294	4386	3213
一阶固有频率/Hz	19.2	20.2	20.1	22.9
二阶固有频率/Hz	37.5	37.6	37.6	37.9

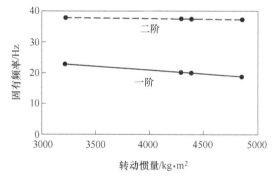

图 9-69　F2 扭振固有频率与轧辊总转动惯量关系

9.7.3.2 F3 轧辊总转动惯量对扭振固有频率影响分析

F3 轧辊目前总的转动惯量为 $2600kg \cdot m^2$，现在按以上四种情况，其值分别取 $2600kg \cdot m^2$、$2402kg \cdot m^2$、$2305kg \cdot m^2$ 和 $1772kg \cdot m^2$，仿真求解扭振的固有频率，其结果如表 9-16 和图 9-70 所示。

表 9-16　F3 扭振固有频率与轧辊总转动惯量关系

转动惯量/$kg \cdot m^2$	2600	2402	2305	1772
一阶固有频率/Hz	19.8	20.5	20.9	23.4
二阶固有频率/Hz	41.4	41.5	41.5	41.9

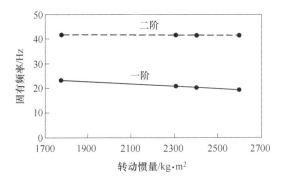

图 9-70　F3 扭振固有频率与轧辊总转动惯量关系

9.7.3.3　F4 轧辊总转动惯量对扭振固有频率影响分析

F4 轧辊目前总的转动惯量为 $2600kg \cdot m^2$，现在按以上四种情况，其值分别取 $2600kg \cdot m^2$、$2402kg \cdot m^2$、$2305kg \cdot m^2$ 和 $1772kg \cdot m^2$，仿真求解扭转振动的固有频率，其结果见表 9-17 和图 9-71。

表 9-17　F4 扭振固有频率与轧辊总转动惯量关系

转动惯量/$kg \cdot m^2$	2600	2402	2305	1772
一阶固有频率/Hz	19.5	20.2	20.5	22.7
二阶固有频率/Hz	38.6	38.7	38.8	39.5

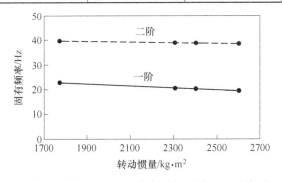

图 9-71　F4 扭振固有频率与轧辊总转动惯量关系

可以看到，通过改变轧辊的配辊方式来改变轧辊的转动惯量，对传动系统第一阶扭转振动固有频率影响较大，而对第二阶扭转振动固有频率没有十分明显的影响。因此，改变轧辊的配辊方式无法达到改变第二阶固有频率的目标。

9.7.4　电机接手刚度对固有频率影响

9.7.4.1　F2 电机接手刚度对固有频率影响分析

F2 电机输出轴接手原刚度系数为 $47.16 \times 10^8 N \cdot m/rad$，分别取 10×10^8

N·m/rad、20×10⁸N·m/rad、30×10⁸N·m/rad、40×10⁸N·m/rad、50×10⁸N·m/rad、60×10⁸N·m/rad、70×10⁸N·m/rad、80×10⁸N·m/rad、90×10⁸N·m/rad 和100×10⁸N·m/rad，仿真求解扭振的固有频率，其结果见表9-18和图9-72。

表 9-18　F2 扭振固有频率与电机输出轴接手刚度关系

刚度系数/N·m·rad^{-1}	10×10⁸	20×10⁸	30×10⁸	40×10⁸	50×10⁸	60×10⁸	70×10⁸	80×10⁸	90×10⁸	100×10⁸
一阶固有频率/Hz	15.9	18.3	18.9	19.1	19.2	19.3	19.3	19.3	19.4	19.4
二阶固有频率/Hz	22.5	27.1	31.5	35.3	38.3	40.9	43.2	45.0	46.7	48.1

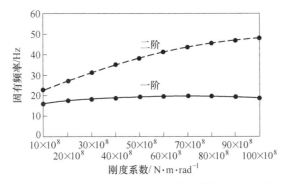

图 9-72　F2 扭振固有频率与电机输出轴接手刚度关系

9.7.4.2　F3 电机接手刚度对固有频率影响分析

F3 电机输出轴原刚度系数为 12.47×10⁸N·m/rad，其值分别取 2.5×10⁸N·m/rad、5×10⁸N·m/rad、7.5×10⁸N·m/rad、10×10⁸N·m/rad、12.5×10⁸N·m/rad、15×10⁸N·m/rad、17.5×10⁸N·m/rad、20×10⁸N·m/rad、22.5×10⁸N·m/rad 和 25×10⁸N·m/rad，仿真求解扭转振动的固有频率，其结果如表 9-19 和图 9-73 所示。

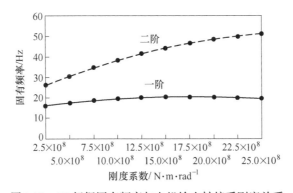

图 9-73　F3 扭振固有频率与电机输出轴接手刚度关系

表 9-19 F3 扭振固有频率与电机输出轴接手刚度关系

刚度系数 /N·m·rad^{-1}	2.5 ×10^8	5.0 ×10^8	7.5 ×10^8	10.0 ×10^8	12.5 ×10^8	15.0 ×10^8	17.5 ×10^8	20.0 ×10^8	22.5 ×10^8	25 ×10^8
一阶固有频率/Hz	15.5	18.3	19.2	19.6	19.8	20.0	20.1	20.1	20.2	20.2
二阶固有频率/Hz	26.0	30.4	34.7	38.3	41.4	44.0	46.3	48.2	49.8	51.2

9.7.4.3 F4 电机接手刚度对固有频率影响分析

F4 电机输出轴原刚度系数为 $6.16 \times 10^8 \mathrm{N \cdot m/rad}$，其值分别取 $1.5 \times 10^8 \mathrm{N \cdot m/rad}$、$3 \times 10^8 \mathrm{N \cdot m/rad}$、$4.5 \times 10^8 \mathrm{N \cdot m/rad}$、$6 \times 10^8 \mathrm{N \cdot m/rad}$、$7.5 \times 10^8 \mathrm{N \cdot m/rad}$、$9 \times 10^8 \mathrm{N \cdot m/rad}$、$10.5 \times 10^8 \mathrm{N \cdot m/rad}$、$12 \times 10^8 \mathrm{N \cdot m/rad}$、$13.5 \times 10^8 \mathrm{N \cdot m/rad}$ 和 $15 \times 10^8 \mathrm{N \cdot m/rad}$，仿真求解扭转振动的固有频率，其结果如表 9-20 和图 9-74 所示。

表 9-20 F4 扭振固有频率与电机输出轴接手刚度关系

刚度系数/N·m·rad^{-1}	1.5×10^8	3.0×10^8	4.5×10^8	6.0×10^8	7.5×10^8	9.0×10^8	10.5×10^8	12×10^8	13.5×10^8	15×10^8
一阶固有频率/Hz	14.8	17.8	18.9	19.5	19.8	20.0	20.2	20.3	20.3	20.4
二阶固有频率/Hz	27.7	31.6	35.2	38.3	40.8	43.0	44.8	46.3	47.6	48.8

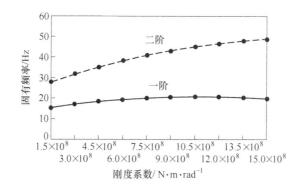

图 9-74 F4 扭振固有频率与电机输出轴接手刚度关系

从图 9-74 可以看到，改变电机输出轴接手刚度系数可以明显地改变传动系统第二阶扭转振动固有频率，而且对第一阶扭转振动固有频率影响较小。

9.7.5 弧形齿接轴刚度对固有频率的影响

9.7.5.1 F2 弧形齿接轴刚度对固有频率的影响分析

F2 弧形齿接轴原刚度系数为 $1.22 \times 10^8 \mathrm{N \cdot m/rad}$，分别取 $0.25 \times 10^8 \mathrm{N \cdot m/rad}$、$0.5 \times 10^8 \mathrm{N \cdot m/rad}$、$0.75 \times 10^8 \mathrm{N \cdot m/rad}$、$1.0 \times 10^8 \mathrm{N \cdot m/rad}$、$1.25 \times 10^8 \mathrm{N \cdot m/rad}$、$1.5 \times 10^8 \mathrm{N \cdot m/rad}$、$1.75 \times 10^8 \mathrm{N \cdot m/rad}$、$2.0 \times 10^8 \mathrm{N \cdot m/rad}$、$2.25 \times 10^8$

N·m/rad和2.5×10⁸N·m/rad仿真求解扭振的固有频率，其结果如表9-21和图9-75所示。

表9-21 F2扭转振动固有频率与弧形齿接轴刚度系数关系

刚度系数/N·m·rad⁻¹	2.5×10⁷	5×10⁷	7.5×10⁷	10×10⁷	12.5×10⁷	15×10⁷	17.5×10⁷	20×10⁷	22.5×10⁷	25×10⁷
一阶固有频率/Hz	10.5	14.1	16.4	18.1	19.3	20.3	21.1	21.7	22.2	22.7
二阶固有频率/Hz	36.2	36.6	36.9	37.3	37.6	37.8	38.1	38.3	38.5	38.7

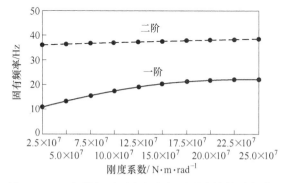

图9-75 F2扭转振动固有频率与弧形齿接轴刚度关系

9.7.5.2 F3弧形齿接轴刚度对频率的影响分析

F3弧形齿接轴原刚度系数为0.775×10⁸N·m/rad，分别取0.2×10⁸N·m/rad、0.4×10⁸N·m/rad、0.6×10⁸N·m/rad、0.8×10⁸N·m/rad、1.0×10⁸N·m/rad、1.2×10⁸N·m/rad、1.4×10⁸N·m/rad、1.6×10⁸N·m/rad、1.8×10⁸N·m/rad和2.0×10⁸N·m/rad仿真求解扭振的固有频率，其结果见表9-22和图9-76。

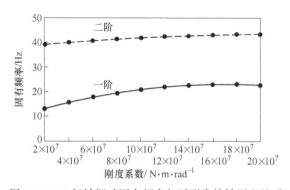

图9-76 F3扭转振动固有频率与弧形齿接轴刚度关系

表 9-22 F3 扭转振动固有频率与弧形齿接轴刚度系数关系

刚度系数/N·m·rad^{-1}	2×10^7	4×10^7	6×10^7	8×10^7	10×10^7	12×10^7	14×10^7	16×10^7	18×10^7	20×10^7
一阶固有频率/Hz	12.7	16.4	18.5	20.0	21.0	21.7	22.3	22.8	23.1	23.4
二阶固有频率/Hz	39.2	40.1	40.8	41.5	42.0	42.4	42.8	43.2	43.5	43.7

9.7.5.3 F4 弧形齿接轴刚度对频率的影响分析

F4 弧形齿接轴原刚度系数为 $0.775×10^8$ N·m/rad，现在让其值分别取 $0.2×10^8$ N·m/rad、$0.4×10^8$ N·m/rad、$0.6×10^8$ N·m/rad、$0.8×10^8$ N·m/rad、$1.0×10^8$ N·m/rad、$1.2×10^8$ N·m/rad、$1.4×10^8$ N·m/rad、$1.6×10^8$ N·m/rad、$1.8×10^8$ N·m/rad 和 $2.0×10^8$ N·m/rad，仿真求解扭振的固有频率，其结果见表 9-23 和图 9-77。

表 9-23 F4 扭转振动固有频率与弧形齿接轴刚度系数关系

刚度系数/N·m·rad^{-1}	2×10^7	4×10^7	6×10^7	8×10^7	10×10^7	12×10^7	14×10^7	16×10^7	18×10^7	20×10^7
一阶固有频率/Hz	12.8	16.4	18.4	19.7	20.5	21.2	21.6	22.0	22.3	22.5
二阶固有频率/Hz	35.4	36.6	37.7	38.7	39.5	40.2	40.8	41.3	41.7	42.1

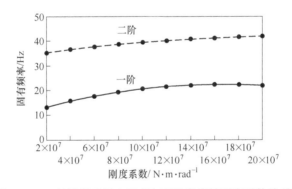

图 9-77 F4 扭转振动固有频率与弧形齿接轴刚度系数关系线

可以看到，改变弧形齿接轴的刚度系数可以在一定程度上改变传动系统第二阶扭转振动固有频率，也可以改变第一阶固有频率。而仅改变电机输出轴接手对改变第二阶固有频率更明显。

综上所述，可以通过改变传动系统零部件的转动惯量和刚度来改变传动系统的固有频率。若需要改变传动系统的二阶固有频率，提高中间接手的转动惯量或电机接手的刚度最为明显。

虽然，改变了轧机主传动二阶固有频率可以降低在某轧制工况下的轧机振动，但是也许换一种工况轧机又出现了新的振动频率现象。因此，通过改变机械固有频率来获得所有轧制工况下避开激振频率却很困难。但轧机可以设计成在相同的激励下，振动幅值较小的结构，这一点应该是轧机机械设计师应该探索的问题。

9.8 轧机辊系侧向液压缸抑振

9.8.1 辊系振动信号分析

为了摸清轧机辊系振动的现象及规律，针对某 FTSR 轧机容易起振的 F3 机架进行了辊系振动加速度在线遥测。将三维振动加速度遥测传感器磁座吸附在被测点上，当被测点振动时，传感器加速度信号调制载波后向空间发射，经过空间传播后，由插在笔记本 USB 口的基站来接收信号，经解调还原成振动加速度信号。笔记本电脑完成信号采集、显示、存储和分析。

当该热连轧机轧制材质为 SPHC、成品规格 1150mm×1.8mm 带钢时，F3 轧机出现了严重的振动现象，上工作辊轴承座垂直和水平方向加速度波形及频谱如图 9-78 所示。从图中可以看出：当 F3 轧机发生振动时，水平振动加速度大于垂直，振动中心频率为 77.1Hz 和倍频 150.6Hz，严重影响轧机的正常生产。

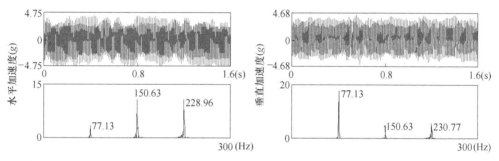

图 9-78　FTSR 轧机上工作辊轴承座水平和垂直加速度

（加速度以重力加速度 g 为基准）

9.8.2 辊系侧向液压缸锁紧抑振效果

该轧机上下支撑辊轴承座入口侧和出口侧分别由从牌坊伸出的 4 个液压缸将 4 个轴承座水平顶紧，以消除支撑辊轴承座和工作辊轴承座与牌坊之间的间隙。为了确定侧向液压缸压力变化对振动的影响，在计算机仿真模拟中，把液压缸压力加在工作辊轴承座与支撑辊轴承座上。

为了探究轧机在振动最激烈情况下侧向压力对振动的影响，对轧机系统同时施加轧制力和扭矩波动（$\Delta P = 200\text{kN}$，$\Delta M = 15\text{kN} \cdot \text{m}$，相位同相），取振动频率 70Hz，工作辊振动最激烈情况下的振动加速度响应曲线如图 9-79 所示。

在此工况下施加不同的侧向压力见表 9-24，观察轧辊的振动情况。

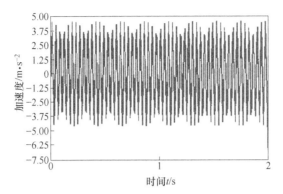

图 9-79　工作辊振动最激烈时加速度曲线

表 9-24　轴承座侧向力加载工况

工　况	低压/kN	高压/kN
上下工作辊轴承座侧向压力	100	600
上下支撑辊轴承座侧向压力	200	800

分别求解得出工作辊的水平加速度响应曲线如图 9-80 和图 9-81 所示。

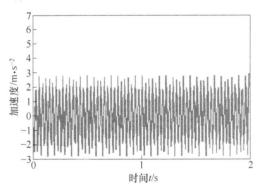

图 9-80　低压下工作辊振动加速度响应曲线

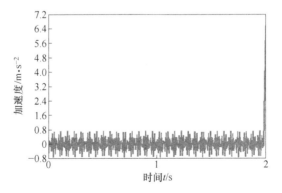

图 9-81　高压下工作辊振动加速度响应曲线

依据仿真结果进行数据统计。对轴承座无侧向力、低压侧向力和高压侧向力三种工况的仿真结果比较如图 9-82 所示。

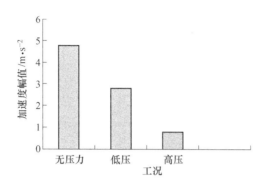

图 9-82 三种工况振动加速度比较

从图中可以看出,当增大侧向压力后水平振动加速度幅值降低了 80% 左右。说明适当提高侧向压力可以有效缓解轧机辊系的振动状态,即增加工作辊轴承座和支撑辊轴承座侧向压力可有效减小轧机垂直振动和与水平振动的幅值。基于仿真结果,在现场按照表 9-24 对 FTSR 轧机 F2 和 F3 机架辊系施加了高压侧向力,实施前后现场轧机振动情况如图 9-83 所示。

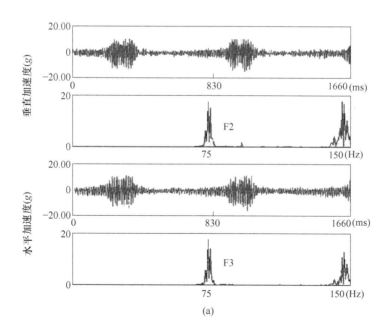

(a)

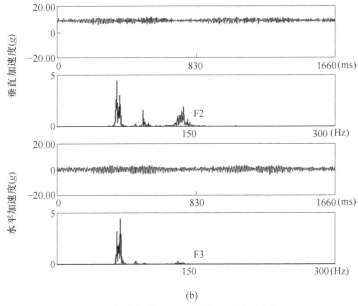

图 9-83　提高侧向压力后轧机工作辊振动

（a）措施前；（b）措施后

（加速度以重力加速度 g 为基准）

从现场观察和测试信号来看，轧机振动噪声显著降低。即轧机发生振动后，投入轧机侧向液压油缸的压力可以明显地抑制振动。但由于大部分热连轧机不具备这样的条件，有的仅在下支撑辊有侧向液压缸，尽管如此，也要将液压缸在轧制过程投入，对稳定辊系也有帮助。但侧向液压缸压力会加快轴承座和牌坊之间衬板的磨损，同时对辊缝控制增加了阻力。因此建议在轧制薄规格带钢轧机振动严重时使用侧向液压缸。

9.9　其他一些抑振措施

（1）机械间隙抑制轧机振动。

轧机机械系统中轴承座与牌坊之间、轧辊扁头与套筒之间、机械零部件之间的接触和齿轮啮合间隙等对轧机振动有放大作用。因此，平时检修时，在允许的前提下尽量缩小机械间隙，这样有利于减小轧机振动幅值。

（2）辊缝润滑抑制轧机振动。

轧制润滑除了可以改善带钢表面质量、减小摩擦和节能等外，其轧制力的降低有利于降低轧制力波动，对缓解轧机振动有利。不同厂家牌号的轧制油抑振效果不同。

（3）负荷分配抑制轧机振动。

轧机振动时，重新分配机架间负荷，即将振动机架的轧制力降低，振动波动也随之减小，对缓解轧机振动有利。

（4）轧辊材质抑制轧机振动。

应用高速钢轧辊取代普通轧辊。由于高速钢轧辊的耐磨性好，在线使用寿命增加，同时使轧辊出现振痕的时间延长，对缓解轧辊诱发的再生振动起到了抑制作用。

（5）更新轧辊对轧机振动影响。

轧辊轧制一定的里程数后，轧辊表面变得状态变差甚至出现振痕，此时应及时换辊，以减小由于轧辊表面状态变差或产生振痕使轧机振动变大。

（6）轧制速度抑制轧机振动。

随着轧制速度的提高，诱发轧机的振动能量增加，因此，在允许的前提下，可适当通过减小或增加轧制速度缓解振动，以避开耦合共振区。

（7）轧制温度抑制轧机振动。

当轧机出现振动时，提高热连轧机 F1 轧机板坯入口温度或减小末架轧机出口设定温度，都可以降低轧制带钢的变形抗力，同时轧制速度降低，一般可以缓解轧机振动。

（8）带钢冷却抑制轧机振动。

减小机架间的冷却强度，使轧制速度下降来缓解振动，可延长轧辊出现振痕的时间。

（9）异步轧制抑制轧机振动。

采用上下工作辊允许的辊径差，可使轧机处于异步搓轧状态，从而减小轧制力波动，提高轧制稳定性。

（10）辊面粗糙抑制轧机振动。

由于热连轧机振动水平方向振动最大，提高辊面粗糙度可以抑制轧机水平振动。但辊面粗糙度提高，使轧制力提高，又起到相反的作用，因此要平衡利弊来取舍。

（11）板形控制抑制轧机振动。

板形控制系统一般采用 PI 控制器控制，其中增益和积分时间常数的大小设定对轧机振动也有影响。因此，在现场可通过改变 P 值和 I 值后进行测定轧机振动变化状态，取抑振效果好的参数作为最终值，当然也要综合考虑对板形控制的影响。

9.10 本章小结

本章重点讨论如何抑制轧机振动，改善连铸坯表层状态和减小主传动及液压压下系统提供的振动能量成为通用的抑振措施，实践表明抑振效果显著。而其他常规的抑振方法，例如：改变轧制温度、改变轧制速度、改变润滑状态、减小机械间隙、改善磨辊状态、机架间负荷分配、更换轧辊材质和辊系配辊等有时会缓解轧机振动，但有时效果并不明显，因此这些措施一般只能作为临时抑振的措施。

10 热连轧机振动研究结论及展望

10.1 热连轧机振动机制

热连轧机振动经过现场大量的测试、理论研究、仿真分析、措施提出、措施实施和效果考核，取得了长足的进步，获得了轧机振动性质为机电液界多态耦合振动，即机械幅频特性、主传动控制、液压压下控制、轧制工艺参数和连铸工艺参数相耦合的结果。

当连铸坯按照一定规律激发轧机开始微振，主传动系统经过速度波动反馈和液压压下系统辊缝波动反馈，在一定的条件下将微振放大，形成具有一定幅值和频率的振动，若此时和轧机的幅频特性的某个易被激发的频率吻合或接近，将使轧机振动进一步放大，出现强烈振动现象并伴随刺耳的噪声，导致带钢表面和轧辊表面出现振痕，降低带钢产品表面质量，缩短轧辊在线使用寿命，同时也威胁轧机的安全运行。

10.2 轧机振动抑振启发

大量的轧机振动测试及信号分析表明：轧机振动由动载荷引发，主要包括轧制力和扭矩的动载荷波动频率与幅值。当轧机振动的幅值超过一定值时，轧机振动才宏观表现出来，也就是说轧机振动是绝对的，不振是相对的。因此，只要将轧制力和扭矩的波动幅值降低到一定程度或将激振频率与固有频率错开，轧机就振不起来了，此时对产品质量没有明显影响，可以认为轧机振动问题得到了解决。

轧机轧制力波动含有一些谐波，而实际信号经过轧制力监测仪和 PLC 处理后，大部分谐波成分被滤掉，因此这对分析轧机振动的信号是不利的。另外现场轧制力监测采集数据的采样频率有时较低，也将真实信号淹没，结果依据这样的信号来判定轧机振动经常会得出错误的结论。

同理，扭矩振动信号十分重要，轧机主传动系统缺少扭矩监测系统。作者耗费大量精力来研制扭矩遥测系统和推广应用，这对捕捉扭振现象和解释轧机振动及评定抑制轧机振动效果起到了举足轻重的作用。由于电机电流信号经过电机电磁惯性和机电惯性，与动态扭矩信号差别较大，所以在传动系统安装扭矩在线遥测系统来长期监测扭振状态就显得尤为重要，作者利用扭矩遥测系统来判断轧机扭振状态、振动起因和抑振效果等方面受益匪浅。

随着科技的不断进步，越来越多的监测手段出现，相信在不远的将来借助监测系统对轧机振动的认识将更加深刻，也会出现更多的抑振措施和获得更好的抑振效果。

10.3　连铸坯表层研究

探索液面波动和材质等对连铸坯表层形貌形成过程的影响以及流热力等多物理场耦合作用下表层的力学性能规律，以提出控制板坯表层性能的策略来抑制轧机振动现象，需要继续攻克以下问题：

（1）连铸设备的振动规律研究。

研究结晶器振动、塞棒控制系统的调节频率及中间包自振频率等规律，探索结晶器正弦、非正弦振动模式下多次谐波产生机理，确定结晶器除垂直方向振动外的水平方向振动原因及影响，优化塞棒控制系统的动态调节状态及其动态特性。

（2）液面波动及工艺参数对连铸坯表层性能影响规律研究。

研究结晶器内钢液的流场、温度场、液面波动、保护渣、电磁搅拌、电磁制动、振动规律以及二冷工艺制度等多因素耦合作用下连铸坯表层形成机理及其力学性能的影响规律，确定其主要影响因素。研究液面波动频率、相位与铸坯初始凝固及振痕的对应关系。探索表层力学性能规律调控措施，以达到可控表层性能，减小对下游轧机的激励影响。

由于连铸过程尚未有精准成熟的理论，所以为了避免未知的调整对工业现场造成影响，需要结合试验与仿真对本课题进行研究，最终得出可以用于指导工业现场的技术方案。因此把现场测试、模型建立、理论研究、软件仿真、样坯试验和工业试验作为本课题的技术路线，以保证抑振技术的实用性和准确性，具体研究内容如下：

（1）对工业现场工况及铸坯测量。

测试结晶器不同振动模式下的振动数据以及塞棒的控制数据等，记录结晶器不同位置的温度场数据以及液面波动数据并进行分析，以获得拉坯过程中的振动及温度场状态。

选取连铸过程中容易发生表层缺陷、振痕规律较明显的典型钢种，设计不同的连铸工艺以获得不同的连铸坯表层形貌；然后对典型钢种连铸坯进行取样，通过酸洗对连铸坯表面去除氧化铁皮，采用三维形貌测量仪对其表面形貌进行测量；利用扫描电镜、光学显微镜和电子探针等多手段对连铸坯表层不同区域的夹杂物分布、晶粒和组织以及成分等进行解析，以获得连铸坯不同表面形貌的特征并确定工艺参数与连铸坯表面形貌之间的关系。

（2）根据测试结果进行仿真分析。

根据测试的数据以及连铸的工艺参数，运用多种仿真软件进行连铸过程的模拟，以流体力学连续性方程、动量方程、能量方程、湍流方程为控制方程，根据现场数据确定仿真的边界条件，配合软件内置的凝固模型和多相流模型，分析不同工作条件下的板坯凝固的瞬态过程，重点关注钢液凝固过程中流场、温度场、应力与工艺参数之间的关系。确定满足生产条件和目标要求的工艺参数。

（3）结合测试与仿真结果进行试验验证。

根据现场测试结果以及模型仿真结果，建立多场耦合状态下的铸坯凝固规律，以及铸坯表层特征规律与工艺参数关系，以此为基础，分别进行样坯试验和工业试验。最终得出可以调控板坯表层规律的理论，用于指导生产。

针对需要测试的铸坯样品进行铸坯的表层形貌特征、组织成分、硬度和厚度等进行测量和总结规律，为后续理论研究奠定基础。

传统研究是针对连铸过程，往往侧重点在如何减少振痕夹杂和偏析、影响内部流场的原因和提高连铸坯表层质量等方面展开研究，很少有人关注铸坯表层周期性规律与轧机振动关系。重点探索铸坯表层周期性规律，从规律的生成、发展到最终的人为调控，建立完整的理论。可能产生的创新点如下：

（1）探索铸坯表层周期性规律的探索。

以往的研究，很少有人关注铸坯表层的规律性特征，只停留在铸坯表面振痕与结晶器振动频率和拉速对应关系的层面上。但现场实践表明，除结晶器振动外的因素还有很多，应注重掌握铸坯表层的规律性特征，例如组织成分的规律性变化、厚度和硬度的周期性波动，探索与之对应的产生机理和调节手段，并给出完善的可用于指导生产的理论。

（2）液面波动与铸坯表层规律对应关系。

以往的研究仅停留在连铸过程诸多工艺参数对液面波动的影响，诸如水口结构、振动频率和水口深度等，无法量化影响铸坯质量的因素，只能定性得出类似于液面波动大会造成夹渣导致表面质量较差的结论。随着结晶器非正弦振动方式的引入，给脱坯等带来了极大的好处，但很少有人关注由此引入的谐波带来的影响，更不会将带钢表面质量振痕问题追溯至连铸机上。发生的表面质量问题往往通过调节保护渣性能来改善，也就是说缺乏了铸坯表层状态与液面波动幅度和波动频率的对应关系。

（3）提出对连铸机工作状态的改进。

以往针对铸坯表层质量的研究多归结于工艺领域，随着连铸设备机电液控制系统的不断发展，其工作方式也不断复杂化。本课题以学科交叉为基础，拟从机械、电气、液压和工艺等多方面对铸坯表层性能进行综合调控。因此，提出对现有连铸设备本身的工作方式做出调整，以使其结晶器振动、液面波动和塞棒调节等达到最佳的匹配效果，最终调控铸坯表层的规律性特征使其表面平整和微观上组织成分均匀。

10.4 轧机振动研究前景

传统的轧机振动研究从多参数进行了大量探索，其结论能够直接用于现场抑制轧机振动的措施却寥寥无几，这使得轧机振动的理论研究经常与实际生产脱节，遇到了严峻的挑战。

作者从轧机振动能量视野进行了探索，认为当轧机振动能量达到一定值时，轧机振动才表现出来。使得研究轧机振动能量传递路径和如何传递，就显得尤为重要，这对于研究轧机振动也许开辟了一个新途径和新方法，可能会取得意想不到的成果。

随着现代控制理论的不断进步，将有更好的抑振措施出现，来进一步消减轧机主传动电机和液压压下系统提供的振动能量，一定会取得更好的抑振效果。

另外，随着连铸坯变形抗力和形貌在线监测系统的完善和工业应用，实现连续测量连铸坯表层的性能来解释连铸坯激励轧机振动的遗传问题将得到更有力的验证，对精准和把控连铸坯的表层状态将起到更重要作用。

参 考 文 献

[1] 钟掘. 复杂机电系统耦合设计理论及方法 [M]. 北京：机械工业出版社，2007.

[2] 闫晓强. CSP 轧机耦合振动研究 [D]. 北京：北京科技大学，2007.

[3] 凌启辉. 现代热连轧机液机耦合振动研究 [D]. 北京：北京科技大学，2014.

[4] 张义方. 多源谐波诱发 CSP 轧机主传动耦合振动研究 [D]. 北京：北京科技大学，2014.

[5] 王鑫鑫. 基于热连轧机耦合振动的主动抑振控制研究 [D]. 北京：北京科技大学，2019.

[6] Zhiqiang Gao. Scaling and Bandwidth-Parameterization based Controller Tuning [C]. Dept. of Electrical and Computer Engineering Cleveland State University, 2003.

[7] 肖彪. 基于功率流的热连轧机振动能量研究 [D]. 北京：北京科技大学，2021.

[8] 韩京清. 自抗扰控制技术：估计补偿不确定因素的控制技术 [M]. 北京：国防工业出版社，2008.

[9] 闫晓强，王辉，等. 现代连轧机耦合振动抑制重要进展 [J]. 中国冶金，2014，24（4）：1-4.

[10] 闫晓强. 连轧机振动控制重要进展综述 [J]. 冶金设备，2013（2）：55-57.

[11] 闫晓强. 轧机振动控制的工程应用新进展 [N]. 世界金属导报，2013-12-17（B07）.

[12] 王鑫鑫. 铸轧全流程轧机耦合振动机制研究及应用 [N]. 世界金属导报，2019-01-15（B06）.

[13] 魏青轩. PDA 数据采集系统在热连轧生产中的应用 [D]. 太原：太原理工大学，2010.

[14] 李安庆，谷卫东，等. 首钢京唐钢铁厂 MCCR 生产线设计简介 [N]. 世界金属导报，2019-11-26.

[15] 崔秀波. 数字式扭矩遥测系统开发研究 [D]. 北京：北京科技大学，2007.

[16] 闫晓强，崔秀波. 基于 NRF9E5 的轧机扭矩遥测系统 [J]. 微计算机信息，2007（25）：107-108，136.

[17] 闫晓强，杨舒拉，程伟，等. 轧机扭矩遥测系统 [J]. 冶金设备，2001（6）：63-65，32.

[18] 关世昌. 基于磁耦合谐振式扭矩遥测系统无线供电传输特性研究 [D]. 北京：北京科技大学，2020.

[19] 闫雄. 轧机扭矩遥测无线电能传输自动调谐研究 [D]. 北京：北京科技大学，2021.

[20] 孙运强. U 型耦合结构无线电能传输特性研究 [D]. 北京：北京科技大学，2021.

[21] 贾金亮，闫晓强. 磁耦合谐振式无线电能传输特性研究动态 [J]. 电工技术学报，2020，35（20）：4217-4231.

[22] Jia Jinliang, Yan Xiaoqiang. Application of Magnetic Coupling Resonant Wireless Power Supply in a Torque Online Telemetering System of a Rolling Mill [J]. Journal of Electrical and Computer Engineering, 2020: 1-9.

[23] Jia Jinliang, Yan Xiaoqiang. Research on wireless power transmission characteristics of the torque telemetry system under the influence of rolling mill drive shaft [J]. UPB Scientific Bulletin, Series C: Electrical Engineering and Computer Science, 2020, 82 (1): 315-327.

［24］ Jia Jinliang, Yan Xiaoqiang. Research on frequency tracking control of the wireless power transfer system based on WiFi ［J］. UPB Scientific Bulletin, Series C: Electrical Engineering and Computer Science, 2020, 82 (4): 221-234.

［25］ Jia Jinliang, Yan Xiaoqiang. Research on characteristics of wireless power transfer system based on U-type coupling mechanism ［J］. Journal of Electrical and Computer Engineering, 2021: 1-9.

［26］ 闫晓强, 孙志辉, 孙德宏, 等. 轧机工况在线监测系统软件 ［J］. 冶金设备, 2002 (1): 45-47.

［27］ 孙志辉, 闫晓强, 程伟. 轧机工况监测系统软件设计 ［C］// 中国钢铁年会论文集, 2003, 3: 747-750.

［28］ 黄壮. 轧制油对热连轧机振动能量影响研究 ［D］. 北京: 北京科技大学, 2015.

［29］ 刘克飞. 轧制速度对热连轧机振动能量影响研究 ［D］. 北京: 北京科技大学, 2015.

［30］ 闫晓强, 杨喜恩, 吴先峰. 轧机水平振动侧向液压振动抑制器抑振效果仿真研究 ［J］. 振动与冲击, 2013, 32 (24): 11-14.

［31］ 杨喜恩. 热连轧机辊系侧向约束状态对振动的影响研究 ［D］. 北京: 北京科技大学, 2012.

［32］ 苏杭帅. 磨辊质量对热连轧机振动能量影响研究 ［D］. 北京: 北京科技大学, 2015.

［33］ Wang X, Yan X, Li D. A PID controller with desired closed-loop time response and stability margin ［C］//Control Conference (CCC), 2017, 36th Chinese. IEEE, 2017: 64-69.

［34］ Yan xiaoqiang. Research on the Impact of AGC Vibration on the Horizontal Vibration of the Roll System for CSP Rolling Mill. Advanced materials research ［J］, 2010, 139-141 (3): 2409- 2412.

［35］ 张之明. 轧机主电机谐波导致脉动扭矩机理研究 ［D］. 北京: 北京科技大学, 2014.

［36］ 张义方, 闫晓强, 凌启辉. 电流谐波与轧制力谐波协同诱发主传动多态耦合振动研究 ［J］. 振动与冲击, 2014, 33 (21): 8-12.

［37］ 么爱东. 液压弯辊对热连轧机振动能量影响研究 ［D］. 北京: 北京科技大学, 2015.

［38］ 付兴辉. 热连轧机液压弯辊振动控制研究 ［D］. 北京: 北京科技大学, 2017.

［39］ 吴先锋. 大型热连轧机轴向幅频特性研究 ［D］. 北京: 北京科技大学, 2012.

［40］ 罗禹, 李接. 关于板坯连铸拉矫机符合分配的几种主流解决方案之比较 ［J］. 自动化与仪器仪表, 2011, 6 (158).

［41］ Takeuchi E, Brimacombe J K. The Formation of Oscillation Marks in the Continuous Casting of Steel Slabs ［J］. Metallurgical Transactions B, 1984, 15B (9): 493-509.

［42］ Lainea E, Bustu J C, et al. The ELV solidification model in continuous casting billetes moulds using casting power ［A］. Proceedings of 1st European Conference on Continuous Casting ［C］. Florence Italy: 1991: 1621-1631.

［43］ 张洪威, 连铸板坯表面振痕形成机理的研究 ［D］. 秦皇岛: 燕山大学, 2013.

［44］ 雷作胜, 等. 连铸结晶器振动下弯月面处温度波动的模拟实验 ［J］. 金属学报, 2002 (8): 877-880.

[45] Fredriksson Hasse, Elfsberg Jessica. Thoughts about the Initial Solidification Process during Continuous Casting of Steel [J]. Scandinavian Journal of Metallurgy, 2002, 31 (10): 292-297.

[46] 侯晓光, 王恩刚, 许秀杰, 等. 弯月面热障涂层方法对结晶器传热及铸坯振痕形貌的影响 [J]. 金属学报, 2015, 51 (9): 1145-1152.

[47] 刘珺. 结晶器反向振动控制模型及铸坯质量研究 [D]. 秦皇岛: 燕山大学, 2014.

[48] 张林涛, 等. 连铸坯表面振痕的形成及影响因素 [J]. 炼钢, 2006, 22 (4): 35-39.

[49] Akira Matsushita, et al. Direct Observation of Molten Steel Meniscus in CC Mold during Casting [J]. Transactions ISIJ, 1988: 28: 531-534.

[50] Gupta D, Chakraborty S, Lahiri A K. Asymmetry and oscillation of the fluid flow pattern in a continuous casting mould: a water model study [J]. ISIJ International, 1997, 37 (7): 654-658.

[51] Thomas B G, Barco J, Arana J. Model of thermal-fluid flow in the meniscus region during an oscillation cycle.

[52] 谭利坚, 沈厚发, 柳百成, 等. 连铸结晶器液位波动的数值模拟 [J]. 金属学报, 2003 (4): 435-438.

[53] 王维维, 张家泉, 陈素琼, 等. 水口侧孔倾角对大方坯结晶器流场和液面波动的影响 [J]. 北京科技大学学报, 2007 (8): 816-821.

[54] 武绍文, 张彩军, 刘毅, 等. 板坯连铸结晶器流场物理与数学模拟研究 [J]. 炼钢, 2019, 35 (1): 54-60.

[55] 胡群, 张硕, 王璞, 等. 大方坯结晶器内液面波动与卷渣行为 [J]. 中国冶金, 2020, 30 (6): 63-70.

[56] Claudio Ojeda, et al. Model of Thermal-Fluid Flow in the Meniscus Region During An Oscillation Cycle [C] //AISTech 2007, Steelmaking Conference Proc., Indianapolis, May, 2007.

[57] 谢集群. 1850mm×230mm 板坯连铸结晶器流场与温度场数值模拟 [J]. 中国冶金, 2020, 30 (2): 54-62.

[58] Shen B, Shen H, Liu B. Instability of Fluid Flow and Level Fluctuation in Continuous Thin Slab Casting Mould [J]. ISIJ international, 2007, 47 (3): 427-432.

[59] 张磊, 翟冰钰, 王万林. 薄板坯连铸及其铸坯表面缺陷的形成机理 [J]. 连铸, 2020 (4): 22-28.

[60] 程乃良, 杨拉道, 江中块, 等. 板坯连铸结晶器液面周期性波动的探讨 [J]. 炼钢, 2009, 25 (6): 59-62.

[61] 田立, 田运辉, 谢卫东, 等. 基于前馈补偿方式的板坯结晶器液面周期性波动研究[J]. 炼钢, 2019, 35 (4): 38-42.

[62] 孟祥宁, 崔禹, 吕则胜, 等. 连铸结晶器非正弦振动共振分析 [J]. 东北大学学报 (自然科学版), 2019, 40 (9): 1273-1278.

[63] 史灿. CSP 轧机垂扭振动耦合研究 [D]. 北京: 北京科技大学, 2008.

[64] 焦念成. 连轧机动力学特性对垂扭耦合振动影响研究 [D]. 北京：北京科技大学, 2009.

[65] 张义方, 闫晓强, 凌启辉. 基于连轧机垂扭耦合振动致变形区中性角振动研究 [J]. 工程科学学报, 2015, 37 (S1): 98-102.

[66] 王宗元. 热连轧机机电耦合振动控制仿真研究 [D]. 北京：北京科技大学, 2016.

[67] 张义方, 闫晓强, 凌启辉. 负载谐波诱发轧机主传动机电耦合扭振仿真研究 [J]. 工程力学, 2015, 32 (1): 213-217, 225.

[68] 刘丽娜. CSP 轧机弧形齿接轴弯扭耦合振动研究 [D]. 北京：北京科技大学, 2008.

[69] 闫晓强, 刘丽娜, 史灿, 等. CSP 轧机弯扭耦合振动频率研究 [J]. 振动与冲击, 2009, 28 (3): 182-185, 209.

[70] 闫晓强, 刘丽娜, 曹曦, 等. CSP 轧机万向接轴弯扭耦合振动 [J]. 北京科技大学学报, 2008 (10): 1158-1162.

[71] 邹建才. 热连轧机液机耦合振动研究 [D]. 北京：北京科技大学, 2014.

[72] 王小华. 热连轧机液机耦合振动抑制仿真研究 [D]. 北京：北京科技大学, 2016.

[73] 李立彬. 酸轧机组液机耦合振动研究 [D]. 北京：北京科技大学, 2019.

[74] 于文宝. 热连轧机压下伺服阀动态特性对轧机振动影响研究 [D]. 北京：北京科技大学, 2021.

[75] Biao Xiao, Xiaoqiang Yan. Interface Vibration Characteristics of Rolling Mill Components Based on Power Flow [J]. Australian Journal of Mechanical Engineering, 2020, 18.

[76] Biao Xiao, Xiaoqiang Yan. Application of Finite Element Power Flow and Visualization in Rolling Mill Vibration [C] //The 4th International Conference on Power, Energy and Mechanical Engineering, 2020, 162.

[77] Goyder H, White R, Vibrational power flow from machines into built-up structures, Part iii: power flow through isolation systems [J]. Journal of Sound and Vibration, 1980 (4): 97-117.

[78] Goyder H, White R, Vibrational power flow from machines into built-up structures, Part ii: wave propagation and power flow in beam-stiffened plates [J]. Journal of Sound and Vibration, 1980 (4): 77-96.

[79] 朱翔, 李天匀, 赵耀, 等. 基于有限元的损伤结构功率流可视化研究 [J]. 机械工程学报, 2009, 45 (2): 132-137.

[80] 吴梓峰. 结构振动功率流流向控制方法及其应用 [D]. 广州：华南理工大学, 2017.

[81] Undson J, Bielawa R, Flannelly R. Generalized frequency domain substructure synthesis [J]. Journal of the American Helicopter Society, 1988, 33 (1): 55-64.

[82] Lancaster P, Tismenetsky M. The theory of matrices [M]. Academic Press, Londond, UK, 1985.

[83] 闫晓强, 程伟, 李树平. 轧机扭振控制 [J]. 北京科技大学学报, 1997, 19 (增刊): 69-73.

[84] 邹家祥. 冷连轧机系统振动控制 [M]. 北京：冶金工业出版社, 1998.

［85］张瑞成，童朝南. 具有不确定性参数的轧机主传动系统自抗扰控制器设计［J］. 电工技术学报，2005（12）：86-90.

［86］张瑞成，童朝南，李伯群. 基于 LMI 方法的轧机主传动系统机电振动 H_∞ 控制［J］. 北京科技大学学报，2006（2）：179-184.

［87］张瑞成，童朝南. 基于自抗扰控制技术的轧机主传动系统机电振动控制［J］. 北京科技大学学报，2006（10）：978-984.

［88］Gao Z. Scaling and Bandwidth-Parameterization based Controller Tuning，Denver，CO，United States，2003.

［89］Chen X，Li D，Gao Z，et al. Tuning method for second-order active disturbance rejection control，Yantai，China，2011.

［90］Li S，Zhang S，Liu Y，et al. Parameter-tuning in active disturbance rejection controller using time scale［J］. Control Theory and Applications，2012，29（1）：125-129.

［91］Shi S，Li J，Zhao S. On design analysis of linear active disturbance rejection control for uncertain system［J］. International Journal of Control and Automation，2014，7（3）：225-236.

［92］Liang G，Li W，Li Z. Control of superheated steam temperature in large-capacity generation units based on active disturbance rejection method and distributed control system［J］. Control Engineering Practice，2013，21（3）：268-285.

［93］Ahi B，Haeri M. Linear Active Disturbance Rejection Control from the Practical Aspects［J］. IEEE/ASME Transactions on Mechatronics，2018.

［94］Zhang C，Zhu J，Gao Y. Order and parameter selections for active disturbance rejection controller［J］. Control Theory & Applications，2014（11）：1480-1485.

［95］王鑫鑫. 闫晓强. 基于扩张状态观测器的轧机振动抑振器研究［J］. 振动与冲击，2019，38（5）：1-6.

［96］Wang X X，Yan X Q，Li D，et. al. An Approach for Setting Parameters for Two-Degree-of-Freedom PID Controllers［J］. Algorithms，2018，11（4）：48.

［97］Xinxin Wang，Xiaoqiang Yan. Influence of mill modulus control gain on vibration in hot rolling mills［J］. Journal of Iron and Steel Research International.

［98］Xinxin Wang，Xiaoqiang Yan. Active vibration suppression for rolling mills vibration based on extended state observer and parameter identification［J］. Journal of low frequency noise，vibration and active control.

［99］Xinxin Wang，Xiaoqiang Yan. Dynamic Model of the Hot Strip Rolling Mill Vibration Resulting from Entry Thickness Deviation and Its Dynamic Characteristics［J］. Mathematical Problems in Engineering，2019.

［100］张寅. 基于 DSP 的轧制力智能监测装置的研究［D］. 北京：北京科技大学，2004.

［101］袁振文. 基于 LabVIEW 的中板轧机在线智能监测系统研究［D］. 北京：北京科技大学，2006.

［102］贾永茂. 附着式轧制力传感器特性研究［D］. 北京：北京科技大学，2006.

［103］张超. 基于虚拟仪器的轧制力在线监测系统的开发研究［D］. 北京：北京科技大

学，2007.

[104] 曹羲.CSP 轧机二阶扭振抑制研究 [D].北京：北京科技大学，2008.

[105] 张龑.双机架可逆式冷轧机辊系振动研究 [D].北京：北京科技大学，2009.

[106] 司小明.CSP 轧机与 FTSR 轧机动态特性对比仿真研究 [D].北京：北京科技大学，2010.

[107] 包森.CSP 轧机辊系动态响应特性仿真研究 [D].北京：北京科技大学，2010.

[108] 范连东.FTSR 轧机主传动系统低频振动研究 [D].北京：北京科技大学，2010.

[109] 黄森.2250 热连轧 R2 轧机轴向力生成机理研究 [D].北京：北京科技大学，2011.

[110] 牛立新.2250 热连轧机集油盒损坏机理研究 [D].北京：北京科技大学，2011.

[111] 杨文广.三种热连轧机抗振性评定及结构修改研究 [D].北京：北京科技大学，2012.

[112] 雷洋.热连轧机主传动系统扭振非线性因素研究 [D].北京：北京科技大学，2013.

[113] 任力.冷连轧机结构参数对垂扭耦合振动特性影响研究 [D].北京：北京科技大学，2013.

[114] 刘伟.冷连轧机轧制力和张力耦合振动研究 [D].北京：北京科技大学，2013.

[115] 岳翔.1220 冷连轧机振动与抑制研究 [D].北京：北京科技大学，2013.

[116] 张勇.平整机主传动控制系统抗扰性能仿真研究 [D].北京：北京科技大学，2016.

[117] 周志.基于 ADAMS 平整机工作辊轴承振动仿真研究 [D].北京：北京科技大学，2017.

[118] 刘建伟.带钢厚度谐波对平整机振动影响研究 [D].北京：北京科技大学，2017.

[119] 贾星斗.二十辊森吉米尔 HZ21 轧机动力学研究 [D].北京：北京科技大学，2019.

[120] 陈远.热轧原料状态对 F3 轧机振动影响研究 [D].北京：北京科技大学，2019.

[121] 李霄.1720 冷连轧机振动研究及控制 [D].北京：北京科技大学，2020.

[122] 隋立国.力马达阀动力学特性对轧机振动影响研究 [D].北京：北京科技大学，2020.

[123] 李珂.弧形齿接轴动力学特性对热连轧机振动的影响研究 [D].北京：北京科技大学，2021.

[124] Zhang Yifang, Yan Xiaoqiang, Lin Qihui. Characteristic of Torsional Vibration of Mill Main Drive Excited by Electromechanical Coupling [J]. Chinese Journal of Mechanical Engineering, 2015, 29 (1): 180-187.

[125] 凌启辉，赵前程，王宪，等.热连轧机机液耦合系统振动特性 [J].钢铁，2017，52 (2)：51-58.

[126] 张义方，闫晓强，凌启辉.多源激励下 CSP 轧机主传动扭振问题研究 [J].机械工程学报，2017，53 (10)：34-42.

[127] 闫晓强，么爱东，刘克飞.液压弯辊控制参数对热连轧机振动能量影响研究 [J].振动与冲击，2016，35 (11)：41-46，65.

[128] 凌启辉，闫晓强，张义方.基于 S 变换的热连轧机耦合振动特征提取 [J].振动.测试与诊断，2016，36 (1)：115-119，201-202.

[129] 凌启辉，闫晓强，张义方.热连轧机非线性水平振动抑制研究 [J].长安大学学报（自然科学版），2015，35 (6)：145-151.

[130] 闫晓强. 薄带钢表面振纹生成机理及抑制 [A]. 中国金属学会. 2014 年全国轧钢生产技术会议文集（下）[C]. 中国金属学会，2014：3.

[131] 张义方，闫晓强，凌启辉. 变频谐波诱发轧机传动非线性耦合振动研究 [J]. 华南理工大学学报（自然科学版），2014，42（7）：62-67.

[132] 凌启辉，闫晓强，张清东，等. 双动力源作用下热连轧机工作辊非线性水平振动特性研究 [J]. 振动与冲击，2014，33（12）：133-137，175.

[133] 凌启辉，闫晓强，张清东，等. 双动力源驱动下的热连轧机振动特征 [J]. 振动·测试与诊断，2014，34（3）：534-538，594.

[134] 凌启辉，闫晓强，张义方，等. 热连轧机再生振动特性研究 [J]. 中国冶金，2014，24（5）：59-64.

[135] 闫晓强，吴先峰，杨喜恩，等. 热连轧机扭振与轴向振动耦合研究 [J]. 工程力学，2014，31（2）：214-218.

[136] 闫晓强，包森，李永奎，等. 热连轧 FTSR 轧机振动研究 [J]. 工程力学，2012，29（2）：230-234.

[137] 闫晓强. 热连轧机机电液耦合振动控制 [J]. 机械工程学报，2011，47（17）：61-65.

[138] 闫晓强，黄森，牛立新，等. 2250 热连轧 R2 轧机轴向力生成机理 [J]. 北京科技大学学报，2011，33（5）：636-640.

[139] 闫晓强，牛立新，黄森，等. 连轧机万向接轴集油盒损坏机理 [J]. 北京科技大学学报，2011，33（4）：499-503.

[140] 闫晓强，张龑奋. 可逆式冷轧机振动机理研究 [J]. 振动与冲击，2010，29（9）：231-234，254.

[141] 闫晓强，曹曦，刘丽娜，等. 轧机主传动系统异常振动仿真研究 [J]. 系统仿真学报，2009，21（11）：3439-3442，3459.

[142] 宋森，张龑，胡孔白，等. 可逆式冷轧机垂直振动测试与仿真分析 [J]. 冶金设备，2009（2）：48-50，62.

[143] 闫晓强，史灿，曹曦，等. CSP 轧机扭振与垂振耦合研究 [J]. 振动、测试与诊断，2008，28（4）：377-381，414-415.

[144] 闫晓强，张超. 轧制力在线智能监测虚拟仪器开发研究 [J]. 微计算机信息，2007（7）：72-74.

[145] 孙德宏，高元军，孙志辉，等. 轧机压力监测系统的应用 [J]. 重型机械，2002（5）：49-51.

[146] 闫晓强，袁晓江，程伟，等. 大型轧机工况在线监测系统 [J]. 冶金自动化，2002（2）：59-61.

[147] 凌启辉，闫晓强，张清东，等. Nonliner horizontal vibration characteristics of working rolls of a hot rolling mill with dual power source [J]. Journal of Viberation Shock 2014, 33 (12) 133-137, 175.

[148] Qihui Ling, Xiaoqing Yan. Reasearch on harmonic of hydraulic screwdown system on modern hot rolling mill [J]. Adwance and Aaterial Rearch, 2012, 42 (3).

[149] 闫晓强，邹家祥．平均纯变形抗力模型 [J]．北京科技大学学报，1994，16（S2）：42-45．

[150] 孙德宏，高元军，孙志辉，等．轧机压力监测系统应用．重型机械 [J]．2002，（5）：49-51．

[151] 袁振文，闫晓强．基于 Labview 的轧机状态监测系统研究 [J]．北京科技大学学报，2005，27（S1）：232-234．

[152] 闫晓强，孙志辉，程伟．Research on Thin Slab Continuous Casting and Rolling Mills Vibration Control [C]∥薄板坯连铸连轧国际研讨会，2009：510-517．

[153] Yan Xiaoqiang, Sun Zhihui, Chen wei. Vibration control in thin slab hot strip mills [J]. Iron making and Steelmaking, 2011, 38（4）：309-313.

[154] 闫晓强，宋泽红，李永奎，等．FTSR 热连轧机振动现象测试及分析 [J]．吉林冶金，2010（4）：1-5．

[155] Biao Xiao, Xiaoqiang Yan. Multiple Root Resonance of Tandem Mill [J]. Journal of Vibroengineering, 2020, 22（3）：524-535.

[156] 郜志英，臧勇，曾令强．轧机颤振建模及理论研究进展 [J]．机械工程学报；2015，51（16）：87-105．

[157] 黄金磊，臧勇，郜志英，曾令强．热轧过程中摩擦系数非对称性对轧机振动及稳定性的影响 [J]．工程科学学报，2019，41（11）：1465-1472．